U0285627

中等职业教育化学工艺专业规划教材编审委员会

主　　任　邬宪伟

委　　员　（按姓名笔画排列）

中等职业教育化学工艺专业规划教材

全国化工中等职业教育教学指导委员会审定

化工管路与设备

李成飞　颜廷良　主编

郑　京　副主编

王绍良　主审

化学工业出版社

·北京·

本书是根据中国化工教育协会颁布的《全国中等职业教育化学工艺专业教学标准》，由全国化工中等职业教育教学指导委员会组织编写的。

　　全书分为化工管路、动设备、静设备三个单元。其中，化工管路主要介绍了化工管路的构成与标准化、管子与管件、阀门、管路的安装等，动设备与静设备则介绍了泵、风机、压缩机、离心机、化工容器、塔、换热器的工作原理、结构与特点、主要零部件、运转、选型及应用等，具有极强的实用性。

　　本书可供中等职业学校化工工艺、过程装备及控制等专业师生使用，也可供化工中级技术工人培训之用，或作为操作工人和初、中级技术工人自学之用。

图书在版编目（CIP）数据

　　化工管路与设备/李成飞，颜廷良主编. —北京：化学工业出版社，2011.8 （2023.10重印）
　　中等职业教育化学工艺专业规划教材
　　ISBN 978-7-122-12002-1

　　Ⅰ. 化… Ⅱ. ①李…②颜… Ⅲ. 化工设备：管道设备-中等专业学校-教材 Ⅳ. TQ055.8

　　中国版本图书馆 CIP 数据核字（2011）第 152595 号

责任编辑：旷英姿　王金生　　　　　　　　　　　装帧设计：周　遥
责任校对：陈　静

出版发行：化学工业出版社（北京市东城区青年湖南街 13 号　邮政编码 100011）
印　　装：三河市延风印装有限公司
787mm×1092mm　1/16　印张 13¼　字数 320 千字　2023 年 10 月北京第 1 版第 9 次印刷

购书咨询：010-64518888　　　　　　　　　　售后服务：010-64518899
网　　址：http://www.cip.com.cn
凡购买本书，如有缺损质量问题，本社销售中心负责调换。

定　　价：35.00 元　　　　　　　　　　　　　　　　版权所有　违者必究

序

"十五"期间我国化学工业快速发展，化工产品和产量大幅度增长，随着生产技术的不断进步，劳动效率不断提高，产品结构不断调整，劳动密集型生产已向资本密集型和技术密集型转变。化工行业对操作工的需求发生了较大的变化。随着近年来高等教育的规模发展，中等职业教育生源情况也发生了较大的变化。因此，2006 年中国化工教育协会组织开发了化学工艺专业新的教学标准。新标准借鉴了国内外职业教育课程开发成功经验，充分依靠全国化工中职教学指导委员会和行业协会所属企业确定教学标准的内容，注重国情、行情与地情和中职学生的认知规律。在全国各职业教育院校的努力下，经反复研究论证，于 2007 年 8 月正式出版化学工艺专业教学标准——《全国中等职业教育化学工艺专业教学标准》。

在此基础上，为进一步推进全国化工中等职业教育化学工艺专业的教学改革，于 2007 年 8 月正式启动教材建设工作。根据化学工艺专业的教学标准以核心加模块的形式，将煤化工、石油炼制、精细化工、基本有机化工、无机化工、化学肥料等作为选用模块的特点，确定选择其中的十九门核心和关键课程进行教材编写招标，有关职业教育院校对此表示了热情关注。

本次教材编写按照化学工艺专业教学标准，内容体现行业发展特征，结构体现任务引领特点，组织体现做学一体特色。从学生的兴趣和行业的需求出发安排知识和技能点，体现出先感性认识后理性归纳、先简单后复杂，循序渐进、螺旋上升的特点，任务（项目）选题案例化、实战化和模块化，校企结合，充分利用实习、实训基地，通过唤起学生已有的经验，并发展新的经验，善于让教学最大限度地接近实际职业的经验情境或行动情境，追求最佳的教学效果。

新一轮化学工艺专业的教材编写工作得到许多行业专家、高等职业院校的领导和教育专家的指导，特别是一些教材的主审和审定专家均来自职业技术学院，在此对专业改革给予热情帮助的所有人士表示衷心的感谢！我们所做的仅仅是一些探索和创新，但还存在诸多不妥之处，有待商榷，我们期待各界专家提出宝贵意见！

邬宪伟

2008 年 5 月

前　言

本书是根据中国化工教育协会审定并通过的《全国中等职业教育化学工艺专业教学标准》，由全国化工中等教育教学指导委员会组织编写的。

本书积极遵循职业技术教育的特点，以能力培养为目标，以知识应用为目的，注重化工管路和化工设备的运行及其维护等操作实践环节，注意培养观察、分析和解决问题的能力。理论知识以需要为原则，以够用为度，较大幅度地减少了理论推导、理论阐述和理论计算。

全书分为化工管路、动设备、静设备三个单元。其中，化工管路主要介绍了化工管路的构成与标准化、管子与管件、阀门、管路的安装等，动设备与静设备则介绍了泵、风机、压缩机、离心机、化工容器、塔、换热器的工作原理、结构与特点、主要零部件、运转、选型及应用等，具有较强的实用性。

本书可供中等职业学校化工工艺、过程装备及控制等专业师生使用，也可供化工中级技术工人培训之用，或作为操作工人和初、中级技术工人自学之用。

本书由江苏省盐城技师学院李成飞、颜廷良主编及负责全书统稿，江苏省盐城技师学院郑京副主编，湖南化工职业技术学院王绍良主审。第一单元由陕西石油化工学校的薛彩霞和樊红珍编写，第二单元由李成飞、颜廷良和盐城纺织职业技术学院仓金顺编写，第三单元由郑京及江苏省盐城技师学院杨延军编写，吴卫东、曹永红等对本书的编写提供了很多帮助，在此表示衷心的感谢。

由于时间仓促，加之编者水平有限，书中疏漏甚至错误之处在所难免，恳请广大读者批评指正。

编　者
2011 年 5 月

前　言

目　录

第一单元　化 工 管 路

第二单元　动 　设 　备

第三单元　静　设　备

第一单元 化工管路

课题一 化工管路的构成与标准化

一、化工管路的构成

化工管路是化工生产中所使用的各种管路形式的总称，是化工生产中不可缺少的部分。在化工生产中，将化工设备与机器连接在一起，从而保证流体从一个设备输送到另一个设备，或者从一个车间输送到另一个车间。在生产过程中，只有管路畅通，阀门调节得当，才能保证各车间及整个工厂生产的正常运行，因此，了解化工管路的构成与作用非常重要。

如图 1-1-1 所示，化工管路主要由管子、管件和阀件构成，也包括一些附属于管路的管架、管卡、管撑等辅件。由于化工生产中所输送的流体的种类及性质各不相同，为适应不同输送任务的要求，化工管路也必须是各不相同的。

图 1-1-1　化工管路构成

二、化工管路的标准化

为了便于大量生产、安装、维护和检修，使管路制品具有互换性，有利于管路的设计，化工管路实行了标准化。

化工管路的标准化中规定了管子、管件及管路附件的公称直径、连接尺寸、结构尺寸以及压力的标准。其中直径标准和压力标准是其他标准的依据，我们由此可以确定所选管子和所有管路附件的种类和规格等，为化工管路的设计、安装、维修提供了方便。使用时可以参阅有关资料。

1. 压力标准

压力标准分为公称压力（PN）、试验压力（PS）和工作压力（P）三种。压力的单位采用国际单位制。

（1）**公称压力** 又称通称压力，是为了设计制造和安装维修的方便而规定的一种标准压力，用"PN+数值"的形式表示。例如 $PN2.45MPa$ 表示公称压力是 2.45MPa。公称压力一般大于或等于实际工作的最大压力，其数值通常是指管内工作介质的温度在 273～293K 范围内的最高允许工作压力。管子、管件的公称压力见表 1-1-1。

表 1-1-1 管子、管件的公称压力（GB 1048—90）

管子、管件的公称压力 PN/MPa				
0.05	1.00	6.30	28.00	100.00
0.10	1.60	10.00	32.00	125.00
0.25	2.00	15.00	42.00	160.00
0.40	2.50	16.00	50.00	200.00
0.60	4.00	20.00	63.00	250.00
0.80	5.00	25.00	80.00	335.00

（2）**试验压力** 是对管路进行水压强度试验和密封性试验而规定的压力，用 PS+数值的形式表示。例如 $PS150MPa$ 表示试验压力是 150MPa。通常，$PS=1.5PN$，其关系见表 1-1-2。特殊情况可以根据经验公式计算。

表 1-1-2 管子的公称压力和试验压力的关系（单位 1×10^5 Pa）

PN	PS	PN	PS	PN	PS	PN	PS
0.5	—	25	38	200	300	1000	1300
1	2	40	60	250	380	1250	1600
2.5	4	64	96	320	480	1600	2000
4	6	80	120	400	560	2000	2500
6	9	100	150	500	700	2500	3200
10	15	130	195	640	900		
16	24	160	240	800	1100		

（3）**工作压力** 也称操作压力，是为了保证管路工作时的安全而规定的一种最大压力。因管路制作材料的机械强度随温度的升高而降低，故管路所能承受的最大工作压力也随介质温度的升高而降低。工作压力用"P+数值"的形式来表示，为了强调相应的温度，常在 P 的右下角标注介质最高温度（℃）除以 10 后所得的整数。例如：$P_{4.5}1.8atm$ 表示在 450℃ 下，工作压力是 1.8atm（1atm=101.3kPa）。

2. 直径标准

直径标准是指对管路直径所作的标准，称公称直径或通称直径。用"DN+数值"的形式表示。例如 $DN300$ 表示该管子的公称直径是 300mm。我们通常所说的公称直径既不是管子内径，也不是管子外径，而是与管子内径相接近的整数值。我国的公称直径在 1～4000mm 之间分为 53 个等级，在 1～100mm 之间分得较细，而在 1000mm 以上，每 200mm 分一级，见表 1-1-3。

表 1-1-3 管子与管路附件公称直径标准系列表（GB 1047—70）

公 称 直 径 DN/mm																	
1	4	8	20	40	80	150	225	350	500	800	1100	1400	1800	2400	3000	3600	
2	5	10	25	50	100	175	250	400	600	900	1200	1500	2000	2600	3200	3800	
3	6	15	32	65	125	200	300	450	700	1000	1300	1600	2200	2800	3400	4000	

公称直径有公制和英制两种表示方法。公制的表示方法如上所述，单位用 mm 表示，英制是以英寸（in）为单位，其换算关系为：1in≈25.4mm。对于螺纹连接的管子，习惯上用英制管螺纹尺寸表示，见表 1-1-4。

表 1-1-4 公称尺寸相当的管螺纹尺寸

mm	in	mm	in	mm	in	mm	in	mm	in
8	1/4	20	3/4	40	3/2	80	3	150	6
10	3/8	25	1	50	2	100	4	200	8
15	1/2	30	5/4	65	5/2	125	5	250	10

课题二　管子与管件

管子与管件是管路最基本的组成部分，掌握它们的种类及适用范围，对进行化工管路的安装和检修具有非常重要的意义。

一、管　子

管子是管路的主体，使用过程中，通常是根据物料的性质（腐蚀性、易燃性、易爆性等）以及操作条件（温度、压力等）来选用不同的管材。管子的规格通常用"ϕ外径×壁厚"来表示，如$\phi 25mm×2.5mm$表示此管子的外径是25mm，壁厚是2.5mm。但是，并非所有的管子都用这种形式表示其规格，有些管子是用其内径来表示它们的规格，使用时要加以注意。管子的长度主要有3m、4m和6m，有些可达9m、12m，但以6m最为普遍。

生产中所使用的管子按管材不同可分为金属管、非金属管和复合管。金属管主要有铸铁管、钢管和有色金属管；非金属管主要有陶瓷管、水泥管、玻璃管、塑料管、橡胶管等；复合管是由金属和非金属两种材料复合而得到的管子，最常见的是衬里管。

1. 金属管

（1）铸铁管　铸铁管分为普通铸铁管和硅铁管两种。由于铸铁管在每一种公称直径下只有一个内径，故其规格常用"ϕ内径"来表示，如$\phi 1000mm$表示该管子的内径是1000mm。铸铁管除了$\phi 75mm$和$\phi 100mm$的长度是3m外，其余都是4m长，各种铸铁管如图1-2-1所示。

铸铁管　　　　　　　　　　柔性铸铁管　　　　　　　　　铸铁管

图 1-2-1　各种铸铁管

① 普通铸铁管　由优质灰铸铁铸造而成，主要特点是价格低廉，耐浓硫酸和碱等，主要用于地下供水总管、煤气总管或污水管等。但由于其强度低、材质结构疏松、性脆等，所以不能用来输送蒸汽或在较高压力下输送易燃易爆及有毒介质。普通铸铁管的管端头有承插式和法兰式两种。

② 硅铁管　分为高硅铁管和抗氯硅铁管。前者指含硅14％以上的合金硅铁管，具有抗硫酸、硝酸和573K以下盐酸等强酸的腐蚀的优点；后者指含有硅和钼的铸铁管，具有抗各种浓度和温度盐酸腐蚀的特点。硅铁管能承受多种强酸的腐蚀，是化工生产中很好的耐蚀管材。但是它的硬度很高，脆性较大，当受到敲击、碰撞、局部受热或局部急剧冷却时都容易

产生破裂，所以在使用时应特别注意。

（2）钢管 分为有缝钢管和无缝钢管两类。

① 有缝钢管 是用低碳钢焊接而成的钢管，包括水、煤气钢管和电焊钢管两种，各种有缝钢管如图 1-2-2 所示。

水、煤气钢管的主要特点是易于加工制造，价格低廉，但因为有焊缝而不适宜 0.8MPa（表压）以上的条件使用。其外表有镀锌（白管）和不镀锌（黑管）的，管端有带螺纹的和不带螺纹的。一般用于输送水、煤气、压缩空气等介质。也常用于采暖系统的管路。水、煤气钢管的规格和质量见表 1-2-1。

表 1-2-1 水、煤气钢管的规格和质量（GB 3091—93）

公称直径		外径 /mm	钢管种类			
			普通管		加厚管	
/mm	/in		壁厚/mm	理论质量/(kg/m)	壁厚/mm	理论质量/(kg/m)
6	1/8	10	2	0.39	2.5	0.46
8	1/4	13.5	2.25	0.62	2.75	0.73
10	3/8	17	2.25	0.82	2.75	0.97
15	1/2	21.3	2.75	1.26	3.25	1.45
20	3/4	26.8	2.75	1.63	3.5	2.01
25	1	33.5	3.25	2.42	4	2.91
32	5/4	42.3	3.25	3.13	4	3.78
40	3/2	48	3.50	3.84	4.25	4.58
50	2	60	3.50	4.88	4.5	6.16
65	5/2	75.5	3.75	6.64	4.5	7.88
80	3	88.5	4	8.34	4.75	9.81
100	4	114	4	10.85	5	13.44
125	5	140	4.5	15.04	5.5	18.24
150	6	165	4.5	17.81	5.5	21.63

电焊钢管一般用于承受压力较低或无严格要求的管路上。其规格用 ϕ 外径×壁厚表示。

图 1-2-2 各种有缝钢管

② 无缝钢管 是用棒料钢材经穿孔热轧（热轧管）和冷拔（冷拔管）制成，因为没有接缝，故称无缝钢管。其特点是质地均匀、强度高、管壁薄，但是少数特殊用途的管壁也可以很厚，比如锅炉及石油化工专用的一些管子。无缝钢管的强度比有缝钢管的强度高，可作为高压、易燃、易爆、有毒介质的输送管路，也可以制作换热器、蒸发器等化工设备。当需输送强腐蚀介质时，一般采用不锈钢或耐酸钢的无缝钢管，无缝钢管的规格用 ϕ 外径×壁厚表示，各种无缝钢管如图 1-2-3 所示。

（3）有色金属管 化工生产中常用的有色金属管有铜管、铝管和铅管三种。主要用于一

图 1-2-3　各种无缝钢管

些特殊用途的场合，各种有色金属管如图 1-2-4 所示。

① 铜管　常用的铜管有紫铜管和黄铜管两种。由于铜的导热能力强，适用于制造换热器的换热管，因其延展性好，易于弯曲成型，故常用于油压系统、润滑系统来输送有压液体；同时由于其耐低温性能好，故适用于低温管路系统，当操作压力高于 523K 时，不宜在高压下使用。

紫铜管：通常被用于制氧设备的低温管路，也常用作输油管路。

黄铜管：通常用作中小型列管换热器中的管束。

铜管连接时可在管口进行翻边，然后用松套法兰连接，也可以用钎焊或活管连接的方式进行连接。

② 铝管　铝管有较好的耐酸性，其耐酸性主要由其纯度决定，但耐碱性差。其导热能力强，质量轻。广泛用于浓硫酸、浓硝酸、甲酸等，但不可用于碱液、盐酸（特别是含氯离子的化合物）的输送。也可用于制作换热器，小直径铝管可以代替铜管来输送有压液体。当温度升高时，铝管的机械性能会明显下降，所以其使用的最高温度不宜超过 160℃。对铝管进行弯曲加工时，软铝管可以直接进行冷弯，但硬质铝管进行弯曲前应进行退火处理，即将管子加热到 200～300℃后放到水中冷却，使其冷却后进行弯曲。铝管连接时可在管口进行翻边，然后用松套法兰连接，也可以用焊接连接。其规格用 ϕ 外径×壁厚表示。

③ 铅管　铅管具有良好的抗腐蚀性。主要用于输送浓度小于 70％硫酸和浓度小于 10％的盐酸。不适用于浓盐酸、硝酸和乙酸的输送。铅管具有重量大、熔点低、导热性差、机械强度差等缺点，所以在不少场合已被塑料管代替。其规格用 ϕ 内径×壁厚表示。

紫铜管　　　　　　黄铜管　　　　　　铝管　　　　　　铅管

图 1-2-4　各种有色金属管

2. 非金属管

非金属管是用非金属材料制作的各种管子的总称。随着科学技术的发展，强度更高、性能更好的非金属材料不断被研制和采用，非金属管的强度在不断提高，同时由于非金属管具有质轻、价廉、耐蚀的特点，故在化工生产中的使用范围越来越广。常用的非金属管如下。

（1）塑料管　塑料管是以树脂为原料加工而制成的管子，能承受稀酸、碱液等介质腐蚀，机械加工性能好，质量轻，所以在化工生产中应用极为广泛。但是都具有强度低、不耐压和耐热性差等缺点，塑料管不能承受浓酸的氧化和碳氢化合物的溶胀作用。常用的塑料管如下：

① 酚醛塑料管　酚醛塑料是热固性材料，经过热成型制管后不能再进行任何变形加工，但其强度比硬聚氯乙烯塑料管高。

② 硬聚氯乙烯塑料管　硬聚氯乙烯塑料管为热塑型材料制成。

③ 聚氯乙烯软管　聚氯乙烯软管由聚氯乙烯树脂、增塑剂、稳定剂等经挤压而成，用于输送液体。

④ 聚乙烯管　聚乙烯管由高压聚乙烯、低压聚乙烯粒状塑料经挤压而成，它具有良好的耐蚀性、耐溶剂性能，介电性好，吸水性小，无毒，质轻，可供输送腐蚀性液体用。

⑤ 聚四氟乙烯管　聚四氟乙烯管耐高温、耐低温、耐酸、耐碱具有较强的抗氧化性。

由于每一种塑料管都有各自的特点，使用时可根据具体情况，参阅有关资料合理选择。由于塑料管种类较多，有的专项性能优于金属管，因此用途越来越广泛，在很多原来使用金属管的场合均被塑料管所代替，各种塑料管如图1-2-5所示。

图 1-2-5　各种塑料管

（2）尼龙 1010 管　尼龙 1010 管对大多数化学物质具有良好的稳定性，但不宜与强酸类、强碱类、酚类等介质直接接触，各种尼龙管如图1-2-6所示。

图 1-2-6　各种尼龙管

（3）玻璃管　化工生产中所使用的玻璃管主要由硼玻璃和石英玻璃制成。它是二氧化硅的熔融物，耐蚀性特别强，除氟氢酸外，即使在高温下对硫酸、硝酸、王水也具有很高的抵抗能力。具有透明、耐腐蚀、易清洗、阻力小、价格低等优点和性脆、热稳定性差和不耐压力的缺点。玻璃管的性脆限制了它的用途，广泛使用于化工实验室中，各种玻璃管如图1-2-7所示。

（4）玻璃钢管　玻璃钢管又叫玻璃纤维增强塑料管。它具有质量轻、强度高、耐高温、耐腐蚀、绝缘、隔声、隔热等优点。随着化学工业的发展，玻璃钢管的应用日益广泛。在管路中，玻璃钢管常采用普通法兰、松套法兰和承插等方法连接，各种玻璃钢管如图1-2-8所示。

图 1-2-7 各种玻璃管

图 1-2-8 各种玻璃钢管

（5）玻璃钢增强管 玻璃钢增强管是为了克服玻璃钢管质脆的弱点而研制成的。玻璃钢增强管既发挥了玻璃管的优良耐蚀性能，又提高了机械强度。

（6）陶瓷管 陶瓷管具有很好的耐腐蚀性。可作为输送具有腐蚀性介质的管路。但性脆、机械强度低、不耐高压和温度的剧变。陶瓷管在化工生产中主要用于输送压力小于 0.2MPa、温度低于 423K 的腐蚀性流体，各种陶瓷管如图 1-2-9 所示。

图 1-2-9 各种陶瓷管

（7）水泥管 水泥管主要用于下水道的排污水管。无筋混凝土管通常用作无压流体的输送；预应力混凝土管可在有压情况下输送流体，并用以代替铸铁管和钢管。水泥管的内径范围在 100～1500mm，其规格用 φ 内径×壁厚表示，各种水泥管如图 1-2-10 所示。

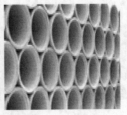

图 1-2-10 各种水泥管

（8）橡胶管 橡胶管可分为抽吸管、压力管、蒸汽管等几种，按结构不同又可分为纯橡胶的小直径管、橡胶帆布挠性管、橡胶螺旋钢丝挠性管等几种。橡胶管能耐多种介质的腐蚀，但在化工管路中使用较少，一般只作临时性管路或作为某些管路的连接件。如水管、煤气管的连接。近年来，由于聚氯乙烯软管的使用，橡胶管正逐渐被聚氯乙烯软管所替代，各种橡胶管如图 1-2-11 所示。

图 1-2-11　各种橡胶管

3. 复合管

复合管是由金属和非金属两种材料复合而得到的管子，最常见的是衬里管。在一些管子的内层衬以适当的材料，如金属、橡胶、塑料、搪瓷等。可以分为衬铅管、衬铝管、衬不锈钢管、衬塑料管、衬橡胶管等。它一方面是为了强度和防腐的需要，同时又能节约成本，具有强度高、耐腐蚀性好的优点，各种复合管如图 1-2-12 所示。

图 1-2-12　各种复合管

二、管　　件

管件是管路的连接件。它是用来连接管子、改变管路方向和直径、接出支路和封闭管路等的管路附件的总称。通常，一个管件可以起到上述作用中的一个或多个，例如，弯头既可以连接管路，又可以改变管路的方向。管件一般是采用锻造、铸造或模压的方法制造，化工生产中管件的种类很多，大多数已经标准化，有些管件可在安装修理现场加工而成，各种管件如图 1-2-13 所示。

1. 水、煤气钢管的管件

水、煤气钢管的管件已标准化，通常由可锻铸铁 KT33-8 制造，适用于公称压力小于 1.6MPa、温度低于 175℃ 的水、煤气管的连接件。当要求较高时也可用钢制管件。水管、煤气钢管管件的种类和用途见表 1-2-2。

2. 电焊钢管、无缝钢管和有色金属管的管件

这类管件已部分标准化，如冲压弯头、异径管、三通等，大多采用管子在安装修理现场加工而成。这些管件和管子的连接有法兰连接和焊接。

3. 铸铁管的管件

铸铁管的管件有弯头（90°、60°、45°、30°、10°）、三通、四通、异径管（俗称大小头）、管帽等，使用时主要采用承插式连接、法兰连接和混合链接等几种形式。管件的端部铸有凸肩的可用松套对开法兰连接。

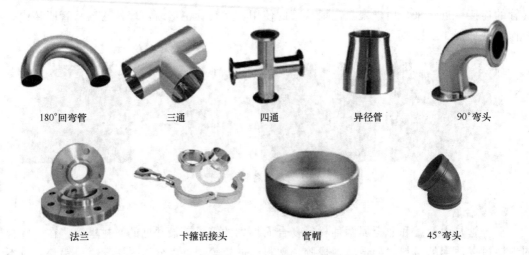

| 180°回弯管 | 三通 | 四通 | 异径管 | 90°弯头 |
| 法兰 | 卡箍活接头 | 管帽 | 45°弯头 |

图 1-2-13 各种管件图

表 1-2-2 水管、煤气钢管管件的种类和用途

种 类	用 途	种 类	用 途
内螺纹管接头	俗称"内牙管、管箍、束节、管接头、死接头"等,用以连接两段公称直径相同的管子	等径三通	俗称"T形管或天",用于由主管中接出支管,改变管路方向和连接三段公称直径相同的管子
外螺纹管接头	俗称"外牙管、外螺纹短接、外丝扣、外接头,双头丝对管"等。用以连接两个公称直径相同的具有内螺纹的管件	异径三通	俗称"中小天",用以由主管中接出支管、改变管路方向和连接三段具有两种公称直径的管子
活管接	俗称"活接头、由壬"等,用以连接两段公称直径相同的管子	等径四通	俗称"十字管",用以连接四段公称直径相同的管子
异径管	俗称"大小头",用以连接两段公称直径不相同的管子	异径四通	俗称"大小十字管",用以连接四段具有两种公称直径的管子
内外螺纹管接头	俗称"内外牙管、补心"等。用以连接一个公称直径较大的具有内螺纹的管件和一段公称直径较小的管子	外方堵头	俗称"管塞、丝堵、堵头"等,用以封闭管路

续表

种　类	用　途	种　类	用　途
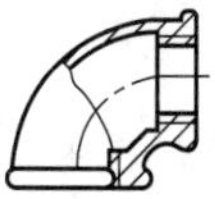 等径弯头	俗称"弯头、肘管"等,用以改变管路方向和连接两段公称直径相同的管子,它可分45°和90°两种	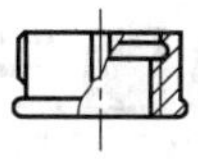 管帽	俗称"闷头",用以封闭管路
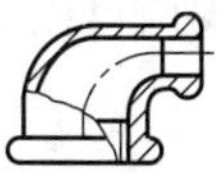 异径弯头	俗称"大小弯头",用以改变管路方向和连接两段公称直径不相同的管子	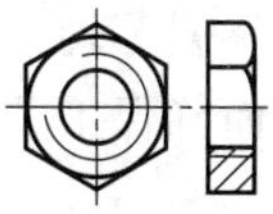 锁紧螺母	俗称"背帽、根母"等,它与内牙管联用,可以得到可拆的接头

4. 塑料管件

塑料管件的材料与管子的材料是一致的。有些塑料管件已经标准化,如酚醛塑料管件、ABS塑料管件;硬聚氯乙烯管的管件可在现场就地制作。塑料管件除了采用其他管件的连接方法外,还常采用胶黏剂黏结的方法进行连接。

5. 耐酸陶瓷管件

耐酸陶瓷管件主要有弯头（90°、45°）、三通、四通、异径管等,其形状与铸铁管相似,已经标准化,主要连接方式有承插式连接和法兰连接。

课题三　阀　　门

阀门是用来开启、关闭和调节流量及控制安全的机械装置，也称阀件、截门或节门；阀门质量的好坏、它的严密性与渗漏等均关系到安全运行。化工生产中，通过阀门可以调节流量、系统压力、流动方向，从而确保工艺调节的实现与安全生产。

一、阀门的型号

阀件的种类与规格很多，为了便于选用和识别，规定了工业管路使用阀门的标准，对阀门进行了统一编号。阀门的型号由七个部分组成，其形式如下：

$$X_1 X_2 X_3 X_4 X_5 - X_6 X_7$$

$X_1 \sim X_7$ 为字母或数字，可从有关手册中查取。

① 阀门类别代号 X_1　用阀门名称的第一个汉字的拼音字首来表示。如截止阀用 J 表示。
② 阀门传动方式代号 X_2　用阿拉伯数字表示，如气动为 6、液动为 7、点动为 9 等。
③ 阀门连接形式代号 X_3　用阿拉伯数字表示，如内螺纹为 1、外螺纹为 2 等。
④ 阀门结构形式代号 X_4　用阿拉伯数字表示，以截止阀为例，直通式为 1、角式为 4、直流式为 5 等。
⑤ 阀座密封面或衬里材料代号 X_5　用材料名称的拼音字首来表示，如铜合金材料为 T、氟塑料为 F、搪瓷为 C 等。
⑥ 公称压力的数值 X_6　是阀件在基准下能够承受的最大工作压力，可从公称压力系列表选取。
⑦ 阀体材料代号 X_7　用规定的拼音字母表示，如铸铜为 T、碳钢为 C、Cr5Mo 缸为 I 等。

二、阀门的类型

阀门的种类很多，按启动力的来源分他动启闭阀和自动作用阀。在选用时，应根据被输送介质的性质、操作条件及管路实际进行合理选择。

(1) 他动启闭阀　有手动、气动和电动等类型，若按结构分则有旋塞、闸阀、截止阀、节流阀、气动调节阀和电动调节阀等。以下介绍几种常见的他动启闭阀。

① 旋塞　又叫扣克（考克），其结构如图 1-3-1 所示，它是利用带孔的旋塞来控制启闭的阀门。用于输送含有沉淀和结晶，以及黏度较大的物料。适用于直径不大于 80mm 及温度不超过 273K 的低温管路和设备上，允许工作压力在 1MPa（表压）以下。

② 闸阀　又叫闸板阀，其外形结构如图 1-3-2 所示，阀体内装有一与介质流动方向相垂直的闸板，当闸板升起或落下时阀门即开启或关闭，闸板阀是最常用的截断阀之一。常用于大直径的给水管路上，也可用于压缩空气、真空管路和温度在 393K 以下的低压气体管路，但是不能用于介质中含沉淀物质的管路，很少用于蒸汽管路。

③ 截止阀　又叫球形阀，其外形结构如图 1-3-3 所示，它是通过改变阀盘和阀座之间的距离，来改变通道截面的大小，从而改变流体的流量。常用于蒸汽压缩空气和真空管路，也

图 1-3-1 旋塞

图 1-3-2 闸阀

图 1-3-3 截止阀

可用于各种物料管路中，但不能用于有沉淀物，易于析出结晶或黏度较大、易结焦的料液管路中。可较精确地调节流量和严密地截断通道。

④ 隔膜阀 其外形结构如图 1-3-4 所示。隔膜阀是一种特殊形式的截止阀，是利用阀体内的橡胶隔膜来实现阀门的启闭工作的，橡胶隔膜的四周夹在阀体与阀盖的结合面间，把阀体与阀盖的内腔隔开。隔膜中间凸起的部位用螺钉或销钉与阀盘相连接，阀盘与阀杆通过圆柱销连起来。转动手轮，使阀杆作上下方向的移动，通过阀盘带动橡胶隔膜作升降运动，从而调节隔膜与阀座的间隙，来控制介质的流速或切断管路。

⑤ 节流阀 其外形结构如图 1-3-5 所示。节流阀启动时流通截面变化较缓慢，有较好的调节性能，不宜做隔断阀。常用于温度较低、压力较高的介质和需要调节流量和压力的管路上。

⑥ 蝶形阀 俗称蝶阀，节流阀的一种，其外形结构如图 1-3-6 所示。主要由阀体、蝶板、阀杆、密封圈等零部件组成。该阀的关闭件为一圆盘形蝶板，蝶板能绕其轴旋转 90°，板轴垂直流体的流动方向。当驱动手柄旋转时，带动阀杆和蝶板一起转动，使阀门开启或关闭。

图 1-3-4 隔膜阀

图 1-3-5 节流阀

图 1-3-6 蝶形阀

（2）自动作用阀 当系统中某些参数发生变化时，自动作用阀能够自动启闭。主要有安全阀、减压阀、止回阀和疏水阀等。

① 安全阀 安全阀是一种根据介质工作压力的大小，自动启闭的阀门，其外形结构如图 1-3-7 所示。它的作用是确保受压容器或管路的安全，以免超压而发生破坏性事故。当介质的工作压力超过规定数值时，介质将阀盘顶起，并将过量介质排放出来，使压力降低；当压力恢复正常后，阀盘就又自动关闭。主要用在蒸汽锅炉及高压设备上。其特点是能较准确的维持设备和管路内的压力，根据介质压力的大小自动控制启闭。

② 减压阀 减压阀是为了降低管道设备的压力，并维持出口压力稳定的一种机械装置，是靠膜片、弹簧、活塞等敏感元件来改变阀盘和阀座之间的间隙，使蒸汽或空气自动从某一

较高的压力，降至生产所需要的稳定的压力的一种自动的阀门，其外形结构如图 1-3-8 所示。常用在高压设备上。例如，高压钢瓶出口都要连接减压阀，以降低出口的压力，满足后续设备压力的需要。

图 1-3-7　安全阀

图 1-3-8　减压阀

③ **止回阀**　又叫单向阀、止逆阀、不返阀等，它是根据阀盘前后介质的压力差而自动启闭的阀门，其外形结构如图 1-3-9 所示。在阀体内有一阀盘或摇板，当介质顺流时，阀盘或摇板即升起或打开；当介质倒流时，阀盘或摇板即自动关闭，故称为止回阀。常用在泵的进出口管路上。例如，离心泵在启动前需要灌泵，为了保证液体能自动灌入，常在泵的吸入管口装一个单向阀。

④ **疏水阀**　是一种能自动、间歇排除冷凝液，并能自动阻止蒸汽排出的机械装置，其外形结构如图 1-3-10 所示。化工生产中用到的蒸汽，由于有冷凝液的存在，使得其热能利用率大为降低，故及时排除冷凝液才能很好地发挥蒸汽的加热功能。几乎所有使用蒸汽的地方，都需要使用疏水阀。近年来，新型疏水阀发展很快，且还在不断发展中。

图 1-3-9　止回阀　　　　　　　　　　　　图 1-3-10　疏水阀

三、阀门的操作与维护

阀门在管路中的使用是非常广泛的，为此做好阀门的正常操作和维护工作是十分重要的。启闭阀门时，不要动作过快，阀门全开后，必须将手轮倒转少许，以保持螺纹接触严密不损伤，关闭阀门时，应在关闭到位后回松一两次，以便让流体将可能存在的污物冲走，然后再适当用力关紧。电动阀应保持清洁及接点的良好接触，防止水、汽和油的玷污。

阀门的维护工作要做到：
① 保持固体支架和手轮清洁与润滑良好，使传动部件灵活操作；
② 检查有无渗漏，如有应及时修复；
③ 安全阀要保持无挂污与无渗漏并定期校验其灵敏度；
④ 注意观察减压阀的减压功能。若减压值波动较大，应及时检修；

⑤ 阀门全开后，必须将手轮倒转少许，以保持螺纹接触严密、不损伤；

⑥ 露天阀门的传动装置必须有防护罩，以免大气及雪雨的侵蚀；

⑦ 要经常侧听止逆阀阀芯的跳动情况，以防止掉落；

⑧ 做好保温与防冻工作，应排净停用阀门内部积存的介质；

⑨ 电动阀应保持其接点的良好接触，以防水、汽、油的玷污；

⑩ 及时维修损坏的阀门零件，发现异常及时处理，处理方法见表 1-3-1 。

表 1-3-1 阀门异常现象与处理方法

异常现象	发 生 原 因	处 理 方 法
填料函泄漏	①压盖松 ②填料装的不严 ③阀杆磨损或腐蚀 ④填料老化失效或填料规格不对	①均匀压紧填料,拧紧螺母 ②采用单圈、错口顺序填装 ③更换新阀杆 ④更换新填料
密封面泄漏	①密封面之间有脏物粘贴 ②密封面锈蚀磨伤 ③阀杆弯曲使密封面错开	①反复微开、微闭冲走或冲洗干净 ②研磨锈蚀处或更新 ③调直后调整
阀杆转动不灵活	①填料压得过紧 ②阀杆螺纹部分太脏 ③阀体内部积存结垢 ④阀杆弯曲或螺纹损坏	①适当放松压紧 ②清洗擦净赃物 ③清理积存物 ④调直后修理
安全阀灵敏度不高	①弹簧疲劳 ②弹簧级别不对 ③阀体内水垢结疤严重	①更换新弹簧 ②按压力等级选用弹簧 ③彻底清理
减压阀压力自调失灵	①调节弹簧或膜片失效 ②控制通路堵塞 ③活塞或阀芯被锈斑卡住	①更换新件 ②清理干净 ③清理干净,打磨光滑
机电机构动作不协调	①行程控制器失灵 ②行程开关触点接触不良 ③离合器未齿合	①检查调节控制装置 ②修理接触片 ③拆卸修理

课题四　管路的安装

一、管子的加工

管子在安装前，一般要根据安装需要经过一定的加工，包括管子的切割、套丝和弯曲等。

(1) 管子的切割　管子的切割是指根据所需的长度和技术要求，把管子切断的加工方法。分为机械切割和热切割两大类，具体采用哪种方法切割，应根据管径的大小、管子的材料和施工现场的条件来决定。要求管子的切割平面应与管子的中心垂直，且切口端面应平整，不得有裂纹、重皮、毛刺、熔瘤、铁屑等。

使用手动切割管子时，通常把管子夹在龙门虎钳（见图1-4-1）内，用钢锯或切管器（见图1-4-2）进行切割。切管器切割比钢锯切割管子的速度快，断面整齐、操作简便、切口光滑，并且在切口上自然形成了坡口，对管子的下一步加工提供了方便。但使用切割器切割后的管子内管口易出现缩口现象，因此在要求较高的管路上，应用锉刀对管口进行修理。

图1-4-1　龙门虎钳　　　　　　　　　　　　　图1-4-2　切管器

(2) 管子的套丝　管子的套丝就是在管子的端头切削出外螺纹的操作。分手工和机加工两种形式，手工加工的主要工具是管子铰板（也称管子板牙架）（见图1-4-3）。

图1-4-3　管子铰板

操作步骤为：

① 把管子夹持在龙门虎钳上，使管子不随板牙架转动即可；

② 在管子需要套丝的地方涂上润滑油；

③ 根据所套管子的直径确定板牙的位置，为保证套丝质量，凡直径在1in以下的管子，应分两次套丝；直径在1in以上的管子，分三次套丝；

④ 把板牙架套在管端，扳转手把使板牙合拢，然后进行套丝；

⑤ 第一遍套丝后，在第二遍套丝前必须用刷子将管端的丝扣表面和板牙内的切屑清除

干净；

⑥ 套丝工作完成后，将板牙架和板牙擦拭干净，并用润滑油进行润滑。

（3）管子的弯曲 管子的弯曲是指把管子根据需要弯制成一定角度的操作。分为热弯和冷弯两种。弯曲后的管子要求角度准确、被弯曲处的外表面要平整、圆滑，没有皱纹和裂缝，并且弯曲处的截面没有明显的椭圆变形。

二、管路的连接

化工管路的连接是指管子与管子、管子与管件、管子与阀件、管子与设备之间的连接，连接方式主要有四种，即螺纹连接、法兰连接、承插式连接和焊接。

（1）螺纹连接 螺纹连接是依靠螺纹把管子与管路附件连接在一起，连接方式主要有内牙管、长外牙管和活接头等，通常适用于以下几种情况：

① 水、煤气钢管、公称直径不大的自来水管路等；

② 与带有管螺纹的阀门、设备和管件等；

③ 管子的公称直径不大于 65mm，介质公称压力不大于 1MPa，温度在 200℃ 以下的管路。

螺纹连接的管子，两端都加工有螺纹，通过带内螺纹的管件或阀门，将管子连接成管路。在圆柱管螺纹连接时，为了保证连接处的密封，必须在外螺纹上加填料，常用的填料有油麻丝加铅油、石棉绳加铅油和聚四氟乙烯生料带。填料在螺纹上的缠绕方向应与螺纹的方向一致，绳头应压紧，以免与内螺纹连接时被推掉。为了便于管路的拆卸，在管路的适当部位应当采用活管节连接，活管节的两个主节分别与两节管子的端头用螺纹连接起来，在两主节间放入软垫片，然后用套合节将两主节连接起来，并将两垫片挤压紧，形成密封。

螺纹连接泄漏的主要原因有：管螺纹加工质量差；配件或设备上的管螺纹不符合要求；填料选用不当或填料密封不紧等。

（2）法兰连接

法兰连接是一种最常用的连接方法，拆卸方便，密封可靠，强度高，应用范围广，但费用较高。法兰连接时要注意以下几个方面：

① 法兰盘的端面与管子中心线要垂直；

② 两个相互连接的法兰端面应平行；

③ 法兰的密封面加工必须平整且有较高的粗糙度等级，不允许有辐射方向的沟槽及沙眼等缺陷；

④ 法兰连接时，在两法兰密封面之间必须放置垫片，垫片必须根据被密封介质的性质进行正确的选用；

⑤ 螺栓应能自由穿入，规格应相同，安装方向应一致；需加垫片时，每个螺栓不应超过一个，紧固时应对称均匀的进行，螺栓的数目应与法兰螺孔数目相同；不能使用已滑丝的螺栓；

⑥ 管路的工作温度高于 100℃ 时，螺栓的螺纹部分及密封垫的两平面应涂以机油和石墨粉的调和物，以免日久难以拆卸。

（3）承插式连接 承插式连接是将管子的一端插入另一管子的钟形插套内，并在形成的空隙内装填料（如丝麻、油绳、水泥、胶黏剂、熔铅等）加以密封的一种连接方法。主要用于铸铁管和非金属管（耐酸陶瓷管、塑料管、玻璃管等）的管路上，对密封要求不太高的情况下的连接。其缺点是拆卸困难，不能耐高压。

（4）焊接　焊接连接是一种方便、价廉且不漏但却难以拆卸的连接方法，广泛应用于钢管、有色金属管等的连接。其优点是连接强度高，气密性好，维修工作量少。焊接连接可用于各种温度和压力条件下的管路中，特别是在高温高压管路中，焊接连接已广泛使用。但当管路需要经常拆卸时，或在不允许动火的车间，不易采用焊接法连接管路。

三、管路的安装

1. 管架的安装

化工管路的长度和总重量（包括管路自身的重量、管内介质的重量和管外保温层的重量等）比较大，空间架设起来后必然会产生弯曲，为了避免此种情况的发生，通常将管路架设在管架上。两管架之间的距离称为跨度，管路的一般跨度可参阅表 1-4-1。管架可分为支架和吊架两大类，支架有设在室内的和设在室外的。室外管路支架的基础应牢固地埋在地面以下，距地面的深度应大于 500mm。室内管路支架多固定在墙上。吊架是从管子的上方对管子进行支撑，细小些的管路也可用吊架吊在较粗大的管路的下方。

表 1-4-1　管路的一般跨度

公称直径/mm	无保温层时的跨度/m	有保温层时的跨度/m	公称直径/mm	无保温层时的跨度/m	有保温层时的跨度/m
25～50	4～5	3～3.5	200	7～9	7～8.5
70	5～5.5	2.5～4.0	250	7～9	7～9
100	6～7	3～3.5	300	7～11	7～10
125	6～7.5	3.5～6	350	7～11.5	7～10.5
150	7～8	4.5～7	400	7～11.5	7～10.5

另外，为了把管子固定在支架上，最简单的方法是采用管卡，管卡在管路中起扶持的作用。对于水平布置的一排管路，每根管路都是用单独的管托或管夹固定在复合吊架上。

2. 阀门的安装

阀门安装前要进行必要的检查，包括：

① 检查阀门的型号是否与所需用的相符；

② 检查垫片、填料和启闭件是否符合工作介质的要求；

③ 检查手轮转动是否灵活，阀杆有无卡住现象；

④ 检查启闭件关闭的严密性，不合适时应进行研磨修理。

阀门检查完毕进行安装时要注意以下几点：

① 阀门应安装在便于维护修理的地方，一般安装高度为 1.2m，当安装高度超过 1.8m 时，应集中布置，以便设置操作平台；

② 在水平管路上安装阀门时，手轮应位于阀体以上的位置；

③ 安装具有方向性的阀门（如截止阀、节流阀、安全阀、止回阀、减压阀、疏水阀等）时，应特别注意阀门的进出口位置，切勿装反；

④ 安装杠杆式安全阀和升降式止回阀时，应使阀盘中心线和水平面垂直；

⑤ 安装旋启式止回阀时，应使摇板的旋转枢轴呈水平位置；

⑥ 安装法兰式阀门时，应使两法兰端面平行和中心线同轴，拧紧法兰连接螺栓时，应呈对称十字交叉进行；

⑦ 安装螺纹连接的阀门时，螺纹应完整无损，应在螺纹上缠绕填料后进行连接，并注意填料不要进入管子或阀体内。

3. 管路的热补偿

管路一般都是在常温下安装的，在工作中由于受到介质的影响，会产生热胀冷缩现象，当温度变化较大时，管路因管材的热胀冷缩而承受较大的热应力，严重时将造成管子弯曲、断裂或接头松脱，因此，必须采取热补偿来消除这种应力。热补偿的主要方法有两种，即利用弯管进行的自然补偿和利用补偿器进行的热补偿。管路布置时，应尽量采用自然补偿，当管路的弯曲角度小于150°时，能进行自然补偿，大于150°时，不能进行自然补偿，此时可以考虑采用补偿圈补偿，常用的补偿圈有方形、波形及填料涵式等。

4. 管路的试压与吹扫

化工管路在安装完毕后，必须保证其强度与严密性符合设计要求，因此必须进行压力试验。试压时主要采用液压试验，不能用水做介质的，可用气压试验代替。水压试验合格后，以空气或惰性气体为介质进行气密性试验，气密性试验压力为设计压力。用涂刷肥皂水的方法，重点检查管道的连接处有无渗漏现象，若无渗漏，稳压 30min，压力保持不降为试验合格。

管道系统强度试验合格后，或气密性试验前，应分段进行吹扫与清洗（即吹洗）。吹洗前应将仪表、孔板、滤网、阀门拆除，对不宜吹洗的系统进行隔离和保护，待吹洗后再复位。工作介质为液体的管道，一般用水吹洗，水质要清洁，流速不小于 1.5m/s。不宜用水冲洗的管道可用空气进行吹扫。吹扫用的空气或惰性气体应有足够的流量，压力不得超过设计压力，流速不得低于 20m/s。蒸汽管线应用蒸汽吹扫。一般蒸汽管道可用刨光木板置于排气口处检查，板上应无铁锈、污物等。忌油管道（如氧气管道）在吹扫合格后，应用有机溶剂进行脱脂。

5. 管路的绝热与涂色

（1）管路的绝热　工业生产中，由于工艺条件的需要，很多管道和设备都要加以保温、加热保护和保冷，其目的在于减少管内介质与外界的热传导，从而达到节能、防冻以及满足生产工艺要求等。我国相关部门规定：凡是表面温度在 50℃ 以上的设备或管道以及制冷系统的设备或管道，都必须进行保温或保冷，具体方法是在设备或管道的表面覆以导热系数小的材料，达到降低传热速率的目的。

另外，为防止管道内所输送的介质由于温度降低后而发生的凝固、冷凝、结晶、分离或形成水合物等现象，应给予加热保护，以补充介质的热损失。如重油输送管道以及某些化工工艺管道等。常采用的方法是蒸汽伴管、蒸汽夹套等，外面再连同管道一起覆盖保温层。

（2）管路的涂色　化工生产中，为了区别不同介质的管路，往往在保温层或管子的表面涂以不同的颜色。涂色方法有两种，一种是整个管路涂上单一的颜色，另一种则是在底色上加以色环（每隔 2m 涂上一个宽度为 50～100mm 的色环），涂色的材料多为调和漆。常用的化工管路的涂色见表 1-4-2。

表 1-4-2　常用化工管路的涂色

管路内介质及注字	涂色	注字颜色	管路内介质及注字	涂色	注字颜色	管路内介质及注字	涂色	注字颜色
过热蒸汽	暗红	白	氨气	黄	黑	生活水	绿	白
真空	白	纯蓝	氮气	黄	黑	过滤水	绿	白
压缩空气	深蓝	白	硫酸	红	白	冷凝水	暗红	绿
燃料气	紫	白	纯碱	粉红	白	软化水	绿	白
氧气	天蓝	黑	油类	银白	黑			
氢气	深绿	红	井水	绿	白			

课题五 管路图示符号

一、常用管线图示符号

管道工程中的管线一般用单线表示，对大径或重要管线也可用双线表示。由于所观察（投影）的方向不同，管线多由平面和立面两种图示符号表示。常用管线图示符号见表1-5-1。

表 1-5-1 常用管线图示符号

名称	图示符号	说明	名称	图示符号	说明
主要管线		$b=1$	保温管线		
埋地管线		$b=1$	汽伴热管		
辅助管线		$1/2b$	电伴热管		
仪表管线		$1/3b$	介质流向		
管线转折	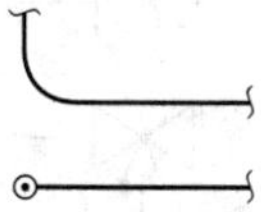	上转管	管线交叉	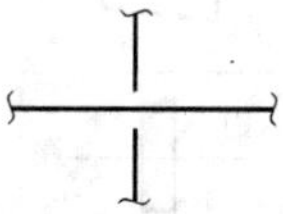	后、下断开管
	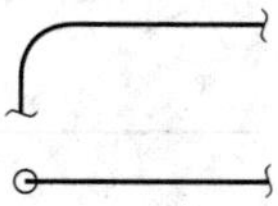	下转管		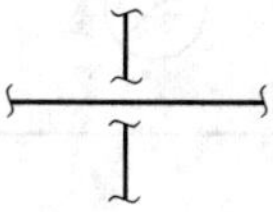	前、上断开管
	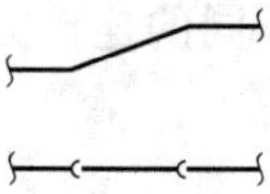	斜转管			两叠管
管线相交	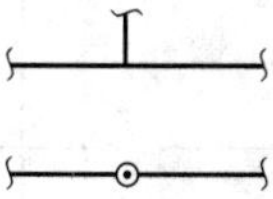	上交管	管线重叠	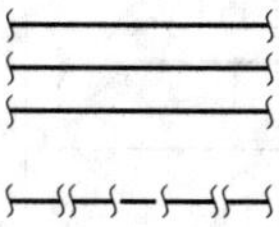	三叠管
	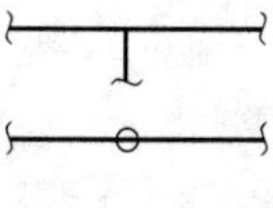	下交管		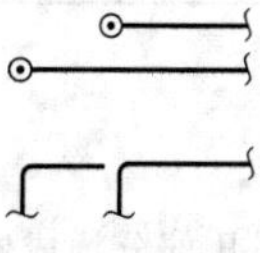	弯叠管

二、管件与阀件符号

在工程管路中的管件与阀件起着流向、流量等重要的控制作用。常用管件与阀件图示符号见表 1-5-2。

表 1-5-2　管件与阀件图示符号

名称	图示符号	说明	名称	图示符号	说明
弯头	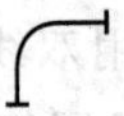		截止阀		
三通	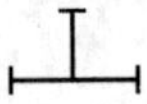		止回阀	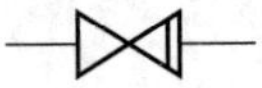	由空白流向非空白三角形
四通	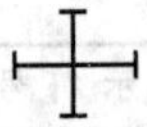		减压阀		小三角形一端为高压端
螺纹堵	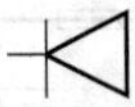	堵头螺纹为外螺纹	闸板阀		
螺纹管帽	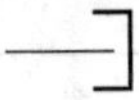	管帽螺纹为内螺纹	节流阀		
法兰端盖			球形阀		
异径接头	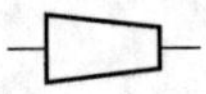	异径同心	隔膜阀		
快换接头	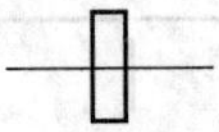		三通阀	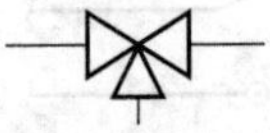	
指示表			安全阀	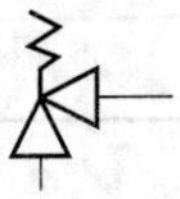	

三、管路连接图示符号

通常管线需要使用连接件将其连接起来，根据情况可选择不同的连接方式。管路连接图示符号见表 1-5-3。

表 1-5-3　管路连接图示符号

联接形式	图示符号	图示举例	联接形式	图示符号	图示举例
螺纹连接	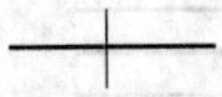		承插连接	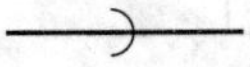	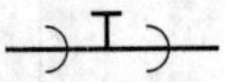
法兰连接	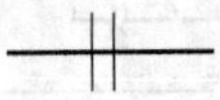		焊接连接		

思 考 题

1. 化工管路有哪几部分构成？

2. 什么是公称压力、试验压力、工作压力？

3. 管子规格如何表示？

4. 管子按材质如何分类？

5. 简述常见水管、煤气钢管管件的种类和用途。

6. 列举常见阀门及其特点。

7. 叙述管子的套丝步骤。

8. 管路连接方式有哪些？各有何特点？

9. 阀门安装前的检查包括哪些内容？

第二单元 动 设 备

化学工业是以天然资源或其他工业产品为原料，用物理和化学手段将其加工为产品的制造业。化工产品的生产过程简称为化工过程，它是围绕核心反应器组织的，为了满足化学反应的工艺条件，在反应前要对原料（反应物）进行预处理；为了达到产品标准，在反应后要对产品（生成物）进行分离、纯化等操作。虽然不同的原料、不同的产品具有不同的生产过程，但是，除了主要化学反应器外，在其过程中都要用到一些类型相同、具有共同特点的设备。

如输送物料的泵体、管道，进行物理、化学反应的罐体、反应设备，生产出来的产品需要分离、干燥的设备，原料、半成品、产品的存储设备。我们通常把化工生产中用到的这些机械或设备，统称为化工机械。

为了便于化工机械的分类管理，通常将依靠自身的运转进行工作的机械称为化工机器（俗称动设备），而将另一类工作时不运动，依靠特定的机械结构等条件，让物料通过机械内部自动完成工作任务的机械称为静止设备（俗称静设备，将在第三单元介绍）。其中化工机器包含：

① 液体输送与压缩机械——泵。
② 气体输送与压缩机械——风机、压缩机。
③ 固体破碎与输送机械——破碎机、输送机。
④ 固体分离机械——离心机。
⑤ 固体干燥机械——回转窑。

本单元主要介绍泵、活塞式压缩机、离心式压缩机、风机、离心机等化工机器。

课题一 泵

分课题一 概 述

一、泵在化工生产中的地位和作用

泵是用来输送液体并提高其压力的机器，它能够将液体从低处送往高处，从低压升为高压，或者从一个地方送往另一个地方。因为许多化工原料、中间体和最终产品都是液体，必须用泵来进行输送，以满足工艺流程的要求，所以在化工行业中，泵是必不可少的重要设备。

二、泵 的 分 类

1. 按泵的作用原理分类

泵按照液体从吸入腔输往排出腔的方式，可以分为两大类：一种是容积泵，容积泵包括往复泵、转子泵（螺杆泵、齿轮泵、罗茨泵、滑片泵）；另一种是叶片泵［离心泵、轴流泵、混流泵（轴流＋离心）、旋涡泵］；其他还有喷射泵、真空泵等。容积泵是利用泵内工作室的容积作周期性变化来输送液体的，有些容积式泵的排液过程是间歇的；叶片泵是依靠泵内作高速旋转的叶轮把能量传递给液体，进行液体的输送，排液是连续的。

2. 按泵的用途分类

（1）供料泵　将液态物料从储池或其他装置中吸进，加压后送到工艺流程装置中去的泵，也称增压泵。

（2）循环泵　在工艺流程中用于液体增压的泵。

（3）成品泵　在装置中将液态成品或半成品输送至储池或其他装置使用的泵。

（4）废液泵　将生产中的废液排出的泵。

（5）低温和高温泵　输送接近凝固点（或 5℃以下）和输送 300℃以上高温流体用泵。

（6）特殊用途泵　如液压系统中的油泵、水泵等。

三、泵的特点及应用范围

泵是化学工业等流程工业运行中的主要流体机械。化工生产用泵的种类很多，并均有标准系列可查。表 2-1-1 为各种泵的特点简介，可供选型时参考，实际选泵时程序如下。

表 2-1-1　泵的类型

类别 / 指标	叶片式			容积式	
	离心式	轴流式	旋涡式	活塞式	转子式
液体排出状态	流率均匀			有脉冲	流率均匀
液体品质	均一液体或（含固体液体）	均一液体	均一液体	均一液体	均一液体
允许吸上真空高度/m	4～8		2.5～7	4～5	4～5
扬程（或排出压力）	范围大 10～600m	低 2～20m	较高,单级可达 100m 以上	范围大,排出压力 0.3～6.0MPa	
体积流量（m³/h）	范围大 5～30000	大约 6000	较小 0.4～20	范围较大 1～600	
流量与扬程关系	流量减小,扬程增大；反之,流量增大,扬程降低	同离心式	同离心式,但增率和降率较大（即曲线较陡）	流量增减排出压力不变,压力增减流量近似为定值（电动机恒速）	
构造特点	转速高,体积小,运转平稳,基础小,设备维修较易		与离心式基本相同,叶轮较离心式叶片结构简单,制造成本低	转速低,能力小,设备形体庞大,基础大,与电动机连接复杂	同离心式泵
流量与轴功率关系	依泵比转数而定,流量减少时轴功率增加	依泵比转数而定,流量减少时轴功率增加	流量减少,轴功率增加	当排出压力定值时,流量减少,轴功率减少	

列出基础数据，包括：介质物性（介质在输送条件下的密度、黏度、蒸气压、腐蚀性及毒性）；介质中含有的固体颗粒种类、颗粒直径和含量；介质中气体含量（体积分数）；操作

条件（温度、压力、流量）；泵所在位置的情况（包括环境温度、海拔高度、装置平立面布置要求等）。

确定流量和扬程：流量按最大流量或正常流量的 1.1～1.2 倍确定。扬程为所需的实际扬程，它依管网系统的安装和操作条件而定。所选泵的扬程值应略大于生产所需的扬程值。

根据现有系列产品、介质物性和工艺要求初选泵的类型，再根据样本选出泵的型号。一般溶液可选用任何类型泵输送；悬浮液可选用隔膜式往复泵或离心泵输送；黏度大的液体、胶体溶液、膏状物和糊状物时可选用齿轮泵、螺杆泵和高黏度泵，这几种泵在高聚物生产中广泛应用；毒性或腐蚀性较强的可选用屏蔽泵；输送易燃易爆的有机液体可选用防爆型电机驱动的离心式油泵等。

对于流量均匀性没有一定要求的间歇操作可选用任何一类的泵；对于流量要求均匀的连续操作以选用离心泵为宜；扬程大而流量小的操作可选用往复泵；扬程不大而流量大时选用离心泵合适；流量很小要求精确控制流量时可用比例泵，例如输送催化剂和助剂的场所。

此外，还需要考虑设置泵的客观条件，如动力种类（电、蒸汽、压缩空气等）、厂房空间大小、防火、防爆等级等。

因离心泵结构简单，输液无脉动，流量调节简单，因此，除离心泵难以胜任的场合外，应尽可能选用离心泵。

泵的种类确定后，可以根据工艺装置参数和介质特性选择泵的系列和材料；根据泵的样本及有关资料确定其具体型号；按工艺要求核算泵的性能，确定泵的几何安装高度，计算泵的轴功率，确定泵的台数。

分课题二 离 心 泵

一、离心泵的结构与工作原理

如图 2-1-1 所示为离心泵装置示意图，离心泵主要由叶轮、泵壳、泵轴、吸入管、排出

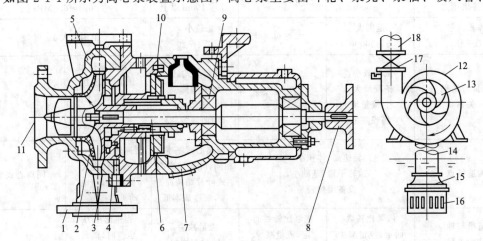

图 2-1-1　离心泵的装置示意图

1—泵体；2—叶轮；3—密封环；4—轴套；5—泵盖；6—泵轴；7—托架；8—联轴器；
9—轴承；10—轴封装置；11—吸入口；12—蜗形泵壳；13—叶片；14—吸入管；
15—底阀；16—滤网；17—调节阀；18—排出管

管等组成。

在启动离心泵前首先要在泵壳内灌满被输送的液体。泵启动后，当电动机带动叶轮旋转时，叶轮上的叶片带动液体一起高速旋转，产生离心力，在离心力的作用下，液体自叶轮中心被抛向外周，流经泵壳，送入排出管，并获得动能和静压能。当液体被叶轮从中心抛向外周时，在叶轮中心形成低压区，当吸入管两端形成一定的压力差时，液体被就会被源源不断的吸入泵内。同时，获得机械能的液体离开叶轮后进入泵壳，由于泵壳内的蜗行通道的面积是逐渐增大的，即液体在泵壳内向出口处流动时，在泵壳内的流通截面积逐渐增大，大部分动能被转换为静压能，在泵出口处压力达到最大与压出管出口端产生压差，液体排出。只要叶轮不断的转动，液体就可以连续不断的被吸入和排出。

应当注意，离心泵在启动前泵壳内一定要灌满被输送的液体。否则，由于密度很小的空气存在，叶轮旋转时所产生的离心力小，不能在叶轮中心处形成必要的低压，泵的吸入管两端压力差很小，不能将液体吸入泵内，此时泵只能空转而不能输送液体，如图 2-1-2 所示。这种由于泵内存有气体而造成离心泵不能吸液的现象称为"气缚"。为了使在灌泵或短期停泵时液体不会从吸入管口流出，常在吸入管底端安装有一个带有滤网的单向阀。

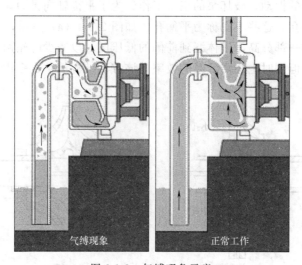

图 2-1-2　气缚现象示意

二、离心泵的主要部件

离心泵的主要部件为叶轮、泵壳和轴封装置。

1. 叶轮

叶轮是离心泵的核心部件，如图 2-1-3 所示，它是由 6～12 片向后弯曲的叶片构成，其功能是将原动机的机械能传给液体。按叶片两侧是否有盖板可将其分为开式、半开式和封闭式三种，开式叶轮既无前盖板也无后盖板，流道完全敞开，如图 2-1-3（c）所示，无盖板的开式叶轮结构简单，但效率较低，叶片数可少到 2～4 片，适用输送易沉淀或含有固体颗粒的液体，如砂浆、污水、含纤维液体等。闭式叶轮两侧都有盖板，叶道截面是封闭的，如图 2-1-3（a）所示，其效率高，造价高，但制造复杂且容易堵塞，适用于高扬程泵，输送不含杂质的清洁液体，化工生产中的离心泵多采用闭式叶轮。半开式叶轮只有后盖板，没有前盖板，流道是半开启的，优缺点介于开式和闭式叶轮之间，如图 2-1-3（b）所示，输送易于沉

(a) 闭式　　　　　　　　　(b) 半开式　　　　　　　　　(c) 开式

图 2-1-3　叶轮

淀或含有固体颗粒的液体。

　　闭式或半闭式叶轮在工作时，离开叶轮的一部分高压液体可漏入叶轮与泵壳之间的两侧空腔中，因叶轮前侧液体吸入口处为低压，故液体作用于叶轮前、后两侧的压力不等，便产生了指向叶轮吸入口侧的轴向推力。该力使叶轮向吸入口侧窜动，引起叶轮和泵壳接触处的磨损，严重时造成泵的振动，破坏泵的正常工作。为了平衡轴向推力，最简单的方法是在叶轮后盖板上钻一些小孔，这些小孔称为平衡孔。如图 2-1-4（a）所示，它的作用是使后盖板与泵壳之间空腔中的一部分高压液体漏到前侧的低压区，以减少叶轮两侧的压力差，从而平衡了部分轴向推力，但同时也会降低泵的效率。该方法结构简单，多用于小型泵。

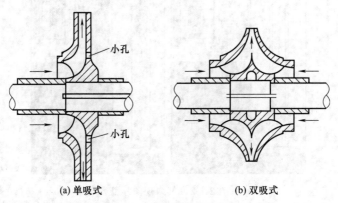

(a) 单吸式　　　　　　　　　　　　　　(b) 双吸式

图 2-1-4　离心泵的吸液方式

　　按叶轮的吸液方式可将叶轮分为单吸式和双吸式两种。化工生产中常见的是单吸式叶轮。双吸式叶轮的外形和液体流动方向均为左右对称，如图 2-1-4（b）所示，在理论上完全消除了离心泵的轴向推力，双吸式叶轮具有较大的吸液能力。

2. 泵壳

　　泵壳是指叶轮出口到泵的排出管或下一级叶轮入口之间截面积逐渐增大的螺旋形通道。如图 2-1-5 所示，离心泵的外壳是蜗壳形的，它是汇集叶轮出口已获得能量的液体，并利用逐渐扩大的蜗壳形通道，将液体的一部分动能转换为静压能，产生高压液体，因此它也是一个能量转换装置。

　　为了减小转换过程中的能量损失，提高泵的效率，有的泵壳内装有固定不动的导轮。导轮的作用是引导液体逐渐改变方向和流速，使液体的部分动能均匀而缓和地转变成静压能，减小液体直接进入蜗壳时碰撞引起的机械能损失。导轮的通道形状与叶轮的通道形状相似，只是弯曲方向相反。

3. 轴封装置

泵轴与泵壳之间的密封称为轴封。由于泵轴转动而泵壳固定不动，轴穿过泵壳处必定会有间隙。为防止泵内高压液体沿间隙漏出，或外界空气以相反方向漏入泵内，保持泵的正常操作，必须设置轴封装置。常见轴封类型有填料密封和机械密封两种。

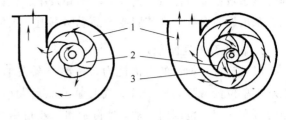

图 2-1-5　泵壳与导轮
1—泵壳；2—叶轮；3—导轮

（1）填料密封　如图 2-1-6 所示，普通离心泵所采用的轴封装置是填料密封，它由填料箱体、填料、液封圈、填料压盖、底衬套等组成。将泵轴穿过泵壳的环隙作成密封圈，于其中填入软填料（例如浸油或涂石墨的石棉绳），以将泵壳内、外隔开，而泵轴仍能自由转动。为了避免泵在工作时填料与泵轴摩擦过于剧烈，填料不应压得太紧，允许液体成滴状漏出。其特点是结构简单、易于制造，但效果较差，泄漏量大，使用寿命短，需经常更换填料，影响泵的工作。常用于普通水泵和一般化工泵。

（2）机械密封　输送酸、碱以及易燃、易爆、有毒的液体时，对泵的密封要求较高，既不允许漏入空气，又力求不让液体渗出。近年来已广泛采用机械密封装置。如图 2-1-7 所示，它是由一个装在转轴上的动环和另一固定在泵壳上的静环所构成，两环的端面借弹簧力互相贴紧而作相对运动，起到了密封的作用。其特点是泄漏量小，效果好，使用寿命长；与填料密封相比，对轴的精度和表面粗糙度要求相对较低，对轴的振动敏感性较小，且轴不容易磨损。但是，机械密封造价高，对密封元件的制造及安装要求比较高，多用于对密封要求较严格的场合。

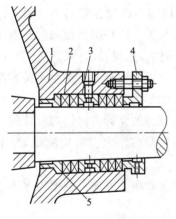

图 2-1-6　填料密封
1—填料箱体；2—填料；3—液封圈；
4—填料压盖；5—底衬套

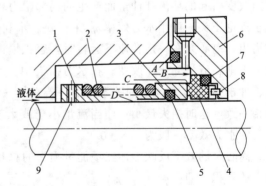

图 2-1-7　机械密封
1—弹簧座；2—弹簧；3—动环；4—静环；
5—动环密封圈；6—压盖；7—静环密封圈；
8—防转销；9—紧定螺钉

三、离心泵的性能参数与性能曲线

要正确选用和使用离心泵，就要了解离心泵的工作性能。描述离心泵在一定条件下工作的性能参数主要有流量、扬程、功率和效率、允许汽蚀余量、允许吸上真空高度等，这些性能在泵出厂时会标注在铭牌或产品说明书上，供使用者参考。

1. 离心泵的性能参数

（1）流量 即泵的送液能力，指离心泵在单位时间内排到管路系统的液体体积，以 Q 表示，单位为 m^3/s 或 m^3/h。离心泵的流量大小与泵的结构、叶轮直径以及转速有关。操作时可在一定的范围内变动，实际流量大小可由实验测定。

（2）扬程 液体通过泵后，泵给予单位重量（1N）液体的有效能量，以 H 表示，单位为 m，扬程又称为压头。泵的扬程与升扬高度是两个不同的概念，泵的扬程不仅要用来提高液体的位高，还要克服液体在输送过程中的流动阻力损失，并提高输送液体的静压能和保证液体具有一定的流速，在数值上，升扬高度只是扬程的一部分。扬程与离心泵的结构、叶轮直径、转速以及流量有关。流量越大，扬程越小，两者之间的关系可由实验测定。

（3）效率 离心泵在输送液体过程中，当外界能量通过叶轮传给液体时，不可避免地会有能量损失，即由原动机提供给泵轴的能量不能全部都为液体所获得，致使泵的轴压头和流量都较理论值为低，通常用效率来反映能量损失。

离心泵的能量损失包括以下几项。

① 容积损失 容积损失是由于泵的泄漏造成的损失。离心泵可能发生泄漏的地方很多，例如密封环、平衡孔及密封压盖等。这样，一部分获得能量的高压液体通过这些部位被泄漏，致使泵排出管道的液体量小于吸入的液体量，并消耗一部分能量。容积损失主要与泵的结构及液体在泵进、出口处的压力差有关。容积损失可由容积效率 η_v 来表示。

② 机械损失 由于轴与轴承之间、泵轴与填料函之间、叶轮盖板外表面与液体之间产生摩擦而引起的能量损失称为机械损失，可用机械效率 η_m 来反映这种损失，其值一般为 $0.96\sim0.99$。

③ 水力损失 黏性液体流经叶轮通道和蜗壳时产生摩擦阻力以及在泵局部处因流速和方向改变引起的环流和冲击而产生的局部阻力，统称为水力损失。这种损失使泵的有效压头低于理论压头，可用水力效率 η_h 来反映。水利损失与泵的结构、流量及液体的性质等有关。应指出，离心泵在一定转速下运转时，容积损失和机械损失可近似地视为与流量无关，但水力损失则随流量变化而改变。在水力损失中，摩擦损失 h_f 大致与流量的平方成正比；而环流、冲击损失 h_z 与流量的关系如下：若在某一流量 Q_η 下，流体的流动方向恰与叶片的入口角相一致，这时损失最小；而当流量小于或大于 Q_η 时，损失都将增大。额定流量 Q_s 下离心泵的水力效率一般为 $0.8\sim0.9$。

离心泵的效率反映上述三项能量损失的总和，故又称为总效率。因此总效率为上述三个效率的乘积，即：$\eta=\eta_v\eta_m\eta_h$

由上面的定性分析可知，离心泵的效率在某一流量（对正确设计的泵，该流量与设计流量相符合）下为最高，而小于或大于该流量时 η 都将降低。通常将最高效率下的流量称为额定流量。

离心泵的效率与泵的类型、尺寸、制造精密程度、液体的流量和性质等有关。一般小型泵的效率为 $50\%\sim70\%$，大型泵可达 90% 左右。

（4）轴功率 离心泵的轴功率通常指输入功率，即泵轴所接受的功率。以符号 N 表示，单位为 W 或 kW。泵传递给输出液体的功率称为泵的输出功率，又称为有效功率。它表示单位时间内泵输送出去的液体从泵中获得的有效能量，用符号 N_e 表示，单位为 W，用下式计算：$N_e = QH\rho g$。泵在运转时，由于机械摩擦损失、水力损失和容积损失消耗了一部分能量，使得泵轴所做的功要大于液体所获得的能量，即泵的轴功率大于有效功率。可表示为

$$N = N_e / \eta = QH\rho g / \eta$$

式中　N——泵的轴功率，W；

N_e——有效功率，W；

Q——泵在输送条件下的流量，m^3/s；

H——泵在输送条件下的压头，m；

ρ——输送液体的密度，kg/m^3；

g——重力加速度，m/s^2。

离心泵的轴功率用 kW 来计量，则

$$N = \frac{QH\rho}{102\eta}$$

2. 离心泵的特性曲线

实验表明，离心泵在工作时的扬程、功率及效率并不是固定不变的，而是随流量变化而变化的。生产厂家将离心泵的扬程、功率及效率与流量之间的变化关系，在一定的转速下通过实验测出，并将其关系用图线表示出来，称为离心泵的特性曲线。它包括表示扬程与流量关系的 Q-H 曲线，表示流量与功率关系的 Q-N 曲线和表示流量与效率关系的 Q-η 曲线。离心泵的性能曲线不仅与泵的型式、转速、几何尺寸有关，还与液体在泵内流动时的泄漏、各种能量损失等有关。

图 2-1-8 是 IS100-80-160 型离心泵在 2900r/min 转速下测定的特性曲线。熟悉并掌握离心泵的性能曲线不但能正确地选用离心泵，使泵在最佳工况下工作，而且能解决在操作中遇到的许多实际问题。

Q-H 曲线是选择和操作泵的主要依据。从 Q-H 曲线可知，在一定转速下工作时，离心

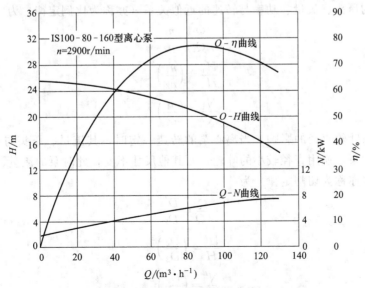

图 2-1-8　离心泵的特性曲线

泵的扬程随流量增大而减小，这是离心泵的一个重要特性。

$Q\text{-}N$ 曲线是选择原动机和正常启动泵的依据。从 $Q\text{-}N$ 曲线可知，离心泵的功率总是随流量增加而增大，当流量为零时，功率最小，所以离心泵应该在关闭出口阀、流量为零的情况下启动，这样可减小电机的启动功率，防止启动功率过大而损坏电机。

$Q\text{-}\eta$ 曲线是检查泵工作经济性的依据。从 $Q\text{-}\eta$ 曲线可知，当 $Q=0$ 时，$\eta=0$；随着流量的增大，泵的效率随之上升并达到一最大值；以后流量再增大，效率便下降。说明离心泵在一定转速下有一最高效率点，称为设计点。泵在与最高效率相对应的流量及压头下工作最为经济，所以与最高效率点对应的 Q、H、N 值称为最佳工况参数。离心泵的铭牌上标出的性能参数就是指该泵在最高效率点下运行时的状况参数。根据输送条件的要求，离心泵往往不可能正好在最佳工况点下运转，因此一般只能规定一个工作范围，称为泵的高效率区，在选用和使用离心泵时，应尽可能使该泵在最高效率点附近（高效率区）工作，一般以工作效率不低于最高效率的 92% 为合理。

3. 影响离心泵的性能因素

泵的生产部门所提供的离心泵特性曲线一般都是在一定转速和常压下，以常温的清水为工作介质做实验测得的。在化工生产中，所输送的液体是多种多样的，即使采用同一台泵输送不同的液体，由于各种液体的物理性质（例如密度和黏度）不同，泵的性能也要发生变化。此外，若改变泵的转速或叶轮直径，泵的性能也会发生变化。因此，生产部门所提供的特性曲线，应当重新进行换算。

（1）液体密度的影响　离心泵的流量、压头均与液体密度无关，效率也基本上不随液体密度而改变，因而当被输送液体的密度发生变化时，$H\text{-}Q$、$\eta\text{-}Q$ 曲线基本不变，但泵的轴功率与液体密度成正比，须标绘新的 $N\text{-}Q$ 曲线。

（2）黏度的影响　当被输送液体的黏度大于常温下水的黏度时，则液体通过叶轮和泵壳的流动阻力增大，导致泵的流量、压头都要减小，效率下降，而轴功率增大，泵的特性曲线均发生变化。

（3）转速的影响　由离心泵基本方程式可知，当泵的转速改变时，泵的流量、压头随之发生变化，并引起功率和效率相应改变。当液体的黏度不大，且设泵的效率基本上不变时，不同转速下泵的压头、流量、功率与转速的近似关系（亦称为比例定律）为

$$\frac{Q_1}{Q_2}=\frac{n_1}{n_2}$$

$$\frac{H_1}{H_2}=\left(\frac{n_1}{n_2}\right)^2$$

$$\frac{N_1}{N_2}=\left(\frac{n_1}{n_2}\right)^3$$

（4）离心泵叶轮直径的影响　当离心泵的转速一定时，其流量、压头与叶轮直径有关。对于同一型号的泵，换用直径较小的叶轮，而其他尺寸不变，此时泵的流量、压头与叶轮直径之间的关系（亦称为切割定律）为

$$\frac{Q'}{Q}=\frac{D_2'}{D_2}$$

$$\frac{H'}{H}=\left(\frac{D_2'}{D_2}\right)^2$$

$$\frac{N'}{N}=\left(\frac{D_2'}{D_2}\right)^3$$

四、离心泵的汽蚀

1. 离心泵汽蚀产生的原因及危害

泵在运转中，若其过流部分的局部区域（通常是叶轮叶片进口稍后的某处）因为某种原因，抽送液体的绝对压力降低到操作温度下的液体饱和蒸汽压力时，液体便在该处开始汽化，产生大量蒸汽，形成气泡，当含有大量气泡的液体向前经叶轮内的高压区时，气泡周围的高压液体致使气泡急剧地缩小以至破裂。在气泡凝结破裂的同时，液体质点以极高的速度填充空穴，在此瞬间产生很强烈的水击作用，并以很高的冲击频率打击金属表面，冲击应力可达几百至几千个大气压，冲击频率可达每秒几万次，像无数高频率的"液体小锤"敲击金属表面，金属表面因撞击、疲劳而产生斑点、裂缝、海绵状脱落，严重时会将壁击穿。

在离心泵中产生气泡和气泡破裂使过流部件遭受到破坏的过程就是离心泵的汽蚀过程。离心泵产生汽蚀后除了对过流部件会产生破坏作用以外，还会产生噪声和振动，并导致泵的性能下降，严重时会使泵中液体中断，不能正常工作。

2. 汽蚀余量

在液体介质已定的情况下，泵发生汽蚀的条件是由泵本身和吸入装置两个方面决定的。

泵的有效汽蚀余量（NPSHa）是指泵的入口法兰处单位重量液体所具有的能量比汽蚀时液体的静压能高出的那部分能量。如图 2-1-10 所示。

$$NPSHa = \frac{p_S}{\rho g} + \frac{C_S^2}{2g} - \frac{p_V}{\rho g}$$

式中，p_S 为入口压力；C_S 为入口流速；p_V 为饱和蒸气压。

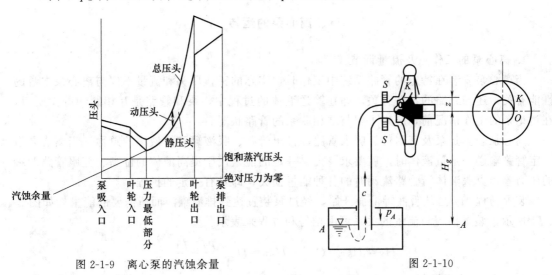

图 2-1-9　离心泵的汽蚀余量　　　　　　　　　　图 2-1-10

如图 2-1-10 所示，在吸入装置入口和泵入口法兰面之间列柏努利方程

$$\frac{p_A}{\rho g} + \frac{C_A^2}{2g} + Z_A = \frac{p_S}{\rho g} + \frac{C_S^2}{2g} + Z_S + \Delta H_{A-S} \quad C_A \approx 0$$

$$NPSHa = \frac{p_A}{\rho g} - \frac{p_V}{\rho g} - H_g - \Delta H_{A-S}$$

$$H_g = Z_S - Z_A$$

有效汽蚀余量也称为泵吸入装置的汽蚀余量，它只与吸入装置的管路特性及液体的汽化

压力有关，与泵本身结构无关。

有效汽蚀余量越大，泵越不易发生气蚀。

泵必须的汽蚀余量（NPSHr）是指泵入口法兰面处单位重量液体到达叶轮内压力最低点处静压能的降低值。

$$NPSHr = \lambda_1 \frac{C_0^2}{2g} + \lambda_2 \frac{W_0^2}{2g}$$

式中　λ_1、λ_2——压降系数；

　　　C_0——液流进入叶道前的绝对速度；

　　　W_0——液流进入叶道前的相对速度。

允许汽蚀余量 [NPSH]

$$[NPSH] = NPSHr + (0.6 \sim 1.0)m$$

离心泵避免发生汽蚀的条件：NPSHa > [NPSH]

3. 提高离心泵抗汽蚀能力的措施

欲防止发生汽蚀必须提高 NPSHa，使 NPSHa > NPSHr，可防止发生汽蚀的措施如下：

① 减小几何吸上高度 h_g（或增加几何倒灌高度）；

② 减小吸入损失 h_c，为此可以设法增加管径，尽量减小管路长度、弯头和附件等；

③ 防止长时间在大流量下运行；

④ 在同样转速和流量下，采用双吸泵，因减小进口流速、泵不易发生汽蚀；

⑤ 泵发生汽蚀时，应把流量调小或降速运行；

⑥ 泵吸水池的情况对泵汽蚀有重要影响；

⑦ 对于在苛刻条件下运行的泵，为避免汽蚀破坏，可使用耐汽蚀材料。

五、离心泵的运转

1. 离心泵的工作点及流量调节

当离心泵安装在特定的管路系统中工作时，实际的工作压头和流量不仅与离心泵本身的性能有关，还与管路的特性有关，即在输送液体的过程中，泵和管路是互相制约的。所以，在讨论泵的工作情况前，应先了解与之相联系的管路状况。

离心泵装置是泵及其附件、吸入管路、排出管路、吸液罐和排液罐的总称。当离心泵沿一定管路输送一定量液体时，就要求泵提供一定的能量用于提高液体的位高、克服管路两端的压力差、克服液体沿管路流动时的各种能量损失，即具有一定的扬程。

装置扬程 H_Z 是从吸液罐液面开始，经过泵装置达到排液罐液面所需要的能量。如图 2-1-11 所示，装置扬程与流量的关系可由柏努利方程来表示：

$$H_Z = H_{ST} + CQ^2 \qquad H_{ST} = H_a + \frac{p_2 - p_1}{\rho g}$$

式中　H_Z——装置扬程，m；

　　　H_{ST}——泵装置的静压头差，m；

　　　H_a——输液高度，m；

　　　C——泵装置（泵本身除外）的特性参数。

此方程也称为管路特性方程，它只与管路工况有关，与泵的性能无关。

离心泵的运转工作点是指泵的特性曲线与管路特性曲线的交点，如图 2-1-12 所示。此点对应的流量和压头既能满足管路系统输送任务的要求，又为此离心泵提供的流量和压头。

一定的离心泵，以一定转速在此特定管路系统运转时，只有一个工作点，它既与泵的工况有关又与管路工况有关，任何一方发生改变，都能引起工况点改变。

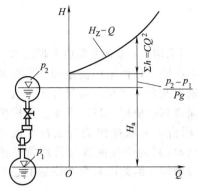

图 2-1-11　装置扬程与流量的关系

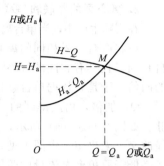

图 2-1-12　离心泵的工作点

离心泵在指定的管路上工作时，由于生产任务发生变化，出现泵的工作流量与生产要求不相适应；或已选好的离心泵在特定的管路中运转时，所提供的流量不一定符合输送任务的要求。对于这两种情况，都需要对泵进行流量调节。

泵的流量调节实质上是改变泵的工作点。由于泵的工作点为泵的特性和管路特性所决定，因此改变两种特性曲线之一均可达到调节流量的目的。

如图 2-1-13（a）所示，采用出口阀调节。改变离心泵出口管路上调节阀门的开度，改变了管路的局部阻力，即改变管路特性曲线。采用阀门来调节流量快速简便，且流量可以连续变化，适合化工连续生产的特点，因此应用十分广泛。其缺点是，当阀门关小时，因流动阻力加大需要额外多消耗一部分能量，且在调节幅度较大时离心泵往往在低效区工作，因此经济性差。

如图 2-1-13（b）所示，采用转速调节。改变泵的转速，从而改变泵的特性曲线，当转速增大时，泵的特性曲线向右上方移动，流量增大。反之，转速减小小，泵的特性曲线向左下方移动，流量减小。改变转速来调节流量没有节流引起的能量损失，功率损失很小，是比较经济的。其主要的缺点是需要变速装置或价格昂贵的变速原动机，且难以做到流量连续调节。

如图 2-1-13（c）所示，采用切割叶轮外径（或更换叶轮）调节。当泵的叶轮在允许范围内切割时，泵的特性曲线向左下方移动，流量减小。切割叶轮直径调节的功率损失小。用这种方法调节时，只能减小流量而不能增大流量，叶轮切割后不能恢复且叶轮的切割量有限（或需配备各种直径的叶轮，且调节流量有限）。所以，此方法只能用于要求流量长期不改变

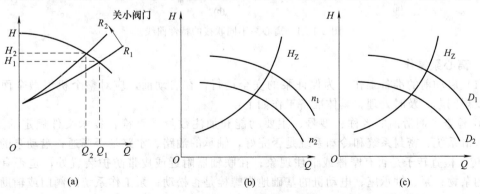

图 2-1-13　泵的流量调节采用不同方法的特性曲线

的场合。

在输送流体量不大的管路中，一般都用阀门来调节流量，只有在输液量很大的管路才考虑使用调速的方法。

2. 离心泵的并联和串联操作

在实际生产中，当单台离心泵不能满足输送任务要求时，可采用离心泵的并联或串联操作。

设将两台型号相同的离心泵并联操作，各自的吸入管路相同，则两泵的流量和压头必各自相同，且具有相同的管路特性曲线。在同一压头下，理论上两台并联泵的流量等于单台泵的两倍。于是，依据单台泵特性曲线上的一系列坐标点，保持其纵坐标（H）不变、使横坐标（Q）加倍，由此得到的一系列对应的坐标点即可绘得两台泵并联操作的合成特性曲线Ⅱ。如图 2-1-14（a）所示，并联泵的操作流量和压头可由合成泵的特性曲线与管路特性曲线的交点来决定。由图可见，由于流量增大使管路流动阻力增加，因此两台泵并联后的总流量必低于原单台泵流量的两倍。

假若将两台型号相同的泵串联操作，则每台的压头和流量也是各自相同的，因此在同一流量下，理论上两台串联泵的压头为单台泵的两倍。于是，依据单台泵特性曲线上一系列坐标点，保持其横坐标（Q）不变、使纵坐标（H）加倍，由此得到的一系列对应坐标点即可绘出两台串联泵的合成特性曲线Ⅱ，如图 2-1-14（b）所示。

同样，串联泵的工作点也由管路特性曲线与泵的特性曲线的交点来决定。由图可见，两台泵串联操作的总压头必低于单台泵压头的两倍。

生产中究竟采用何种组合方式比较经济合理，则决定于管路曲线的形状。对于管路特性曲线较平坦的低阻管路［如图 2-1-14（c）中曲线 a 所示］，采用并联组合，可获得较串联组合高的流量和压头；对于管路特性曲线较陡的高阻管路［如图 2-1-14（c）中曲线 b］，采用串联组合，可获得较并联组合高的流量和压头。对于 $\Delta Z + \Delta p/(\rho g)$ 值高于单台泵所能提供最大压头的特定管路，则必须采用串联组合方式。

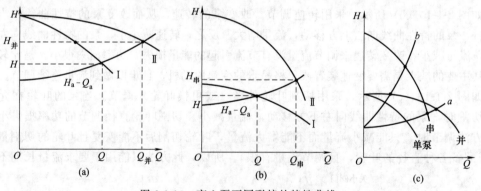

图 2-1-14 离心泵不同联接的特性曲线

3. 离心泵操作

（1）启动前的准备工作 为保证泵的安全运行，在启动前，应对整个机组做全面的检查，发现问题，及时处理。具体准备工作如下：

① 检查 润滑油的名称、型号、主要功能和加注数量是否符合技术文件规定的要求；轴承润滑系统、密封系统和冷却系统是否完好，轴承的油路、水路是否畅通；盘动泵的转子 1～2 转，检查转子是否有摩擦或卡住现象；在联轴器附近或皮带防护装置处，是否有妨碍转动的杂物；泵、轴承座、电动机的基础地脚螺栓是否松动；泵工作系统的阀门或辅助装置均应处于泵运转时负荷最小的位置，应关闭出口调节阀；转动泵，看其叶轮转向是否与设计

转向一致，若不一致，必须在叶轮完全停止转动后，调整电动机接线，方可再启动。

② 充水　水泵在启动以前，泵壳和吸水管内必须先充满水，这是因为有空气存在的情况下，泵吸入口的真空无法形成和保持。

③ 暖泵　对输送高温液体的泵，如电厂的锅炉给水泵，在启动与备用时均需预热。这是因为给水泵在启动时，高温给水流过泵内，使泵体温度从常温很快上升到 100～200℃，这会引起泵内外和各部件之间的温差，若没有足够长的传热时间和适当控制温升的措施，会使泵各处膨胀不均，造成泵体各部分变形、磨损、振动等。

（2）启动运行

① 离心泵泵腔和吸水管内全部充满水并无空气，出口阀关闭，给水泵暖泵完毕。对于强制润滑的泵，启动油泵向各轴承供油。

② 启动冷却水泵或打开冷却水阀。

③ 合闸启动，启动后泵空转时间不允许超过 2～4min，使转速达到额定值后，逐渐打开离心泵的出口阀，增加流量，并达到输送要求的负荷。

（3）运行中的注意事项　泵制造厂对轴承的温度有规定，滚动轴承的温升一般不超过40℃，表面温度不超过 70℃，否则就说明滚动轴承内部出现毛病，应停机检查。如果继续运行，可能引起事故。对于滑动轴承的温度规定，应参阅有关泵的技术文件，处理方法与滚动轴承一样。

泵转子的不平衡，结构刚度或旋转轴的同心度差，都会引起泵产生振动。因此在泵运转时，用测振器在轴承上检查振幅是否符合规定。

为了保证泵的正常运转，叶轮的径向跳动和端面跳动不能超过规定的数值，否则会影响转子不平衡，产生振动。

（4）停车　停车时，要先关闭出口阀，再关电机，以免高压液体倒灌，造成叶轮反转，引起事故。在寒冷地区，短时停车要采取保温措施，长期停车必须排净泵内及冷却系统内的液体，以免冻结胀坏系统。

4. 离心泵常见故障及排除措施

离心泵作为输送物料的一种转动设备，对连续性较强的化工装置生产尤为重要。而离心泵运转过程中，难免会出现各种各样的故障，如何提高泵运转的可靠性、寿命及效率，以及对发生的故障及时准确的判断处理，是保证生产平稳运行的重要手段。

离心泵的故障产生原因可能是多方面的，但绝大多数与技术管理水平、安装、保养、操作人员的素质及重视程度有关。通常要保证离心泵的润滑良好，加强易损件的维护，流量变化平缓，一般不做快速大幅度调整，严格执行操作规程，杜绝违章操作和野蛮操作，做好状态监测，发现问题及时分析处理，定期清理泵入口过滤器。总之，若能充分重视，则能够将离心泵的修理平均间隔时间延长，使泵的可靠性和利用率得到大幅度提高。表 2-1-2 列出了离心泵常见故障、产生的原因及排除措施。

表 2-1-2　离心泵常见故障、产生的原因及排除措施

故障现象	产生故障原因	排除措施
泵不能启动 或启动负荷大	1. 原动机或电源不正常	1. 处理方法是检查电源和原动机情况
	2. 泵卡住	2. 处理方法是用手盘动联轴器检查,必要时解体检查,消除动静部分故障
	3. 填料压得太紧	3. 处理方法是放松填料
	4. 排出阀未关	4. 处理方法是关闭排出阀,重新启动
	5. 平衡管不通畅	5. 处理方法是疏通平衡管

续表

故障现象	产生故障原因	排除措施
启动后不上量	1. 泵的运转方向不对 2. 启动前灌液不足 3. 泵体没有放空,内存有空气 4. 吸入管线或仪表漏气 5. 泵转速太低 6. 滤网堵塞,底阀不灵 7. 吸上高度太高,或吸液槽出现真空	1. 停车检查电机转向 2. 停车重新灌泵 3. 重新放空 4. 检修不严密处,消除泄漏 5. 检查转速,提高转速 6. 检查滤网,消除杂物 7. 减低吸上高度;检查吸液槽压力
运转过程中输液量减少	1. 转速降低 2. 叶轮堵塞 3. 叶轮密封环磨损 4. 吸入空气 5. 排出管线阻力增加	1. 检查电压是否降低 2. 检查清洗叶轮 3. 检查更换密封环 4. 更换密封 5. 检查管线是否堵塞
轴功率过大 (即电机运行电流过大)	1. 填料(密封)压盖拧得太紧 2. 叶轮和泵体可能有摩擦 3. 泵轴与电机轴不同心 4. 泵的口环有磨损 5. 润滑情况不好 6. 泵内吸入杂物	1. 调整压盖松紧度 2. 解体检查 3. 重新找正同心度 4. 更换口环(密封环) 5. 更换润滑油 6. 拆缸清理
振动大 声音不正常	1. 叶轮磨损或阻塞造成不平衡 2. 泵轴弯曲,泵零件发生摩擦 3. 联轴器不同心 4. 泵内发生气蚀现象 5. 轴承损坏 6. 地脚螺栓松动	1. 清洗叶轮找平衡 2. 解体检查,更换轴 3. 重新找正同心度 4. 检查并消除气蚀原因 5. 更换轴承 6. 拧紧地脚螺栓
轴承过热	1. 轴承损坏 2. 轴承安装不当 3. 润滑油油质不良 4. 轴弯曲或联轴器不同心	1. 更换轴承 2. 重新安装 3. 更换润滑油 4. 更换轴、找正同心度
端面泄漏	1. 泵抽空机械密封损坏 2. 压盖螺丝松动 3. 动、静环磨损 4. 密封圈损坏 5. 操作条件改变,密封比压不够	1. 更换密封 2. 上紧压盖螺丝 3. 更换动、静环 4. 更换密封圈 5. 重新设置

六、离心泵的类型与选择

1. 离心泵的类型

由于化工生产中被输送液体的性质、压力和流量等差异很大,为了适应各种不同的要求,离心泵的类型也是多种多样的。各种类型的离心泵按照其结构特点各自成为一个系列,并以一个或几个汉语拼音字母作为系列代号。在每一系列中,由于有各种规格,因而附以不同的字母和数字予以区别。

离心泵通常有下列几种分类方法。

(1) 按吸液方式分类 可分为单吸式和双吸式离心泵。前者液体只能从叶轮一侧进入叶轮,此叶轮制造方便,应用最为广泛。后者液体从叶轮两侧同时进入泵内,该泵的流量大。

(2) 按级数分类 按叶轮级数可分为单级和多级泵。单级泵的轴上只有一个叶轮,由于液体在泵内只有一次增能,扬程较低,但应用最为广泛。多级泵的同一根轴上串联有两个以上的叶轮，级数越多，液体增能越大，扬程越高。

（3）按扬程的大小分类 按离心泵的扬程，离心泵可以分为以下三类：

① 低压离心泵 扬程 $H < 20$m；

② 中压离心泵 扬程 20m $< H < 100$m；

③ 高压离心泵 扬程 $H > 100$m。

（4）按泵的用途和工作介质性质分类 按泵的用途和输送液体的性质，可将离心泵分为清水泵、耐腐蚀泵、油泵、杂质泵等。

① 清水泵 常用清水泵为单级单吸式，其系列代号为"IS"，IS 型单吸离心泵结构如图 2-1-15 所示。型号表示以 IS100-80-125 为例，其中 IS 表示该泵为国际标准单级单吸清水泵，100 表示吸入口直径 100mm；80 表示泵排出口直径 80mm；125 表示叶轮直径尺寸 125mm。该泵吸液口直径较大，配用功率小，泵体和泵盖采用后开式结构形式，检修时不用拆卸泵体、管路和电机，只需拆下加长联轴器的中间连接，即可进行转动部件的检修。它主要用于工业和城市给、排水，输送清水或物理化学性质类似清水的其他液体。

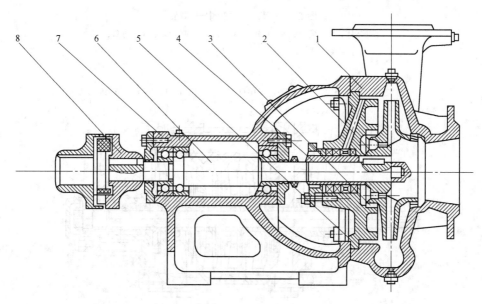

图 2-1-15 IS 型水泵的结构图

1—泵体；2—叶轮；3—密封环；4—护轴套；5—后盖；6—泵轴；7—机架；8—联轴器部件

另外清水泵还有双吸泵、多级泵。双吸泵的泵壳内安装的是双吸式叶轮，系列代号"S"，它不但没有轴向推动力，而且可提高泵的流量。多级泵内有两个以上的叶轮安装在一根泵轴上进行串联操作，其系列代号为"D"，它可提供较高压头。图 2-1-16 为 S 型双吸中开式泵，图 2-1-17 为多级离心泵。

例如：100S90A 型：其中 100 表示泵入口直径为 100mm；S 表示单级双吸式；90 表示设计点的扬程为 90m；A 表示叶轮外径经第一次切削。

D12-25×3 型：其中 D 表示多级；12 表示流量为 12m³/h；25 表示每一级的扬程是 25m；3 表示即 3 级泵，总扬程为 75m。

② 耐腐蚀泵 单级单吸悬臂式化工流程泵，其系列代号为"IH"，它是取代原"F"型耐腐蚀泵的换代产品。它的所有与液体接触的部件可根据所输送的液体的性质，选用不同的耐腐蚀材料制造。例 25FB-16A 型：其中 25 表示吸入口的直径 25mm；B 表示铬镍合金钢。

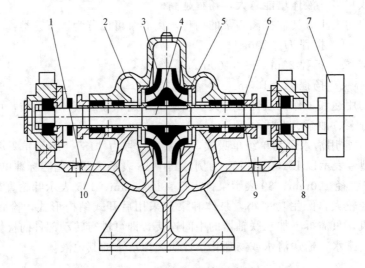

图 2-1-16　S 型双吸中开式泵

1—泵体；2—泵盖；3—叶轮；4—轴；5—密封环；6—轴套；
7—联轴器；8—轴承体；9—填料压盖；10—填料

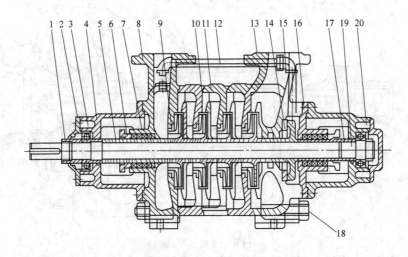

图 2-1-17　多级离心泵

1—轴套螺母；2—轴承盖；3—轴承；4—轴承体；5—轴承甲；6—填料压盖；7—填料环；
8—进水段；9—密封环；10—叶轮；11—中段；12—回水管；13—出水段；14—平衡环；
15—平衡盘；16—尾盖；17—轴套乙；18—拉紧螺栓；19—轴；20—螺母

用于常温，低浓度酸，碱的输送。

③ 油泵　油泵是用来输送油类及石油产品的泵，其系列代号"Y"。由于油类及石油产品易燃易爆，此类泵必须有较好的密封装置，必要时还要有冷却装置。图 2-1-18 为单级单吸悬臂式 Y 型油泵。

例 50Y60A 型，其中 50 表示吸入口的直径 50mm；Y 表示油泵；60 表示扬程为 60m。

④ 杂质泵　输送含固体颗粒的液体、稠厚的浆液，叶轮流道宽，叶片数少。这类泵的材质要有较大的机械强度，耐摩擦；为了防止堵塞，一般用开式叶轮。根据杂质的类型，又可分为泥浆泵、污水泵、砂泵等。

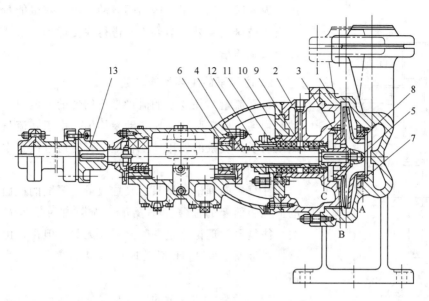

图 2-1-18　单级单吸悬臂式 Y 型油泵

1—泵壳；2—托架；3—叶轮；4—泵轴；5—螺帽；6—轴承；7—泵盖；8—密封环；

9—冷却水孔；10—填料；11—填料压盖；12—轴套；13—联轴器

2. 离心泵的选择

选择离心泵的基本原则，是以能满足液体输送的工艺要求为前提的。选择步骤为：

① 确定输送系统的流量与压头　流量一般为生产任务所规定。根据输送系统管路的安排，用柏努利方程式计算管路所需的压头。

② 选择泵的类型与型号　根据输送液体性质和操作条件确定泵的类型。按已确定的流量和压头从泵样本产品目录选出合适的型号。需要注意的是，如果没有适合的型号，则应选定泵的压头和流量都稍大的型号；如果同时有几个型号适合，则应列表比较选定。然后按所选定型号，进一步查出其详细性能数据。

③ 校核泵的特性参数　如果输送液体的黏度和密度与水相差很大，则应核算泵的流量与压头及轴功率。

分课题三　其他类型泵

一、往　复　泵

1. 往复泵的结构、工作原理

往复泵是一种容积式泵，是一种通过容积的变化来对液体做功的机械。往复泵与离心泵不同，它是通过活塞的往复运动将静压能直接传给液体。如图 2-1-19 所示，它主要由泵缸、活塞（或活柱）、活塞杆以及吸入阀和排出阀构成，其中吸入阀和压出阀都是单向阀。往复泵工作时，活塞在泵缸内作往复运动，当活塞从左向右运动时，泵缸内压力降低，压出阀在出口管内液体压力的作用下自动关闭，吸入阀则受到吸入管液体压力的作用而自动开启，液体通过吸入管被吸入泵内。当活塞从右向左运动时，泵缸内压升高，受泵缸内液体压力的作

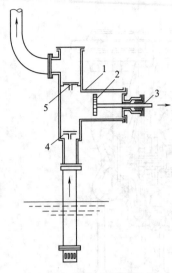

图 2-1-19 往复泵
1—泵缸；2—活塞；3—活塞杆；
4—吸入阀；5—排出阀

用，吸入阀自动关闭，压出阀自动开启，获得能量的液体沿压出管被排出泵外。活塞不断进行往复运动，液体就不断地被吸入和压出。

2. 往复泵的主要性能参数

（1）流量　往复泵的流量是不均匀的。但双动泵要比单动泵均匀，而三联泵又比双动泵均匀。由于其流量的这一特点限制了往复泵的使用。工程上，有时通过设置空气室使流量更均匀。

往复泵的理论流量只与泵缸数量、泵缸的截面积、活塞的冲程、活塞的往复频率及每一周期内的吸排液次数等有关。往复泵的理论流量与管路特性无关，但是，由于密封不严造成泄漏、阀启闭不及时等原因，实际流量要比理论值小。

（2）压头　往复泵的压头与泵的几何尺寸及流量均无关系。只要泵的机械强度和原动机械的功率允许，系统需要多大的压头，往复泵就能提供多大的压头。往复泵的扬程求取方法与离心泵相同。

（3）功率与效率　往复泵的功率与效率定义及计算与离心泵相同。但效率比离心泵高，通常在 0.72～0.93 之间，蒸汽往复泵的效率可达到 0.83～0.88。

3. 往复泵的流量调节

（1）旁路调节法　如图 2-1-20 所示，利用旁通管路将排出管路与吸入管路接通，使排出的液体部分回流到吸入管路进行流量调节。在旁通管路上设有旁路调节阀，利用该阀简单地调节回流量，就可达到调节流量的目的。旁路调节的实质不是改变泵的送液能力，而是改变流量在主管路及旁路的分配。这种调节造成了功率的损耗，在经济上是不合理的，但生产中却常用。

（2）调节活塞的行程　改变活塞行程的大小，可以改变往复泵的流量。一般通过改变曲柄销的位置，调节柱塞与十字头连接处的间隙或采用活塞行程大小调节机构来改变活塞的行程。活塞行程调节机构可进行无级调节，行程可调至零，使泵的流量在最大和零之间调节，因而广泛用于计量泵中流量的无级调节和准确计量。

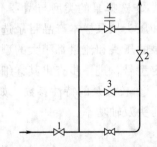

图 2-1-20　旁路调节流量示意图
1—入口阀；2—出口阀；
3—旁路阀；4—安全阀

（3）改变活塞往复频率　对于动力泵可采用变速箱或塔轮改变泵轴的转速，从而改变活塞的往复频率，改变流量。同旁路调节法相比，此法在能量利用上是合理的。特别是对于蒸汽式往复泵，可以通过调节蒸汽压力来实现。但对经常性流量调节是不适宜的。

4. 往复泵的特点、适用场合

单动往复泵活塞每往复一次，吸入和排出各一次，其排液量是间断、不均匀的。为了改善排液量不均匀的状况，可以采用双动往复泵或三联泵（见图 2-1-21），双动往复泵和三联泵可提高管路排液量的均匀性。如图 2-1-22 所示。

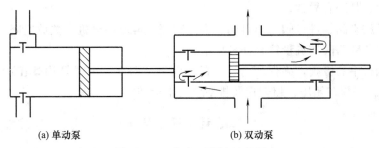

(a) 单动泵　　　　　　(b) 双动泵

图 2-1-21　往复泵结构示意图

往复泵的流量与泵的压头无关，只取决于泵缸的几何尺寸（活塞直径 D、活塞行程 S）、曲轴转速 n。所以往复泵不能用排出阀来调节流量，它的性能曲线是一条直线。只是在高压时，由于泄漏损失，流量稍有减小。

往复泵的压头与泵的几何尺寸无关，只要原动机有足够的功率、填料密封有相应的密封性能，零部件有足够的强度，活塞泵可以随着排出阀开启压力的改变产生任意高的扬程。所以同一台泵在不同的装置中可以产生不同的扬程。

往复泵有自吸能力，启动前不像离心泵那样需要灌液。往复泵的流量调节不能由泵排出管上的阀门调节，可以采用改变转速和活塞行程的方法调节，常用方法是旁路（回路）调节，因此在安装往复泵时要注意旁路

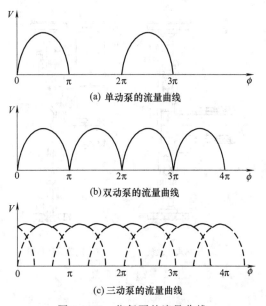

(a) 单动泵的流量曲线

(b) 双动泵的流量曲线

(c) 三动泵的流量曲线

图 2-1-22　往复泵的流量曲线

的配置。往复泵在启动运行时不能像离心泵那样关闭出水阀启动，而是要开阀启动。由于排出流量脉动造成流量的不均匀，有的需设法减少与控制排出流量和压力的脉动。

以上分析可以看出，同离心泵相比较，往复泵的主要特点是流量固定而不均匀，但压头高，效率高等。另外，由于原理的不同，离心泵没有自吸作用，但往复泵有自吸作用，因此不需要灌泵；由于都是靠压差来吸入液体的，因此安装高度也受到限制；由于其流量是固定的，绝不允许像离心泵那样直接用出口阀调节流量，否则会造成泵的损坏。生产中常采用旁路调节法来调节往复泵的流量（注：所有正位移特性的泵均用此法调节。所谓正位移性，是指流量与管路无关，压头与流量无关的特性）。往复泵主要用于：

① 输送黏度较高的流体；

② 适于小流量、高扬程（＞100MPa）；

③ 输送含有气体的流体；

④ 需要计量的场合；

⑤ 有较强的自吸能力。

5. 往复泵的操作

① 检查压力表读数及润滑等情况是否正常；

② 盘车检查是否有异常；

③ 先打开放空阀、进口阀、出口阀、旁路阀等，再启动电机，关放空阀；

④ 通过调节旁路阀使流量符合任务要求；

⑤ 做好运行中的检查，确保压力、阀门、润滑、温度、声音等均处在正常状态，发现问题及时处理。严禁在超压、超转速及排空状态下运转。

二、计 量 泵

随着化学工业的发展，输送定量液体的精确度要求愈来愈高，有时还需要精确的配料比。为了完成这类液体的输送任务，常采用计量泵或比例泵。计量泵是往复式泵的一种。除了装有一套可以准确地调节流量的机构外，其基本构造与往复泵相同。

计量泵根据传动形式的不同，主要分为柱塞式和隔膜式两种，如图 2-1-23 所示。

柱塞式计量泵是通过偏心轮把电机的旋转运动变成柱塞的往复运动。即电机通过直联传动带动蜗轮蜗杆副作变速运动，在曲柄连杆机构的作用下，将旋转运动转变为往复直线运动。柱塞在往复直线运动中，直接与所输送的介质接触，通过泵头上的单向阀启闭作用完成吸排目的，达到输送液体的功能。由于偏心轮的偏心距离可以调整，使柱塞的冲程随之改变。若单位时间内柱塞的往复次数不变时，则

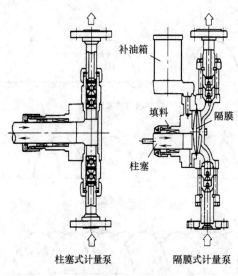

图 2-1-23 计量泵

泵的流量与柱塞的冲程成正比，所以可通过调节冲程而达到比较严格控制和调节流量的目的。柱塞计量泵性能比较稳定，计量精确度比较高，可以输送一些黏度相对高一些的介质，隔膜计量泵除了前面的优点外，还有一些特别的优点：运行时完全无泄漏，可以输送特殊液体（如危险品，腐蚀性较强的液体等）。

隔膜式计量泵利用特殊设计加工的柔性隔膜取代活塞，在驱动机构作用下实现往复运动，完成吸入－排出过程。由于隔膜的隔离作用，在结构上真正实现了被计量流体与驱动润滑机构之间的隔离。高科技的结构设计和新型材料的选用已经大大提高了隔膜的使用寿命，加上复合材料优异的耐腐蚀特性，隔膜式计量泵目前已经成为流体计量应用中的主力泵型。

机械驱动隔膜式计量泵由电机、传动箱、缸体等三部分组成，传动箱部件是由凸轮机构、行程调节机构和速比蜗轮机构组成；缸体部件是由泵头、吸入阀组、排出阀组、膜片和膜片底座等组成。它与液压隔膜式的区别是滑杆与隔膜片直接连接，工作时滑杆往复运动时直接推（拉）动隔膜片来回鼓动，通过泵头上的单向阀启闭作用完成吸排目的。它具有液压隔膜泵不泄漏，耐强腐蚀的突出优点，而且价格便宜，适用于低压和中小流量的场合。

在隔膜式计量泵家族成员里，液力驱动式隔膜泵由于采用了油均匀地驱动隔膜，克服了机械直接驱动方式下泵隔膜受力过分集中的缺点，提升了隔膜寿命和工作压力上限。为了克服单隔膜式计量泵可能出现的因隔膜破损而造成的工作故障，有的计量泵配备了隔膜破损保

护装置，实现隔膜破裂时自动连锁保护；具有双隔膜结构泵头的计量进一步提高了其安全性，适合对安全保护特别敏感的应用场合。

现在，精密计量泵技术已经非常成熟，其流体计量输送能力最大可达 $0\sim100，000L/h$，工作压力最高达 4000bar，工作范围覆盖了工业生产所有领域的要求。

三、旋 转 泵

旋转泵也称转子泵，由静止的泵壳和旋转的转子组成，没有吸入和排出阀，靠泵体内的转子与液体接触的一侧将能量以静压力形式作用于液体，并借旋转转子的挤压作用排出液体，同时在另一侧留出空间，形成低压，使液体连续的吸入。

转子泵压头较高，流量通常较小，排液均匀，适用于输送黏度高，具有润滑性，但不含固体颗粒的液体。常见的旋转泵有齿轮泵和螺杆泵。

1. 齿轮泵

如图 2-1-24 所示，齿轮泵主要由泵体、主动齿轮、从动齿轮、机械密封、安全阀等组成。它是通过两个相互啮合的齿轮的转动对液体做功的，一个为主动轮，一个为从动轮。齿轮将泵壳与齿轮间的空隙分为两个工作室，其中一个因为齿轮的打开而呈负压与吸入管相连，完成吸液；另一个则因为齿轮啮合而呈正压与排出口相连，完成排液。

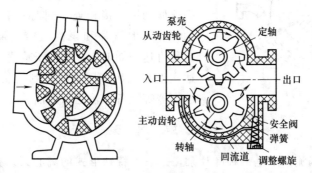

图 2-1-24 齿轮泵

齿轮泵是一种容积泵，与活塞泵不同处在于没有进、排水阀，它的流量要比活塞泵更均匀，构造也更简单。齿轮泵结构轻便紧凑，制造简单，工作可靠，维护保养方便。一般都具有输送流量小和输出压力高的特点。适用于输送黏性较大的液体，如润滑油和燃烧油，不宜输送黏性较低的液体（例如水和汽油等），不宜输送含颗粒杂质的液体，可作为润滑系统和液压系统的油泵，广泛用于发动机、汽轮机、离心压缩机、机床及其他设备。

2. 螺杆泵

螺杆泵的结构如图 2-1-25 所示。由于各螺杆的相互啮合以及螺杆与衬筒内壁的紧密配合，在泵的吸入口和排出口之间，就会被分隔成一个或多个密封空间。随着螺杆的转动和啮合，这些密封空间在泵的吸入端不断形成，将吸入室中的液体封入其中，并自吸入室沿螺杆轴向连续地推移至排出端，将封闭在各空间中的液体不断排出。由于螺杆是等速旋转，所以排出的液体流量也是均匀的。

其特点是能量损失小，经济性好；压力高而流量均匀；转速高，能与原动机直联；机组结构紧凑，传动平稳经久耐用；工作安全可靠，效率高。几乎适用于任何黏度的液体，尤其适用高黏度流体，如：原油、润滑油、柏油、泥浆、黏土、淀粉糊、果肉等。螺杆泵也用

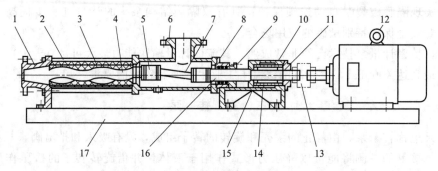

图 2-1-25 螺杆泵

1—出料口；2—拉杆；3—定子；4—螺杆轴；5—万向节总成；6—吸入口；7—边节轴；

8—填料座；9—填料压盖；10—轴承座；11—轴承盖；12—电动机；

13—连轴器；14—轴套；15—泵轴；16—传动轴；17—底座

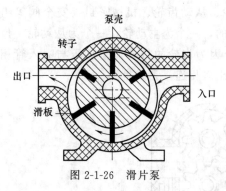

图 2-1-26 滑片泵

于精密和可靠性要求高的液压传动和调节系统中，也可作为计量泵。但是它加工工艺复杂，成本高。

3. 滑片泵

滑片泵的结构如图 2-1-26 所示。滑片泵也可与高速原动机直接相连，同时具有结构轻便，尺寸小的特点，但滑片和泵内腔容易磨损。应用范围广，流量可达 5000L/h。常用于输送润滑油和液压系统，适宜于在机床、压力机、制动机、提升装置和力矩放大器等设备中输送高压油。

四、旋 涡 泵

旋涡泵（也称涡流泵）是一种叶片泵，是一种特殊形式的离心泵。按结构可分为单级、双级、多级、直联形式等。主要由叶轮、泵体和泵盖组成，如图 2-1-27 所示，叶轮是一个圆盘，圆周上的叶片呈放射状均匀排列。泵体和叶轮间形成环形流道，吸入口和排出口均在叶轮的外圆周处。吸入口与排出口之间有隔板，由此将吸入口和排出口隔离开。

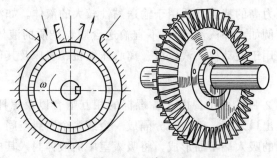

图 2-1-27 旋涡泵

旋涡泵的叶轮是一个等厚圆盘，在它外缘的两侧有很多径向小叶片。在与叶片相应部位的泵壳上有一等截面的环形流道，整个流道被一个隔舌分成为吸、排两方，分别与泵的吸、排管路相联。泵内液体随叶轮一起回转时产生一定的离心力，向外甩入泵壳中的环形流道，并在流道形状的限制下被迫回流，重新自叶片根部进入后面的另一叶道。因此，液体在叶片与环形流道之间的运动迹线，对静止的泵壳来说是一种前进的螺旋线；而对于转动的叶轮来说则是一种后退的螺旋线。旋涡泵即因液体的这种旋涡运动而得名。液体能连续多次进入叶片之间获取能量，直到最后从排出口排出。旋涡泵的工作有些像多级离心泵，但旋涡泵没有像离心泵蜗壳或导叶那样的能量转换装置。旋涡泵主要是通过多次连续对液体做功的方式把能量传递给液体，所以能产生较高的压力。

旋涡泵具有结构简单、铸造和加工工艺容易、体积小、重量轻、流量小、扬程高、具有自吸功能等优点。但效率较低、汽蚀性能较差。只适用于要求小流量（$1 \sim 40 \text{m}^3/\text{h}$）、较高扬程（可达 250m）的场合，如消防泵、飞机加油车上的汽油泵等。可以输送高挥发性和含有气体的液体，不能用来抽送黏性较大的介质，且抽送的介质只限于纯净的液体，如汽油、煤油、酒精等，可用作小型蒸汽锅炉补水、化工、制药、高楼供水等。

思 考 题

1. 简述离心泵的工作原理。

2. 离心泵启动前为什么要进行灌泵？

3. 说明离心泵的主要部件及其作用。

4. 离心泵的叶轮有几种形式？各有何特点？

5. 简述蜗壳和导轮的作用。

6. 说明轴封装置的类型及特点。

7. 离心泵有哪些性能参数？

8. 什么是离心泵装置扬程？

9. 离心泵启动时为什么要关闭出口阀？

10. 简述汽蚀机理、汽蚀现象及抗汽蚀的措施。

11. 什么是有效汽蚀余量，必需汽蚀余量，允许汽蚀余量和临界汽蚀余量？它们之间的关系？

12. 离心泵的有效汽蚀余量 22m，必需汽蚀余量 21.8m，离心泵是否满足防止汽蚀发生的条件？若将离心泵的安装高度降低 1m，是否满足防止汽蚀发生的条件？

13. 在装置特性曲线不变的情况下，两泵并联时，其工作点的扬程和流量有何变化？

14. 什么是离心泵的工作点？

15. 说明离心泵的流量调节方法及特点。

16. 离心泵串、并联后流量与扬程如何变化？

17. 调节离心泵流量有哪些方法？各有何特点？

18. 调节出口阀或旁路是改变装置特性还是改变离心泵的特性？

19. 在装置特性不变的情况下，提高离心泵的转速，工作点的流量和扬程有何变化？

20. 离心泵在运行过程中要注意哪些问题？

21. 说明离心泵的分类？

22. 往复泵的主要部件及特点？

23. 往复泵流量调节的方法及特点？

24. 说明往复泵、旋涡泵、旋转泵的适用范围。

课题二 风 机

分课题一 概 述

一、风机在工业生产中的应用

风机主要是用来抽吸、输送、提高流体能量的一种机械，风机的应用非常广泛，主要用于辅助充分燃烧、通风、输送，几乎涉及国民经济各个领域。如：锅炉的通风和引风；矿井、地下工程、地下发电厂通风；车间空调和原子防护设备的通风；化工厂高温腐蚀气体的排放等方面。

二、风机的分类

1. 风机按其结构和机理分类

按其结构和机理可将风机分为离心式、轴流式、回转式。

（1）离心式 原理是利用旋转叶轮产生离心力或升力来输送流体并提高其压力。按其能量获得方式又分为离心式风机和轴流式风机两种。这种型式的风机机械结构小、重量轻、效率高、流量大而均匀，能与高速原动机相连。缺点是流量变化时，压力和效率也随之变化。

离心式风机按其产生风压高低可分为：

① 离心式通风机 风压低于或等于 17400Pa，气体基本没有受到压缩，主要用于隧道及矿井通风、锅炉送风、引风、空调通风等。

② 离心式鼓风机 风压在 17400～34300Pa，主要用于输送空气、烧结烟气、煤气、二氧化硫和一些化工气体或混合气体。

③ 离心式压缩机 风压在 34300Pa 以上，主要用于输送氮气、二氧化碳、焦油气、催化气等化工气体，用于化工厂、炼油厂的乙烯合成、尿素合成、制碱、炼油等。

（2）轴流式 原理也是依靠叶轮旋转，叶片产生升力来输送流体，把机械能转化为流体能量。由于流体进入和离开叶轮都是轴向的，故称为轴流式风机。轴流风机属于高比转数，其特点是流量大，风压低。轴流式风机风压一般在 450～4500Pa 之间，主要用于矿井、隧道、船舰仓室的通风；纺织厂通风、工业作业场所的通风、降温；化工气体排送；热电厂锅炉的通风、引风；热电站、冶金、化工等冷却塔通风冷却。目前我国轴流式风机也根据风压大小分为轴流式压缩机和轴流式通风机两种。

（3）回转式 利用一对或几个特殊形状的回转体（齿轮螺杆、刮板或其他形状的转子）在壳体内做旋转运动而完成气体的输送或提高其压力的一种机械。这种型式的机械结构简单、紧凑、安全可靠，能与高速原动机相连。回转式风机主要有罗茨鼓风机和叶片鼓风机两类。其特点是排气量不随阻力大小而改变，特别适用于要求稳定流量的工艺流程。一般使用在要求输流量不大，压力在 $0.12kgf/cm^2$ 的范围，用于小转炉、铸造车间化铁炉等。

2. 按风机的材质分类

风机的材质中比较常用的是铸铁，普通的风机都属于这类铁壳风机。风机还有使用其他材质制作的，如玻璃钢风机、PVC风机、铝合金风机和不锈钢风机等，这些材质制成的风机有较好的防腐蚀、防磨蚀或耐高温性能。

3. 按风压分类

根据风机的压力，可将风机分为低压风机、中压风机和高压风机。其压力范围如下。

低压：风机全压 $H \leqslant 1000Pa$

中压：$1000Pa < H \leqslant 3000Pa$

高压（离心风机）：$3000Pa < H \leqslant 15000Pa$

通风工程中大多采用低压与中低压风机。

4. 按风机的气体流向分类

风机的气体流向，是指风机运行时带动气体流动的方向，若气体流向与叶轮的轴方向相同则是轴流风机，若气体以叶轮的轴为中心做离心运动则是离心风机。除这两种以外，按气体流向划分的风机还有斜流风机和横流风机。

5. 按风机的用途分类

风机按用途可分为通用风机、排尘风机、工业通风换气风机、锅炉引风机、矿用风机等。除通用风机外，这些风机都是为专项用途设计的，因此在外形、材质、功能等方面与普通风机有所不同，例如屋顶风机就可设计为双向可逆式送排风。

风机广泛应用于隧道、地下车库、高级民用建筑、冶金、厂矿等场所的通风换气及消防高温排烟。根据用途不同，可大致将常用的风机分为以下类型：

（1）离心压缩机；（2）电站风机；（3）一般离心通风机；（4）一般轴流通风机；（5）罗茨鼓风机；（6）污水处理风机；（7）高温风机；（8）空调风机；（9）消防风机；（10）矿井风机；（11）烟草风机；（12）粮食风机；（13）船用风机；（14）排尘风机；（15）屋顶风机；（16）锅炉鼓引风机等。

6. 风机的其他分类

风机按照对气流的加压次数不同，可以分为单级加压风机、双级加压风机和多级加压风机，如罗茨风机是典型的多级加压风机。风机按照设计的结构、电动机的安装位置不同，还可以分为压入式风机和抽出式风机等种类。

分课题二　离心通风机与鼓风机

一、离心式通风机

1. 离心式通风机的结构特点

离心式通风机工作原理与离心泵相同，结构与离心泵也大同小异。但蜗壳形机壳内逐渐扩大的气体通道及出口的截面有方形（矩形）和圆形两种。一般中、低压通风机多是方形，高压为圆形。为适应输送风量大的要求，通风机的叶轮直径一般是比较大的；且叶轮上叶片的数目比较多，叶片有平直的、前弯的、后弯的。通风机的主要要求是通风量大，在不追求高效率时，在中、低压离心通风机中，多采用前弯叶片，前弯叶片有利于提高风速，从而减小通风机的截面积，因而设备尺寸可较后弯时为小。但是，使用前弯叶片时，风机的效率较低，这是因为动能加大，能量损失加大，而且叶轮出口速度变化比较剧烈的缘故。因此，所有高效风机都是后弯叶片。

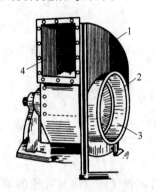
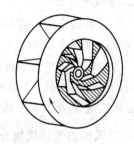

图 2-2-1　离心式通风机　　　　　　　　　　　图 2-2-2　离心式通风机叶轮

1—机壳；2—叶轮；3—吸入口；4—排除口

2. 离心式通风机的性能参数和特性曲线

离心式通风机的主要性能参数和离心泵相似，主要包括流量（风量）、全压（风压）、功率和效率。

（1）风量　按入口状态计的单位时间内的排气体积，m^3/s，m^3/h。

（2）全风压　单位体积气体通过风机时获得的能量，J/m^3，Pa。

风机内压力变化小，气体可视为不可压缩流体，对风机进、出口截面作能量衡算，根据柏努利方程

$$\rho_1 z_1 g + p_1 + \frac{1}{2}\rho_1 u_1^2 + W_e\rho = \rho_2 z_2 g + p_2 + \frac{1}{2}\rho_2 u^2 + \sum \Delta p_f \quad J/m^3$$

式中，位能差别可以忽略；再忽略入口到出口的能量损失，则上式变为

$$H_T = (p_2 - p_1) + \frac{\rho}{2}(u_2^2 - u_1^2) = H_P + H_K$$

从该式可以看出，通风机的全风压（H_T）由两部分组成，一部分是进出口的静压差，习惯上称为静风压（H_P）；另一部分为进出口的动压头差，习惯上称为动风压（H_K）。在离心泵中，泵进出口处的动能差很小，可以忽略。但对离心通风机而言，其气体出口速度很高，动风压不仅不能忽略，且由于风机的压缩比很低，动风压在全压中所占比例较高。

离心通风机的风压取决于风机的结构、叶轮尺寸、转速与进入风机的气体密度。离心通风机的风压目前还不能用理论方法精确计算，而是由实验测定。一般通过测量风机进出口处气体的流速与压力的数据，按柏努利方程来计算风压。

（3）轴功率和效率　离心通风机的轴功率和效率的定义与离心泵相同，可用下式计算。

$$\eta = \frac{P_e}{P} \quad P = \frac{P_e}{\eta} = \frac{H_T q_V}{\eta \times 1000} \quad (kW)$$

（4）离心通风机特性曲线　离心通风机特性曲线由厂家提供，列于风机样本中。曲线如图 2-2-3 所示。标定条件为：1atm、20℃的空气（$\rho = 1.2 kg/m^3$）

在选用通风机时，应首先根据所输送的气体情况（如清洁空气，易燃、易爆或腐蚀气

体、含尘气体等）与风压范围，确定风机类型。然后根据所要求的风量和换算成规定状况下的风压，从产品样本中的性能表查得适宜的型号。

3. 离心通风机的操作

（1）开车准备　查各紧固件情况，各装配部件是否异常，进风调节阀是否灵活；检查润滑情况；盘车两圈以上，检查传动叶轮与机壳有无卡阻现象，手感轻重是否一致；瞬时启动电机，检查叶轮转动方向是否符合规定。

（2）启动与运转　启动风机后，立即检查有无摩擦、振动等异常现象；空负荷试车 1 小时后如无异常现象，打开进风阀转入重负荷试车，检查风压、风量、电流均符合要求，检查有无泄漏现象；经常检查传动部位发热情况，做到油温、电流、轴承温度都在规定值之内；及时排除异常现象。

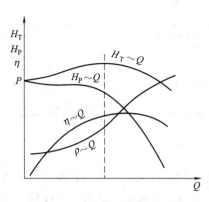

图 2-2-3　离心通风机特性曲线

4. 离心通风机常见故障、原因及消除措施

离心式通风机在运行中可能发生的故障很多，但基本上可归纳为两大类。即通风机性能上的故障和机械上的故障。有关离心式通风机的常见故障、产生故障原因及处理措施见表 2-2-1。

表 2-2-1　离心式通风机的常见故障、原因及处理措施

故障现象	故 障 原 因	处 理 措 施
转子不平衡引起振动	1. 离心式通风机叶片被腐蚀或磨损严重	1. 修理或更换
	2. 风机叶片总装后不运转、由于叶轮和主轴本身重量使轴弯曲	2. 重新检修，总装后如长期不用应定期盘车以防止轴弯曲
	3. 叶轮表面不均匀的附着物，如铁锈、积灰或沥青等	3. 清除附着物
	4. 运输、安装或其他原因，造成叶轮变形，引起叶轮失去平衡	4. 修复叶轮，重新做动静平衡试验
	5. 叶轮上的平衡块脱落或检修后未找平衡	5. 找平衡
固定件引起共振	1. 水泥基础太轻或灌浆不良或平面尺寸过小，引起风机基础与地基脱节，地脚螺栓松动，机座连接不牢固使其基础刚度不够	1. 加固基础或重新灌浆，紧固螺母
	2. 风机底座或蜗壳刚度过低	2. 加强其刚度
	3. 与风机连接的进出口管道未加支撑和软联结	3. 加支撑和软联接
	4. 邻近设施与风机的基础过近，或其刚度过小	4. 增加刚度
轴承过热	1. 离心式通风机主轴或主轴上的部件与轴承箱摩擦	1. 检查哪个部位摩擦，然后加以处理
	2. 电机轴与风机轴不同心	2. 调整两轴同心度
	3. 轴承箱体内润滑脂过多	3. 箱内润滑脂为箱体空间的 1/3～1/2
	4. 轴承与轴承箱孔之间有间隙而松动，轴承箱的螺栓过紧或过松	4. 调整螺栓
轴承磨损	1. 离心式通风机滚动轴承滚珠表面出现麻点、斑点、锈痕及起皮现象	1. 修理或更换
	2. 筒式轴承内圆与滚动轴承外圆间隙超过 0.1mm	2. 应更换轴承或将箱内圆加大后镶入内套

故障现象	故 障 原 因	处 理 措 施
润滑系统故障	1. 油泵轴承孔与齿轮轴间的间隙过小,外壳内孔与齿轮间的径向间隙过小	1. 检修,使之间隙达到要求的范围
	2. 齿轮端面与轴承端面和侧盖端面的间隙过小	2. 调整间隙
	3. 润滑油质量不良,黏度大小不合适或水分过多	3. 更换离心式通风机润滑油

二、离心鼓风机

离心鼓风机又称涡轮鼓风机或透平鼓风机,其基本结构和操作原理与离心通风机相仿,只是由于通风机内只有一个叶轮,仅能产生低于 0.15kgf/cm^2(表压)的风压,而离心鼓风机一般是由几个叶轮串联组成的多级离心鼓风机。

离心鼓风机的出口压力一般不超过 3kgf/cm^2(表压)。因其压缩比不高,气体压缩过程产生的热量不多,所以不需要冷却装置,各级叶轮的大小也大体相等。

分课题三 罗茨鼓风机

一、罗茨鼓风机的结构和工作原理

罗茨鼓风机主要由机壳、主轴、叶轮、前后墙板、从动轴、密封、同步齿轮对等组成。

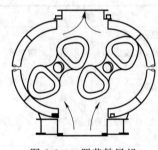

图 2-2-4 罗茨鼓风机

如图 2-2-4 所示,罗茨鼓风机是利用两个叶形转子在汽缸内作相对运动来压缩和输送气体的回转压缩机。这种压缩机靠转子轴端的同步齿轮使两转子保持啮合。转子上每一凹入的曲面部分与汽缸内壁组成工作容积,在转子回转过程中从吸气口带走气体,当移到排气口附近与排气口相连通的瞬时,因有较高压力的气体回流,这时工作容积中的压力突然升高,然后将气体输送到排气通道。两转子依次交替工作。两转子互不接触,它们之间靠严密控制的间隙实现密封,故排出的气体不受润滑油污染。

二、罗茨鼓风机的特点及适用场合

罗茨鼓风机属于回转容积式鼓风机类,是化工生产中比较常用的一种风机,通常用在送风量较大而压力不高的场合,如脱硫工段半水煤气的输送等。其优点是结构简单,制造方便,运行稳定,工作效率高,便于维护和保养,且工作转子无需润滑,所输送的气体较纯净、干燥,不含油分。适用于低压力场合的气体输送和加压,也可用作真空泵。缺点是转子之间和转子与汽缸之间的间隙会造成气体泄漏,当风压较高时,因泄漏量增加而使效率明显降低,并且磨损较严重,由于周期性的吸、排气和瞬时等容压缩造成气流速度和压力的脉动,因而会产生较大的气体动力噪声。噪声大,因而对转子的制造及装配质量要求较高,另外,风机操作的温升不能超过 $80℃$,否则,转子受热膨胀会造成相互碰撞甚至"咬死"。

三、罗茨鼓风机操作与维护

1. 开车前准备

① 电源电压的波动值在 $380 \pm 10\%$ 范围内；

② 仪表和电气设备应处于良好的状态，需接地的电器设备，应有可靠的接地；

③ 鼓风机和管道各接合面连接螺栓、机座螺栓联轴器、注销螺栓均应紧固；

④ 齿轮油箱内润滑油按规定牌号加到油标线的中位；

⑤ 轴承加油，用油枪在皮带轮两侧的黄油嘴内加入适量的润滑油；

⑥ 按鼓风机转向，用手盘动联轴器 $2 \sim 3$ 圈，检查机内有否摩擦碰撞现象。

2. 空载运转

① 按电器操作顺序启动风机；

② 空载运行时间内，注意机组的振动情况，倾听转子有无碰撞现象和摩擦声，有无转子和机壳摩擦发热现象；

③ 轴承处温度应不超过规定值，一般不得超过周围环境的 40°C；

④ 观察润滑油的飞溅情况是否正常，过多、过少都应调节润滑油量；

⑤ 轴承部位的均方根振动速度值不得大于 6.3mm/s；如发现风机振动剧烈、轴流风机碰撞或轴承温升迅速现象，则必须紧急停车。无杂声、漏气和冒烟现象；

⑥ 空载电流应呈稳定状态。

3. 负荷运转

① 开启放空阀和出气阀；逐步调节到额定电压，满载试车；

② 负荷运转技术检查要求同空载运转；

③ 电机启动后，严禁完全关闭出风道，防止发生爆炸事件；

④ 流量不能通过阀门调节，应通过溢流管道调整；

⑤ 电机应在规定电压内工作。

4. 停机操作

① 停机前先做好记录，记下电压、电流、风压等数据；

② 逐步打开放空阀，按下停车按钮。

5. 罗茨鼓风机常见故障、原因及处理措施

罗茨鼓风机常见故障、原因及处理措施见表 2-2-2。

表 2-2-2 罗茨鼓风机常见故障、原因及处理措施

故障现象	可能发生的原因	措　　施
风量不足	1. 叶轮与机体因摩擦而引起间隙增大 2. 叶轮之间配合间隙有所变动 3. 系统有泄漏	1. 更换磨损零件 2. 按要求调整 3. 检查后排除
电动机超载	1. 进口过滤器堵塞，或其他原因造成阻力增高,形成负压 2. 出口系统压力增加 3. 静、动件发生摩擦 4. 齿轮损坏 5. 轴承损坏	1. 检查后排除 2. 检查后排除 3. 调整间隙 4. 更换 5. 更换

续表

故障现象	可能发生的原因	措施
叶轮与叶轮之间发生撞击	1. 齿轮圈与轮毂紧固件松动发生位移，δ_1 超值 2. 齿面磨损，间隙大，导致叶之间间隙变化 3. 叶轮与叶轮键松动 4. 主从动轴弯曲超限 5. 机体内混入杂质或结垢 6. 滚动轴承磨损，游隙增大 7. 超额定压力运行	1. 调整间隙后定位 2. 更换齿圈 3. 更换键 4. 校直或更换轴 5. 清除杂质或结垢 6. 更换 7. 检查超载原因后排除
叶轮与机壳径向发生摩擦	1. 间隙 δ_2 超值 2. 滚动轴承磨损，游隙增大 3. 从动轴弯曲超限 4. 超额定压力运行	1. 重新调整 2. 更换 3. 校直或更换轴 4. 检查超载原因后排除
叶轮与墙板之间发生摩擦	1. δ_3、δ_4 间隙超允许值 2. 叶轮与墙板端面黏附着杂质或结垢 3. 滚动轴承磨损，游隙增大	1. 重新调整 2. 消除杂质和结垢 3. 更换
振动超限	1. 转子平衡精度过低 2. 转子平衡被破坏 3. 轴承磨损或损坏 4. 齿轮损坏 5. 地脚螺栓或其他紧固件松动	1. 校正 2. 检查后排除 3. 更换 4. 更换 5. 检查后紧固
齿轮损坏	1. 超负荷运行或承受不正常的冲击 2. 润滑油油量过少或供油量不足 3. 齿轮磨损其侧隙超过叶轮间隙的 1/3 时	1. 更换 2. 更换 3. 更换
轴承损坏	1. 润滑油质量不佳或供油量不足 2. 气体密封失效，腐蚀性气体进入轴承 3. 长期超负荷运行 4. 超过额定的使用期限	1. 更换 2. 更换轴承、修复气体密封 3. 更换 4. 更换

思 考 题

1. 风机是如何分类的？
2. 离心通风机的叶片有哪几种？各用于什么场合？
3. 离心通风机的性能参数有哪些？
4. 试述离心通风机的常见故障及处理措施。
5. 说明罗茨鼓风机的工作原理。
6. 简述罗茨鼓风机特点及适用场合。

课题三　压　缩　机

分课题一　概　述

压缩机是压缩气体，提高气体压力，从而达到输送气体和使气体增压的目的的机器。压缩机是化工行业中一种很重要的运转设备，在化工行业中主要用于：压缩气体便于完成合成及聚合反应；压缩制冷气体用于化工制冷或冷冻；将压缩气作为气源来驱动各种风机、风机工具以及用于控制仪表及自动化装置；实现化工原料的远程管道输送。

压缩机的种类很多，按其原理可以分成两大类（与泵相类似）：一类是容积式压缩机，另一类是速度式压缩机。容积式压缩机是依靠汽缸工作容积的减小，使气体的密度增加，从而提高气体的压力，最具有代表性的容积式压缩机是往复式压缩机。速度式压缩机习惯上又称为透平压缩机，其工作原理是靠气体在高速旋转的叶轮作用下，得到巨大的动能，随后在扩压器中急剧降速，使气体的动能转换为所需要的压力能，最具有代表性的速度式压缩机是离心式压缩机。

分课题二　往复式压缩机

一、往复活塞式压缩机结构及工作原理

往复压缩机的构造、工作原理与往复泵相近。主要部件有汽缸、活塞、吸气阀和排气阀。依靠活塞的往复运动，循环地进行膨胀、吸气、压缩及排气过程。图 2-3-1 所示为往复压缩机的结构示意图。

如图 2-3-2 所示，当活塞运动至汽缸的最左端（图中 A 点），压出行程结束。但因为机械结构上的原因，虽然活塞已达行程的最左端，汽缸左侧还有一些容积，称为余隙容积。由于余隙的存在，吸入行程开始阶段为余隙内压力为 p_2 的高压气体膨胀过程，直至气压降至吸入气压 p_1（图中 B 点）吸气阀门才开启，压力为 p_1

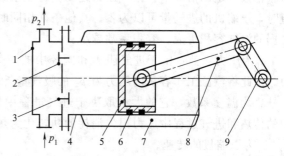

图 2-3-1　往复式活塞压缩机

1—汽缸盖；2—排气阀；3—进气阀；4—汽缸；5—活塞；
6—活塞环；7—冷却套；8—连杆；9—曲轴

的气体被吸入缸内。在整个吸气过程中，压力 p_1 基本保持不变，直至活塞移至最右端（图中 C 点），吸入行程结束。当压缩行程开始，吸气阀门关闭，缸内气体被压缩。当缸内气体的压力增大至稍高于 p_2（图中 D 点），排气阀门开启，气体从缸体排出，直至活塞移至最左端，排出过程结束。

压缩机的一个工作循环是由膨胀、吸入、压缩和排出四个阶段组成。四边形 $ABCD$ 所

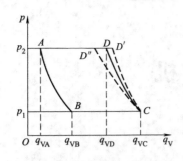

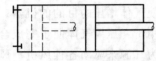

图 2-3-2 往复压缩机的工作过程

包围的面积，为活塞在一个工作循环中对气体所做的功。

根据气体和外界的换热情况，压缩过程可分为等温（CD''）、绝热（CD'）和多变（CD）三种情况。其中等温压缩消耗的功最小，因此压缩过程中希望能较好冷却，使其接近等温压缩。

实际上，等温和绝热条件都很难做到，所以压缩过程都是介于两者之间的多变过程。

压缩机在工作时，余隙内气体无益地进行着压缩膨胀循环，且使吸入气量减少。余隙的这一影响在压缩比 p_2/p_1 大时更为显著。当压缩比增大至某一极限值时，活塞扫过的全部容积恰好使余隙内的气体由 p_2 膨胀至 p_1，此时压缩机已不能吸入气体，即流量为零，这是压缩机的极限压缩比。此外，压缩比增高，气体温升很高，甚至可能导致润滑油变质，机件损坏。因此，当生产过程的压缩比大于 8 时，尽管离压缩极限尚远，也应采用多级压缩。

二、往复活塞式压缩机的性能参数

1. 进气量

压缩机的进气量 V_s 是在实际循环下压缩机单位时间的进气量。用名义进气状态下的进气量 V_h 表示，对应的名义进气压力 p_1，名义进气温度 T_1。

$$V_s = \lambda_v \lambda_p \lambda_t V_h n$$

λ_v 为容积系数，由于汽缸存在余隙容积，使汽缸工作容积的部分被膨胀气体占据。行程容积一定时，压力比和膨胀指数相同的情况下，相对余隙越大，容积系数越小；相对余隙和膨胀指数一定的情况下，排气压力越高，容积系数越小；当压力比或者余隙容积达到一定数值时，压缩机的进气量可以为零。其他条件相同时，膨胀指数减小过程曲线变得平坦，气体占据的汽缸容积更大，容积系数越小。

λ_p 为压力系数，由于进气阻力和阀腔中的压力脉动，使吸气点的压力低于名义进气压力。由此将汽缸工作容积内压力为 p_a 的吸气量折合到名义进气压力 p_1 时，则减少 ΔV_2。

λ_t 为温度系数，它的大小取决于进气过程中加给气体的热量。热量来源包括进气过程中的传热和进气过程中压力损失消耗的功转化为热量加给气体。

n 为压缩机的转速。

2. 排气量

往复压缩机的排气量又称为压缩机的生产能力，通常将压缩机在单位时间内排出的气体体积换算成吸入状态的数值，所以又称为压缩机的输气量。气体只有被吸进汽缸后方能排出，故排气量的计算应从吸气量出发。

若没有余隙，往复压缩机的理论吸气量与往复泵的类似，即：

单动往复压缩机 $\qquad\qquad V'_{\min} = ASn_r$

双动往复压缩机 $\qquad\qquad V'_{\min} = (2A - a)Sn_r$

式中 $V'_{\min}$——理论吸气量；

A——活塞的截面积；

a——活塞杆的截面积；

S——活塞冲程；

n_r——活塞每分钟往复次数。

由于汽缸里有余隙，余隙气体膨胀后占据了部分汽缸容积；且气体通过吸气阀时存在流动阻力，使汽缸里的压力比吸入气体的压力稍微低一些，汽缸内的温度又比吸入气体的温度高，吸入汽缸的气体也要膨胀而占去了一部分有效体积。所以实际吸气量要比理论吸气量少。

由于压缩机的各种泄漏，实际排气量又比实际吸气量要低。

综合上述原因，实际排气量应为

$$V_{min} = \lambda_d V'_{min}$$

式中　V_{min}——实际排气量，m^3/min；

λ_d——排气系数，其值约为（$0.8 \sim 0.95$）。

排气量是用进气状态来表示的，而工艺上要求的供气量往往是标准状况下的干气容积量，两者之间要注意换算。

3. 排气温度

排气温度一般按绝热过程考虑，排气温度和进气温度之间的关系：

$$T_2 = T_1 \varepsilon^{\frac{k-1}{k}}$$

一般要求最高排气温度：

① 低于气体的聚合或分解温度；

② 低于气体的自燃、自爆温度；

③ 低于润滑油的闪点 $30 \sim 50℃$；

④ 低于自润滑材料的流变温度；

⑤ 一般情况下排气温度控制在 $160 \sim 180℃$ 以下。

4. 排气压力

压缩机的实际排气压力由排气系统压力（也称背压）决定，只有压缩机的排气量和系统的用气量之间达到供求的平衡时，才能保证压缩机的排气压力稳定。

5. 轴功率及效率

若以绝热过程为例，压缩机的理论功率为

$$N_a = p_1 V_{min} \frac{k}{k-1} \left[\left(\frac{p_2}{p_1} \right)^{\frac{k-1}{k}} - 1 \right] \times \frac{1}{60 \times 1000}$$

式中　N_a——按绝热压缩考虑的压缩机的理论功率，kW；

V_{min}——压缩机的排气量，m^3/min。

实际所需的轴功率比理论功率大，其原因为：

① 实际吸气量要比实际排气量大，凡吸入的气体都要经历压缩过程，多消耗了能量；

② 气体在汽缸内湍动及通过阀门等的流动阻力，要消耗能量；

③ 压缩机运动部件的摩擦，也要消耗能量。

所以压缩机的轴功率为

$$N = \frac{N_a}{\eta_a}$$

式中　N——轴功率，kW；

　　　η_a——绝热总效率，一般 $\eta_a = 0.7 \sim 0.9$，设计完善的压缩机 $\eta_a \geqslant 0.8$。

往复式压缩机与其他类型的压缩机相比，具有压力范围广，从低压到高压都适用；热效率较高；适应性强，排气量可在较大的范围内调节；对制造压缩机的金属材料要求不苛刻等优点。但这种压缩机的缺点是外形尺寸及重量都较大，结构复杂，易损部件较多，气流有脉动，运转中有振动等。因此，随着离心式压缩机应用技术的日趋成熟，部分领域内的往复压缩机亦由离心式压缩机所代替。但在炼油、化工工业等领域中，往复式压缩机以其独到的优势仍占据着不可替代的重要作用，应用于中、低流量和压力较高的情况下。

三、多级压缩过程

当要求气体的压力比较高时，就要采用多级压缩。因为单级压力比过高，会造成气体的排气温度过高，压缩机的功耗增加，压缩机笨重。

多级压缩就是将气体的压缩过程分成几级来进行，级与级之间设置冷却器和油水分离器等，每一级的工作循环过程与单级压缩过程相同。如图 2-3-3 所示。

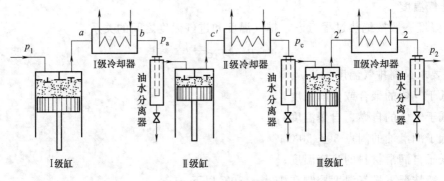

图 2-3-3　多级压缩

采用多级压缩的优点如下：

① 避免排出气体温度过高。化工生产中常遇到将某些气体的压力提高到几千、甚至几万以上 kPa 的情况，这时压缩比就很高。排出气体的温度随压缩比增加而增高。过高的终温导致润滑油黏度降低，失去润滑性能，使运动部件间摩擦加剧，磨损零件，增加功耗。此外，温度过高，润滑油分解，若油中的低沸点组分挥发与空气混合，引起燃烧，严重的还会造成爆炸事故。因此在实际运转中，过高的油温是不允许的。

② 减少功耗，提高压缩机的经济性。在同样的总压缩比下，多级压缩采用了中间冷却器，消耗的总功比单级压缩时为少。所用的级数愈多，则所消耗的功愈少，也愈接近等温压缩过程。

③ 提高汽缸容积利用率。汽缸内总是不可避免地会有余隙空间存在，当余隙系数一定时，压缩比愈高，容积系数愈小，汽缸容积利用率便低。如为多级压缩，每级压缩比较小，相应各级容积系数增大，从而可提高汽缸容积利用率。

④ 压缩机结构更为合理。若采用单级压缩，为了承受很高终压的气体，汽缸要做得很厚，又因要吸入初压很低、体积很大的气体，汽缸又要做得很大。若采用多级压缩，气体经

每级压缩后，压力逐级增大，体积逐级减小，因此汽缸的直径可逐级减小，而缸壁也可逐级增厚。

所以，当压缩比大于 8 时，一般采用多级压缩。但压缩机的级数愈多，整个压缩系统结构复杂，冷却器、油水分离器等辅助设备的数量也随级数成比例地增加。因此过多的级数也是不合理的。必须根据具体情况，恰当地确定级数。

选择级数的一般原则：节省功率；机器结构简单；质量轻、成本低；操作维修方便；满足工艺流程上的特殊要求。对于大中型压缩机，以省功和运转可靠为第一要求，一般级压力比取在 2～4 之间；小型压缩机，经常是间歇使用，主要考虑结构简单紧凑，质量轻、成本低，而功耗却处于次要地位，所以可适当提高级压力比以减少级数；对于易燃易爆等特殊气体，级数选择主要受排气温度的限制。

四、往复活塞式压缩机排气量的调节

压缩机在设计条件下运行的工况称为额定工况。此时，各级热力参数保持预想的协调关系，操作稳定。生产单位用气量常会变化，如果供过于求，排气系统压力就会上升，需要调节压缩机的排气量。

1. 旁路调节

如图 2-3-4（a）所示，将压缩机进气管与排气管用旁路连接起来，使排出的气体经旁路流回进气管，来达到调节排气量的目的。一般在大型压缩机启动时采用。按照旁路阀开关的方式不同，旁路调节又可分为节流连通和自由连通两种。

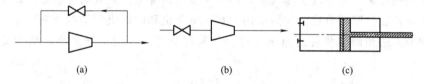

(a)　　　　　　　　(b)　　　　　　　　(c)

图 2-3-4　排气量调节

（1）节流连通　调节时阀门根据需要调节的气量开至适当的程度，让一部分气体经旁路阀节流后回入进气管内。这种调节属于连续调节，它的优点是结构系统简单，排气量可连续地变化，可使排气量在 100% 到 0 的范围内进行分级调节和连续调节。其缺点是高压气体节流，压缩机功率消耗一点也未减少，经济性较差。但由于这种调节方式结构简单，常应用于短期地不经常调节或调节幅度很小的场合，也可作备用的和辅助的调节之用。

（2）自由连通　调节时旁路阀完全打开，使压缩机排出的气体仅克服旁路管路及旁路阀阻力进入进气管线，然后通过汽缸的进气和排气形成封闭的循环流动，压缩机进入空转。空转期间压缩机消耗的功率主要用于克服气阀和管路中的阻力。当旁路阀的旁路管线具有足够大的通流截面时，排气压力和进气压力差别很小，空转功率也不大，反之会形成相当大的功率消耗。自由连通时，排气管路中必须备有止回阀，防止管网气体倒窜回压缩机中。

2. 进气管节流调节

如图 2-3-4（b）所示，在压缩机进气管上设置减荷阀，用调节减荷阀的开度来控制进气量。这种调节方法结构简单，经济性较好，主要用于中、小型压缩机的气量的间歇调整。

3. 顶开进气阀调节

顶开进气阀，增加汽缸的外泄漏量。可分为完全顶开进气阀和部分顶开进气阀两种调节

方法。调节方便，功耗较小，但阀片频繁受冲击，气阀寿命下降。

顶开吸气阀法的调节原理是在吸气阀内装一压叉，当需要降低排气量时，压叉顶开吸气阀的阀片，使部分或全部已吸入汽缸内的汽体又流回到吸气管中，以实现排气量的调节。压开进气阀的驱动机构即卸荷器，有活塞式卸荷器和隔膜式卸荷器两种。

活塞式卸荷器调节时通过调节器来的高压气体进入卸荷器缸，推动小活塞克服弹簧力，使压叉压开阀片。当需要恢复正常时，由调节器将卸荷器与大气接通，小活塞在弹簧力作用下升起，压叉脱离阀片。这种结构小活塞免不了要泄漏气体，而隔膜式卸荷器可克服此缺点。隔膜式卸荷器除了将活塞换成膜片外，还是装设在汽缸外面的，卸荷器仅中心杆伸入汽缸的进气腔，故检查和修理比较方便，对于高压级进气腔小时也能适用。

多级压缩机应用顶开进气阀调节时，各级均设有压叉，调节时各级进气阀应同时压开。

4. 补充余隙调节

如图 2-3-4（c）所示，通过增加汽缸的余隙容积从而减小容积系数的方法来调节进气量。作用原理是在汽缸余隙附近装一个补充余隙容积，调节时打开其上的余隙调节阀使其与汽缸余隙相通，于是汽缸余隙增大，减少输气量，达到调节的目的。余隙容积可分为固定容积式和可变容积式。此调节方法基本不增加功耗，结构较简单，是大型压缩机气量调节经常采用的方法。一般可调节的范围在 0～25%。

5. 压缩机转速调节

降低压缩机转速，可以减少排气量，功率也按比例降低。此方法经济方便，关键在于驱动机转速要可调。转速调节目前主要应用于直流电动机和内燃机驱动的压缩机中。

选择调节方法和调节装置的原则：符合气量调节范围，能量损失小，结构简单，操作方便。

五、往复活塞式压缩机的分类及选用

1. 往复活塞式压缩机的分类及型式

① 按排气量的大小可分为（m³/min）：微型压缩机<1、小型压缩机 1～10、中型压缩机 10～60、大型压缩机>60；

② 按排气压力可分为（MPa）：低压压缩机 0.3～1.0、中压压缩机 1～10、高压压缩机 10～100、超高压压缩机>100；

③ 按汽缸的排列方式可分为：卧式（汽缸中心线与地面平行，其中包括一般卧式、对置式和对动式）、立式（汽缸中心线与地面垂直）、角度式（汽缸中心线彼此成一定角度，其中包括 L 型、V 型、W 型、扇型和星型等）；

④ 按汽缸级数可分为：单级压缩机、双级压缩机、多级压缩机；

⑤ 按汽缸的容积利用方式可分为：单作用式压缩机（汽缸内仅一端进行压缩循环）、双作用式压缩机（汽缸内两端都进行同一级次的压缩循环）、级差式压缩机（汽缸内一端或两端进行两个或两个以上不同级次的压缩循环）；

⑥ 按压缩气体的种类：空气压缩机、氨气压缩机、石油气压缩机等；

⑦ 按压缩机列数分类：单列压缩机（汽缸配置在机身一侧的一条中心线上）、双列压缩机（汽缸配置在机身一侧或两侧的两条中心线上）、多列压缩机（汽缸配置在机身一侧或两

侧两条以上中心线上）；

⑧ 按消耗功率分类：微型压缩机＜10kW、小型压缩机 10～100kW、中型压缩机100～500kW、大型压缩机＞500kW。

2. 结构特点

（1）立式压缩机　汽缸轴线成直立布置。活塞重量不作用在汽缸镜面上，磨损较小且比较均匀；往复惯性力垂直作用于基础，基础受力条件好，机身主要承受拉压载荷，基础可做的较小、轻便；润滑油汽缸摩擦面均匀分布，润滑较好；结构紧凑，占地面积小。

（2）卧式压缩机　如图 2-3-5 所示，一般卧式压缩机汽缸均在曲轴一侧，惯性力平衡较差，转速相对较低（100～300r/min），只在小型高压场合使用。

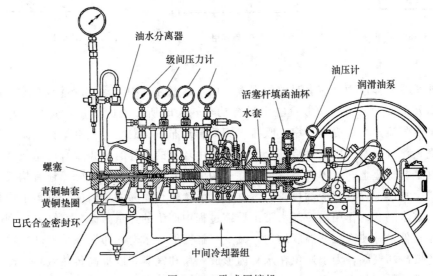

图 2-3-5　卧式压缩机

对称平衡型（六列）卧式压缩机相对列的曲柄错角180°。往复惯性力可以完全平衡，往复惯性力矩很小，转速可达 250～1000r/min。

缺点：运动部件及填料数量较多，气体泄漏部位多，机身和曲柄箱结构复杂。阻力矩曲线不均匀。

对置式压缩机各列汽缸轴线同心的布置在曲柄两侧。但两列往复运动质量并非对动。往复惯性力不能完全平衡，但气体力可以得到较好的平衡，而且阻力矩曲线比较均匀。

（3）角度式压缩机（L型、V型、W型等）　特点介于立式压缩机和卧式压缩机之间。曲轴结构比较简单，结构比较紧凑，惯性力平衡情况较好。

3. 压缩机的选用

选用压缩机时，首先应根据输送气体的性质确定压缩机的种类。各种气体具有各自特殊性质，对压缩机便有不同的要求。例如，氧气是一种强烈的助燃气体，氧气压缩机的润滑方法和零部件材料就与空气压缩机的不同。

其次根据生产任务及厂房的具体条件选定压缩机结构的型式，如立式、卧式还是角度式。最后根据生产时所要求的排气量和排气压力，在相应的压缩机样本或产品目录中选择合适的型号。应予注意，压缩机样本或产品目录中所列的排气量，一般按 20℃、101.33kPa 状态下的气体体积计算，单位为 m^3/min，排气压力以 Pa（表压）来表示。

六、往复压缩机的主要零部件

1. 汽缸组件

汽缸是构成压缩容积实现气体压缩的主要部件，其形式很多，按汽缸的容积利用方式可分为单作用、双作用和级差式（见图2-3-6）；按汽缸的冷却方式可分为水冷式和风冷式；按汽缸所用材料可分为铸铁、稀土球墨铸铁、钢等。

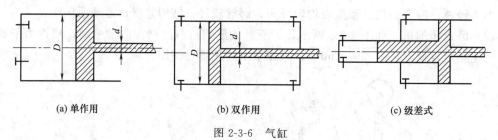

(a) 单作用　　　　　　　(b) 双作用　　　　　　　(c) 级差式

图 2-3-6　气缸

为了能承受气体压力，应有足够的强度，由于活塞在其中运动，内壁承受摩擦，应有良好的内润滑及耐磨性，为了逸散汽缸中进行功热转换时所产生的热量，应有良好的冷却措施。为了减少气流阻力，提高效率，吸排气阀要合理布置。总之，汽缸结构复杂，材质和加工要求较高。汽缸通常采用水做冷却介质，它是由环形的缸体、缸盖及缸座组成。吸、排气阀配置在缸盖与缸座上，缸体有三层壁，除了构成工质容积的一层壁外，还有构成水道及气道的两层壁，缸体上设置润滑油接管，汽缸轴侧设置防止泄漏的填料函，缸盖上设置调节气量装置。汽缸水隔套的作用供冷却水带走压缩过程中产生的热量，改善汽缸壁的润滑条件和气阀的工作条件，并使汽缸壁温度均匀，减少汽缸变形，水套的布置除了冷却缸壁、填料函等处外，还要冷却气阀，为了避免在水套内形成死角和气囊，以提高传热效果，冷却水一般是从汽缸一端的最下部进入水套，从汽缸另一端的最高点引出，另外为了清洗水套内部的泥芯，在缸体上有时还开设了一些手孔。

汽缸工作表面（镜面）的加工精度和装配精度要求很高。某些压缩机的压缩汽缸装有缸套，磨损过量后可更换。缸套材料应具有良好的耐磨性。

2. 活塞组件

如图2-3-7所示，活塞组件包括活塞、活塞环（易损件）、活塞杆等，它们在汽缸中作往复运动，起着压缩气体的作用。

图 2-3-7　活塞组件

活塞的结构形式很多，常用的有以下几种：筒型活塞、盘形活塞、级差式活塞、组合活塞、柱塞等。

盘形活塞适用于有十字头的双作用汽缸，形状如圆盘形，材料为铸铁或铸铝，为了减轻重量，活塞常做成中空结构，为了加强端面的刚性与结构长度，在活塞两端面设置数根加筋板把两个端面连接起来。活塞的圆柱面上开有活塞环槽。卧式压缩机中，直径较大的盘形活塞，在下部 90°～120°范围内为承压面，承压面用巴氏合金浇制而成，在承压面的端部开有2°～3°的坡度，其两边也应稍许锉去一些，有利于形成润滑油层。为防止热膨胀和活塞与汽缸磨下沉时加剧磨损，活塞的外圆与汽缸内圆面应留有 1～2mm 的间隙（承压面除外）。在无油润滑压缩机中，通常用填充氟塑料等耐磨材料制成各种形式的支承环作为活塞的承压面。

活塞杆将活塞与十字头连接起来，传递作用在活塞上的力，带动活塞运动。它与活塞的连接方式通常有螺纹连接、凸肩和卡箍连接、锥面连接。活塞杆与十字头连接一端车有螺纹。由于活塞杆承受交变载荷，应尽可能减少应力集中影响，因此，连接螺栓采用细牙螺纹，且根部圆弧半径大一些。

活塞与汽缸之间存在相对滑动，必须留有一定的间隙，活塞环的主要作用是密封汽缸与活塞之间的间隙，防止气体从压缩容积的一侧漏向另一侧，此外还有均布润滑油的作用。活塞环为一开口环，在自由状态下，其外径大于汽缸的直径，装入汽缸后，环径缩小，仅在切口处留下一个热膨胀间隙。

3. 气阀组件 （阀座、 阀片、 弹簧）

气阀的作用是控制汽缸中的气体的吸入和排出。

压缩机上的气阀都是自动气阀，即气阀的启闭不是用专门的控制机构而是靠气阀两侧的压力差来自动实现及时启闭的。气阀是重要的易损件之一，它直接关系到压缩机运转的可靠性和经济性。对气阀的主要要求是：气流通过气阀时，阻力损失小；使用寿命长；形成的余隙容积小；气阀开闭及时，关闭时严密不漏气；结构简单，互换性好；阀片材料应强度高、韧性好、耐磨、耐蚀。

气阀的结构型式很多，如图 2-3-8 所示，有环状阀、网状阀、碟形阀、条状阀、直流阀

图 2-3-8 气阀

等。最常使用的为环状阀。一般由四部分组成：

（1）阀座 它具有能被阀片覆盖的气体通道，是与阀片一起闭锁进气（或排气）通道，并承受汽缸内外压力差的零件。

（2）启闭元件 它是交替地开启与关闭阀座通道的零件，通常制成片状，称阀片。

（3）弹簧 它是关闭时推动阀片落向阀座的元件，并在开启时抑制阀片撞击升程限制器。

（4）升程限制器 它是限制阀片的升程，并往往作为弹簧承座的零件。

阀座与升程限制器上都有环形通道供气体通过，阀片与阀座上的密封口贴合形成密封，并靠阀片的启闭来控制气体的吸入与排出，为保证阀片启闭时不偏斜，在升程限制器上加工成几个同心圈的凸台，对阀片起导向作用，阀片的升起高度（即升程 h）由导向凸台的高度来控制，升程限制器上装有弹簧，当阀片处于关闭状态时，把阀片压紧在阀座上，当阀片开启时起缓冲作用，阀座与升程限制器用螺栓拧紧，并需加防松措施。吸排气阀工作时，气阀是在阀片两边的压力差作用下启闭的，完成吸排气过程。如在吸气过程中，当汽缸内的压力低于吸入管道中的压力时，当两者所造成的压力差 Δp 足以克服弹簧压紧力 p_s 与阀片及部分弹簧的运动质量惯性力 p_m 之和时，阀片被顶开，气体开始吸入，随后阀片继续开启并贴到升程限制器上，气体继续进入汽缸，直至活塞到达止点附近时，活塞速度急剧下降，气体的速度也随之降低，于是作用在阀片上的气流动压力也变小，当弹簧力大于气体推力及阀片弹簧的惯性力时，弹簧随即把阀片顶回，阀片开始关闭并最终重新落在阀座上，吸气阀阀片关闭而完成吸气过程，排气亦然。

网状阀结构基本上和环状阀相同，但各环阀片以筋条联成一体，略呈网状故称网状阀，如图示，这种阀片本身具有弹性，在阀片从中心数起的第二圈上，将径向筋条铣出一个斜切口，同时在很长一段弧内铣薄使之具有弹性。这样当阀片中心圈被夹紧，而外缘四圈作为阀片时，不需要导向块便能上下运动。网状阀片各环起落一致，且没有摩擦，对汽缸无油润滑压缩机特别适用。有时也采用中心导向的网状阀结构，其阀片没有固定部分和弹性部分，这种网状阀避免了弹性部分易于断裂的可能性，又扩大了通道数目。如果中心导向块采用自润滑材料，同样可以适用于汽缸无油润滑压缩机。

网状阀中既可采用圆柱形弹簧，又可用片形弹簧，并采用缓冲片以缓和阀片对升程限制器的冲击。相比于环状阀，其结构复杂，制造加工难度大，技术要求高，应力集中处多，运行中易损坏，应用较少。但随着近几年的技术进步，如采用 PEEK 材质等，网状阀的应用也越来越广泛。

4. 密封组件

图 2-3-9 所示为在活塞杆穿出汽缸处的密封填料（易损件）。常用的材料有金属或金属与硬质填充材料。

为了密封活塞杆穿出汽缸处的间隙，通常用一组密封填料来实现密封。填料是压缩机中的易损件之一。对填料的主要要求是：密封性好、耐磨性好、使用寿命长、结构简单、成本低、标准化，通用化程度高。

压缩机中的填料都是借助于密封前后的气体压力差来获得自紧密封的。根据密封前后气体的压力差、气体的性质及对密封的要求，可选用不同的填料密封结构型式。常用的填料有适用于中、低压的平面填料和适用于高压的锥形填料两种。平面填料函一般用在低压、有前置填料函结构中，适用于 60～100MPa 以下的压力，一般由几组共同组成压缩机的密封

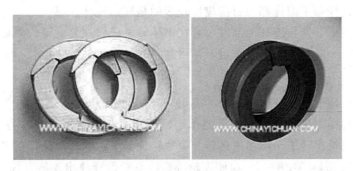

图 2-3-9 密封填料

系统。

填料函的每个密封室主要由密封盒、闭锁环、密封圈和镯形弹簧等零件组成。靠汽缸侧的环是闭锁环，是三瓣的；另外一侧是密封圈，是六瓣的；三瓣环的作用是轴向地遮住六瓣环的切口并让高压气体通过本身的切口流入小室，起主要作用是六瓣环，其密封原理和活塞环的密封相似，在安装时，三瓣环靠近汽缸处，六瓣环放在三瓣环外边，否则不起密封作用。

5. 曲柄 – 连杆机构

如图 2-3-10 所示，包括曲轴、连杆和十字头。

图 2-3-10 曲柄-连杆机构

曲轴是活塞式压缩机中重要运动部件之一，它在工作中接受驱动机一般以扭矩形式输入的动力，并把它转变为活塞的往复作用力，压缩气体而做功。它周期性地承受着气体压力和惯性力，因而产生交变的弯曲应力和扭转应力。它不仅应该具有足够的疲劳强度，而且还应该具有足够的刚性和耐磨性。一根曲轴至少具有三个部分，即主轴颈、曲柄和曲柄销（或称连杆轴劲）。曲柄和曲柄销构成的弯曲部分称为曲拐，根据机器的需要，一根曲轴可以由一个或几个曲拐所组成。曲轴运转中所需润滑油通常是从轴承处通过主轴颈加入的，并通过曲轴内部加工的孔道引至曲拐销，一般有斜油孔和直油孔两种。直油孔的优点是在经过圆角过渡部分时，不影响该处的强度，但一般情况下加工比较复杂，清洗油孔也不方便。斜油孔加工清洗方便，但削弱了曲轴强度。

连杆是连接曲轴与十字头（活塞）的部件，它将曲轴的旋转运动转换成活塞的往复运动。其一端与曲轴相连，称为连杆大头，作旋转运动；另一端与十字头销（或活塞销）相连，称为连杆小头，作往复运动；中间部分称为连杆体，作摆动。连杆的形式有开式连杆、闭式连杆、叉形连杆和主副连杆。目前应用较多的是开式连杆。

十字头是连接活塞杆与连杆的部件，它在中体导轨里作往复运动，并将连杆的动力传给活塞部件，对十字头的基本要求是重量轻，耐磨，并具有足够的强度。

6. 飞轮及盘车机构

在压缩机的运转过程中，曲轴受驱动力矩（M_d）和阻力矩（M_k）的作用。在压缩机的运转中飞轮起着转换能量和储、放能量的作用，而其本身并不消耗功。当 $M_d > M_k$ 时，即有盈功存在时，飞轮和转子一起加速运转，盈功转化为飞轮的动能储存在飞轮内，防止转子作更大的加速；当 $M_d < M_k$ 时，亏功使飞轮减速，飞轮即释放出动能以弥补驱动功的不足，从而避免转子较大的减速。飞轮就是通过如此储放能量（动能）来调节压缩机在一转中的角速度，使转速均匀化的。压缩机具有运动部件的盘车机构，在压缩机的安装和检修等情况下必须盘车，以检查装配的正确性或压缩机运动部件在要求位置上定位的正确性。此外，在长期停车后，压缩机开车前必须盘车，使所有需要润滑的表面配油。在吹扫压缩机气道时也要盘车。盘车机构有手动和电动盘车机构，中小型压缩机可采用手动盘车机构，大型压缩机采用电动盘车机构。电动盘车机构可装在压缩机内用齿轮或蜗杆运动副使曲轴旋转。盘车电动机驱动蜗杆，并通过它转动蜗轮、圆柱形齿轮副，使套装在曲轴端的齿轮旋转，带动曲轴转动而达到盘车的目的。盘车机构必须设置切换手柄，当需要盘车时，转动手柄，借此拨动与手柄相连的沿双键滑动的齿轮，使其与盘车齿轮相啮合，才可盘车。当压缩机具有敞开的飞轮或带齿冠的专用圆盘时，可采用杠杆式盘车器。盘车机构一般设置在压缩机汽缸与电机中间。在飞轮上加工出齿冠，盘车电机与一盘车小齿轮相连，当需要盘车时，启动盘车电机底盘的气垫导轨或扳动盘车杠杆使盘车器齿轮与飞轮齿轮相啮合，即可盘车。

压缩机应在无负荷的情况下盘车，此时盘车机构产生的最大扭矩值是按压缩机及电动机的摩擦力来确定的，一般只为有负荷下压缩机平均反力矩的 $8\% \sim 12\%$。转动后，摩擦表面跑合过程中反作用力矩则急剧下降。

7. 辅机系统

活塞式压缩机的辅助系统包括进排气缓冲系统、润滑系统、冷却系统等。其主要设备有进排气缓冲罐、入口过滤器、润滑油泵、注油器、油冷却器、油过滤器、集油箱、级间冷却器、气液分离器、安全阀等。

（1）润滑系统　润滑方式可分为飞溅润滑和压力润滑。

飞溅润滑依靠连杆上的甩油杆将油甩起飞溅到各润滑部位，汽缸内带油量较大。压力润滑多用于大、中型带十字头的压缩机中。压力润滑系统的主要设备有注油器、油泵、滤油器和油冷却器。

（2）冷却系统　汽缸的冷却方式分为风冷式和水冷式。

（3）管路系统　包括进气管和排气管之间的设备、管道、管件及安全装置、气量调节装置、放空管路。管路系统应连接可靠，阻力较小，震动较小，便于拆装和维护。

七、往复压缩机的操作

压缩机组要运行得好，除机组本身的性能、工艺管网的配合性能和安装质量等要良好之外，还必须精心操作运行，进行正确的开停车，并在运行中认真完成各种监测和检查，对所有运行参数进行认真分析和处理。由于压缩机组的类型和驱动方式的不同、用途不同，开停车的操作方法和运行规程也不完全相同,一般应结合机组的特点和制造厂的使用说明书,制订出自己的专用开停车操作运行规程,并在运行中严格遵守。下面以电动机驱动为例,说明往复压缩机的操作。

1. 开车操作

(1)开动循环油系统 压缩机开车运转前,循环油润滑系统首先开车,按启动规程的规定启动油泵,检查油压、音响、振动和发热;检查油路是否畅通,主轴承、大头瓦、小头瓦、滑道等各润滑点供油是否正常,油量是否充足;检查回油系统,回油应畅通无阻,检查各油管接头是否严密无泄漏,油冷却器有无泄漏。

(2)开动汽缸润滑系统 按规程启动注油器,检查电动机、注油器和减速器运转情况,各注油点油压、油量要达到规定值。检查油路供油情况,各油管路接头要严密无泄漏,仪表及信号装置动作可靠,运行正常。

(3)开动通风机系统 按启动规程启动电动机通风系统,检查通风机轴承及电动机温升,检查机组及管道有无振动,机组运转有无异常响声。由通风机送出的空气的清净干燥程度及风压、风量均应符合要求,运转正常。

(4)开动冷却水系统 打开供水管系统阀门,逐渐加压,检查冷却水系统是否畅通,有无泄漏。检查回水流量是否足够。

(5)开动盘车系统 按规程启动盘车系统,检查传动部件无故障后,盘车系统脱开。

(6)开动电动机 按规程启动电动机,启动机组进行空负荷运转,检查机组轴承温度,传动部件有无异常响声,汽缸填料函温度,各润滑点供油情况,油压油量是否达到要求;检查十字头机身温度;检查机身、汽缸以及基础有无松动和振动现象。无负荷运行一切正常后,再逐渐增加负荷,在规定的各种压力下运行一定时间后再继续升压,待达到满负荷后,对压缩机组进行全面检查。检查传动部件有无异常响声,主轴承、曲柄连杆机构、滑块,各汽缸内等有无撞击声响。检查汽缸填料函工作情况,有无泄漏现象。注意观察各轴瓦温度上升情况。检查各段管道、附属设备的连接法兰口密封情况,有无泄漏。检查管道、附属设备的振动与摩擦情况。运转足够时间,一切正常后,才可正式投入生产,如发现异常应停车处理。

2. 停车操作

机组运行中根据生产需要进行正常停车,其主要步骤是:

① 切断与工艺系统的联系,打循环;

② 按电气规程停电动机;

③ 按规程停通风机系统;

④ 当主轴完全停止运转 5min 后,停油润滑系统;

⑤ 关闭冷却水进口阀门。

机组运行中如发生下述情况则应立即紧急停车。

① 循环润滑油系统压力降低,自动联锁装置不起作用;

② 油循环系统发生故障,润滑油中断;

③ 汽缸或填料函润滑油系统发生故障,润滑油供应中断;

④ 冷却水供应中断;

⑤ 填料过热烧坏;

⑥ 轴承温度过高，并且继续上升；

⑦ 机械传动部件或汽缸内部出现剧烈敲击、碰撞声响；

⑧ 机组管道、附属设备摩擦严重，振动过大；

⑨ 电动机冒火花，线圈转子有擦边响声，线圈温度过高；

⑩ 压缩机组内发生可能形成事故的任何损坏。

3. 活塞式压缩机的日常维护

(1) 严格遵守各项规程　严格遵守操作规程，按规定的程序开停车，严格遵守维护规程，使用维护好机组。

(2) 加强日常维护　每日检查数次机组的运行参数，按时填写运行记录，检查项目包括：进出口工艺气体的参数（压力、温度、湿度和流量以及气体的成分组成等）；油系统的温度和压力、轴承温度、冷却水温度、储油箱油位、油冷却器和油过滤器的前后压差及注油器的状态。应用探测棒听测机架、中体、汽缸、气阀和管道内有无异常振动声响。检查汽缸内部填料泄漏，气体外部泄漏和金属填料环的泄漏。检查冷却水系统的流通情况及泄漏。检查各紧固螺栓有无松动。随时检查电动机电流表，超过额定电流时应立即处理。每 2～3 周检查一次润滑油是否需要补充或更换。

每月分析一次机组的振动趋势，看有无异常；分析轴承温度趋势；分析油的排放性，看排放量有无突变；分析判定润滑油质量情况。

每三个月对仪表工作情况作一次校对，对润滑油品质进行光谱分析和铁谱分析，分析其密度、黏度、氧化度、闪点、水分和碱性度等。保持各零部件的清洁，不允许有油污、灰尘和异物等附在机体之上。

各零部件必须齐全完整，指示仪表灵敏可靠。

定期检查、清洗油过滤器，保证油压的稳定。冬季停车注意防冻，备用机应每周开车一次，时间不少于半小时（空负荷）。

(3) 监视运行工况机组　在正常运行中，要不断地监视运行工况的变化，注意工艺系统参数的负荷变化，根据需要缓慢准确地调整负荷。

(4) 尽量避免带负荷紧急停机　机组运行中，尽量避免带负荷紧急停机，只有发生前述规定情况，才能紧急停车。

分课题三　离心式压缩机

一、离心式压缩机的结构与工作原理

离心式压缩机也称为透平压缩机。其结构、工作原理与多级离心式鼓风机相似，只是压缩机的叶轮级数较多，可达 10 级以上，这样才能获得较高出口压力。

如图 2-3-11 所示，离心压缩机由转子、定子、轴承等组成。转子由主轴、叶轮、平衡盘、推力盘、联轴器等组成；定子由机壳、扩压器、弯道、回流器、蜗壳等组成；还有为了减少机器内、外泄漏的轴端密封装置和级间密封装置。

当压缩比较大时，由于气体温度升高较为显著，离心式压缩机也可分为几段，如图 2-3-12 所示，每段包括若干级叶轮，段间设有冷却气体。由于气体压缩后体积缩小，叶轮的宽度是逐渐减小，而且叶轮的直径逐渐减小。

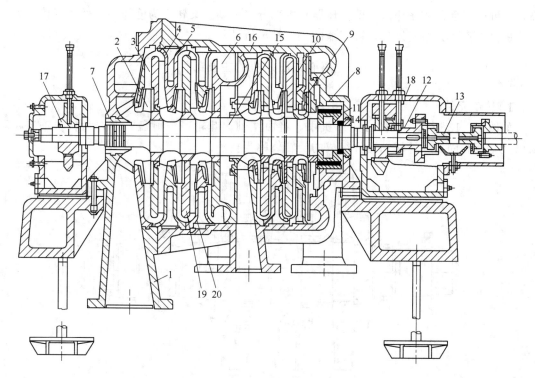

图 2-3-11　DA120-61离心式压缩机纵剖面构造

1—吸气室；2—叶轮；3—扩压器；4—弯道；5—回流器；6—蜗室；7,8—轴端密封；9—隔板密封；
10—轮盖密封；11—平衡盘；12—推力盘；13—联轴器；14—卡环；15—主轴；16—机壳；
17—支持轴承；18—止推轴承；19—隔板；20—回流器导流叶片

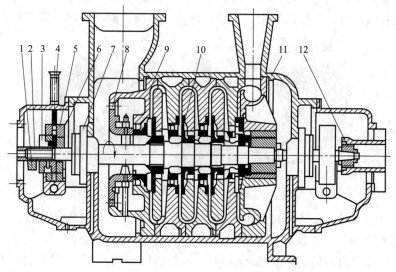

图 2-3-12　两段离心式压缩机

1—顶轴器；2—套筒；3—止推轴承部；4—止推轴承；5—轴承；6—调整块；7—机械密封部；
8—进口导叶；9—隔板；10—轴；11—调整环；12—连接件

　　离心式压缩机的工作原理是利用高速回转的叶轮对气体做功，使气体的动能大为增加。
同时，气体在离心惯性力以及在叶轮叶道中降速的共同作用下，其静压能也得到大幅度提高，在叶轮后面的扩张流道（即扩压器）中部分气体动能又转变为静压能，而使气体压力进一步提高，经过几级压缩后，被压缩的气体排出机外。

二、离心式压缩机的主要部件

1. 转动元件

如图 2-3-13 所示，在离心压缩机中，将由主轴、叶轮、平衡盘、推力盘、联轴器、套筒以及紧圈和固定环等转动元件组成的旋转体称为转子。

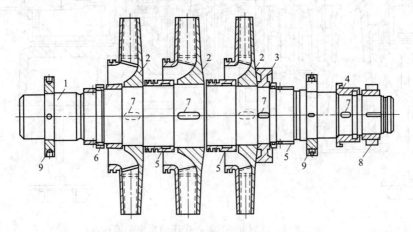

图 2-3-13 转子示意图

1—主轴；2—叶轮；3—平衡盘；4—推力盘；5—轴套；6—螺母；7—键；8—联轴器；9—平衡环

（1）叶轮 叶轮是离心压缩机中唯一对气体做功的部件，且是高速回转件。离心压缩机大多采用后弯型闭式叶轮，如图 2-3-14 所示。对叶轮的要求是：提供尽可能大的能量头；效率较高；能使级及整机的性能稳定、工作区较宽；强度、刚度及制造质量符合要求。

图 2-3-14 叶轮

（2）主轴 主轴是离心压缩机的主要零部件之一，起支持旋转零件及传递扭矩作用。根据其结构形式有阶梯轴、光轴和节鞭轴等三种。光轴安装叶轮部分的轴颈是相等的，无轴肩。转子组装时需要有轴向定位用工艺卡环，叶轮由轴套和键定位。有形状简单，加工方便等特点。

阶梯轴的直径大小是从中间向两端递减。该轴便于安装叶轮、平衡盘、推力盘及轴套等转动元件。叶轮也可由轴肩和键定位，且刚度合理。

节鞭形主轴上挖有环状凹形部分流道，级间无轴套，叶轮由轴肩的销定位。它既能满足气流通道的需要，又有足够的刚度。

（3）平衡盘　叶轮的两侧都受到不同气体力的作用，有不平衡的轴向力。另外，气流从轴向流入叶轮后立即转为径向进入叶轮的叶片间流道，对叶轮有轴向冲力。这两种轴向力将推动转子作轴向移动。轴向力对于压缩机的正常运行是有害的，容易引起止推轴承损坏，使转子向一端窜动，导致动件偏移，与固定元件之间失去正确的相对位置，情况严重时，转子可能与固定部件碰撞造成事故。加平衡盘可平衡轴向力，如图 2-3-15 所示，平衡盘是利用它两边气体压力差来平衡轴向力的零件。它的一侧压力是末级叶轮盘侧间隙中的压力，另一侧通向大气或进气管，通常平衡盘只平衡一部分轴向力，剩余轴向力由止推轴承承受，在平衡盘的外缘需安装气封，用来防止

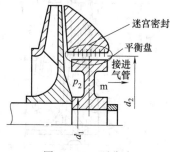

图 2-3-15　平衡盘

气体漏出，保持两侧的差压轴向力的平衡，也可以通过叶轮的两面进气和叶轮反向安装来平衡。

（4）推力盘　如图 2-3-16 所示，由于平衡盘只平衡部分轴向力，其余轴向力通过推力盘传给止推轴承上的止推块，构成力的平衡，推力盘与推力块的接触表面，应做得很光滑，在两者的间隙内要充满合适的润滑油，在正常操作下推力块不致磨损，在离心压缩机启动时，转子会向另一端窜动，为保证转子应有的正常位置，转子需要两面止推定位，其原因是压缩机启动时，各级的气体还未建立，平衡盘两侧的压差还

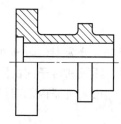

图 2-3-16　推力盘

不存在，只要气体流动，转子便会沿着与正常轴向力相反的方向窜动，因此要求转子双面止推，以防止造成事故。

（5）联轴器　由于离心压缩机具有高速回转、大功率以及运转时难免有一定振动的特点，所用的联轴器既要能够传递大扭矩，又要允许径向及轴向有少许位移，联轴器分齿型联轴器和膜片联轴器，目前常用的都是膜片式联轴器，该联轴器不需要润滑剂，制造容易。

2. 固定元件

（1）机壳　机壳也称汽缸，对中低压离心式压缩机，一般采用水平中分面机壳，利于装配，上下机壳由定位销定位，即用螺栓连接。对于高压离心式压缩机，则采用圆筒形锻钢机壳，以承受高压，这种结构的端盖是用螺栓和筒型机壳连接的。

（2）扩压器　气体从叶轮流出时，它仍具有较高的流动速度，为了充分利用这部分速度能，也为了提高气体的压力，在叶轮后面设置了流通面积逐渐扩大的扩压器，扩压器一般有无叶、叶片、直壁形扩压器等多种型式，如图 2-3-17（a）。

（3）弯道　在多级离心式压缩机中，级与级之间气体必须拐弯，就采用弯道，弯道是由机壳和隔板构成的弯环形空间，如图 2-3-17（a）所示。

（4）回流器　在弯道后面连接的通道就是回流器，回流器的作用是使气流按所需的方向均匀地进入下一级，它由隔板和导流叶片组成，导流叶片通常是圆弧的，可以和汽缸铸成一体，也可以分开制造，然后用螺栓连接在一起，如图 2-3-17（a）所示。

（5）蜗壳　蜗壳的主要目的，是把扩压器后或叶轮后流出的气体汇集起来引出机器，蜗壳的截面形状有圆形、犁形、梯形和矩形，如图 2-3-17（c）所示。

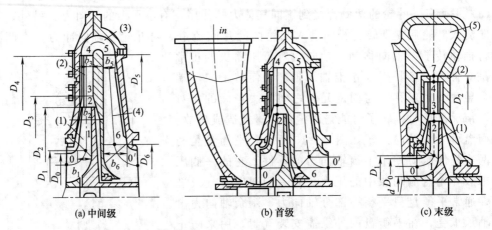

图 2-3-17　离心压缩机的级结构

0—叶轮进口截面；1—叶道进口截面；2—叶轮出口截面；3—扩压器进口截面；4—扩压器出口截面；

5—回流器进口截面；6—回流器出口截面；0′—本级出口（或下一级进口）截面；

(1)—机壳；(2)—扩压器；(3)—弯道；(4)—回流器；(5)—蜗壳

3. 密封

为了减少通过转子与固定元件间的间隙的漏气量，常装有密封。密封又分为内密封和外密封两种，内密封的作用是防止气体在级间倒流，如轮盖处的轮盖密封，隔板和转子间的隔板密封。外密封是为了减少和杜绝机器内部的气体向外泄漏，或外界空气窜入机器内部而设置的，如机器端的密封。

离心压缩机中密封种类很多，常用的有以下几种。

（1）迷宫密封　迷宫密封目前是离心压缩机用得较为普遍的密封装置，用于压缩机的外密封和内密封。迷宫密封的气体流动如图 2-3-18 所示，当气体流过梳齿形迷宫密封片的间隙时，气体经历了一个膨胀过程，压力从 p_1 降至右端的 p_2，这种膨胀过程是逐步完成的，当气体从密封片的间隙进入密封腔时，由于截面积的突然扩大，气流形成很强的旋涡，使得速度几乎完全消失，密封面两侧

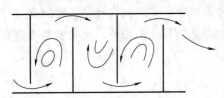

图 2-3-18　迷宫密封气体流动形式

的气体存在着压差，密封腔内的压力和间隙处的压力一样，按照气体膨胀的规律来看，随着气体压力的下降，速度应该增加，温度应该下降，但是由于气体在狭小缝隙内的流动是属于节流性质的，此时气体由于压降而获得的动能在密封腔中完全损失掉，而转化为无用的热能，这部分热能转过来又加热气体，从而使得瞬间刚刚随着压力降落下去的温度又上升起来，恢复到压力没有降低时的温度，气流经过随后的每一个密封片和空腔就重复一次上面的过程，一直到压力 p_2 为止，由此可见迷宫密封是利用节流原理，当气体每经过一个齿片，压力就有一次下降，经过一定数量的齿片后就有较大的压降，实质上迷宫密封就是给气体的流动以压差阻力，从而减小气体的通过量。

常用的迷宫密封如图 2-3-19 所示。

（2）油膜密封（浮环密封）　浮环密封的原理是靠高压密封在浮环与轴套间形成的膜产生节流降压，阻止高压侧气体流向低压侧，浮环密封既能在环与轴的间隙中形成油膜，环本身又能自由径向浮动。

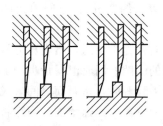

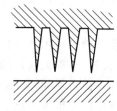
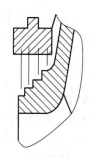

(a) 镶嵌曲折型密封　　(b) 整体平滑型密封　　(c) 台阶型密封

图 2-3-19　迷宫密封

靠高压侧的环叫高压环，低压侧的环叫低压环，这些环可以自由沿径向浮动，但不能转动，密封油压力通常比工艺气压力高 0.5kg/cm² 左右。进入密封室，一路经高压环和轴之间的间隙流向高压侧，在间隙中形成油膜，将高压气封住，另一路则由低压环与轴之间的间隙流出，回到油箱，通常低压环有好几只，从而达到密封的目的。

浮环密封用钢制成，端面镀锡青铜，环的内侧浇有巴氏合金，以防轴与油环的短时间的接触，巴氏合金作为耐磨材料，浮环密封可以做到完全不泄漏，被广泛地用作压缩机的轴封装置

（3）机械密封　机械密封装置有时用于小型压缩机轴封上，压缩机用的机械密封与一般泵用的机械密封不同，主要差别是其转速高、线速度大、pv 值高、摩擦热大和动平衡要求高等。因此，在结构上，一般将弹簧及其加荷装置设计成静止式，而且转动零件的几何形状力求对称，传动方式不用销子、链等，以减少不平衡质量所引起的离心力的影响，同时从摩擦件和端面比压来看，尽可能采取双端面部分平衡型，其端面宽度要小，摩擦副材料的摩擦系数低，同时还应加强冷却和润滑，以便迅速导出密封面的摩擦热。

（4）干气密封　随着流体动压机械密封技术的不断完善和发展，螺旋槽面气体动压密封，即干气密封在石化行业得到了广泛的应用。干气密封是采用机械密封和气体密封的结合，是一种非接触端部密封，它是在机械密封的动环或静环（一般在动环上）的密封面上开有密封槽（本密封为 T 形槽）。如图 2-3-20 和图 2-3-21 所示，干气密封和普通平衡型机械密封相似，也由静环和动环组成，静环由弹簧加载，并靠 O 形圈辅助密封。端面材料可采用碳化硅、氮化硅、硬质合金或石墨。动环密封面的外径部位刻有槽，槽的下面是被称为密封坝的光滑区域。

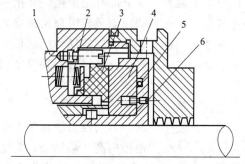

图 2-3-20　压缩机干气密封

1—弹簧座；2—弹簧；3—静环；4—旋
转环；5—密封环；6—轴套

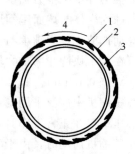

图 2-3-21　干气密封端面动压槽

1—动压槽；2—密封坝；3—密
封堰；4—密封旋向

在轴处于静止和机组未升压时，静环背后的弹簧使其与动环接触。当机组升压时，气体所产生的静压力将使得两个环分开并形成一极薄的气膜（约 3μm）。这间隙允许少量的密封气泄漏。

当机组开始旋转时，由于动环上槽的作用把气体向密封坝泵送，槽内压力从外径向内径增加，靠近槽的根部产生一高压区域，并扩大两环间的间隙，同时泄漏量也增加。

当弹簧力和气体的静压力与槽和密封坝的流体动力相等时，密封面之间形成稳定的气膜间隙。当间隙减小时，流体动力学作用使得端面之间的分离力迅速增加，间隙将扩大。间隙增大时将导致打开力减小，间隙将减小。干气密封的自动平衡原理使得密封端面之间形成了稳定的间隙和泄漏量。当轴旋转时密封面非接触，所以没有磨损。相对于封油浮环密封，干气密封具有较多的优点：运行稳定可靠易操作，辅助系统少，大大降低了操作人员维护的工作量，密封消耗的只是少量的氮气，既节能又环保。

4. 轴承

离心式压缩机有径向轴承和推力轴承。径向轴承为滑动轴承，它的作用是支持转子使之高速运转，止推轴承则承受转子上剩余轴向力，限制转子的轴向窜动，保持转子在汽缸中的轴向位置。

（1）径向轴承　径向轴承主要有轴承座、轴承盖、上下两半轴瓦等组成。

① 轴承座　是用来放置轴瓦的，可以与汽缸铸在一起，也可以单独铸成后支持在机座上，转子加给轴承的作用力最终都要通过它直接或间接地传给机座和基础。

② 轴承盖　盖在轴瓦上，并与轴瓦保持一定的紧力，以防止轴承跳动，轴承盖用螺栓紧固在轴承座上。

③ 轴瓦　用来直接支承轴颈，轴瓦圆表面浇巴氏合金，由于其耐磨性好，塑性高，易于浇注和跑合，在离心压缩机中被广泛采用。为了装卸方便，轴瓦通常是制成上下两半，并用螺栓紧固，目前使用巴氏合金厚度通常在 1～2mm。

轴瓦在轴承座中的放置有两种：一种是轴瓦固定不动，另一种是活动的，即在轴瓦背面有一个球面，可以在运动中随着主轴挠度的变化自动调节轴瓦的位置，使轴瓦沿整个长度方向受力均匀。

润滑油从轴承侧表面的油孔进入轴承，在进入轴承的油路上，安装一个节流孔板，借助于节流孔板直径的改变，就可以调节进入轴承油量的多少，在轴瓦的上半部内有环状油槽，这样使得润滑油能更好地循环，并对轴颈进行冷却。

（2）推力轴承　推力轴承与径向轴承一样，也是分上下两半，中分面有定位销，并用螺栓连接，球面壳体与球面座间用定位套筒，防止相对转动，由于是球面支承或可根据轴挠曲程度而自动调节，推力轴承与推力盘一起作用，安装在轴上的推力盘随着轴转动，把轴传来的推力压在若干块静止的推力块上，在推力块工作面上也浇铸一层巴氏合金，推力块厚度误差小于 0.01～0.02mm。

离心压缩机中广泛采用米切尔式推力轴承和金斯泊雷式轴承。

离心压缩机在正常工作时，轴向力总是指向低压端，承受这个轴向力的推力块称为主推力块。在压缩机启动时，由于气流的冲力方向指向高压端，这个力使轴向高压端窜动，为了防止轴向高压端窜动，设置了另外的推力块，这种推力块在主推力块的对面，称为副推力块。

推力盘与推力块之间留有一定的间隙，以利于油膜的形成，此间隙一般在 0.25～

0.35mm 以内，最主要的是间隙的最大值应当小于固定元件与转动元件之间的最小轴向间隙，这样才能避免动、静件相碰。

润滑油从球面下部进油口进入球面壳体，再分两路，一路经中分面进入径向轴承，另一路经两组斜孔通向推力轴承，进推力轴承的油一部分进入主推力块，另一部分进入副推力块。

5. 附属系统

包括输气管网系统，改变压缩机转速，有时需调节压缩机性能的增、减速设备，起润滑、冷却、密封等作用的油路系统，保证系统带走所有的热量，以使压缩机正常工作的水路系统，为机器安全运行、调节控制和故障诊断提供基本信息的检测系统，用于压缩机的启动、停车、原动机的变转速、压缩机工况点保持稳定或变工况调节，使压缩机尽量处于最佳工作状态的控制系统。

三、离心压缩机的特点及分类

1. 离心压缩机的特点

离心压缩机是一种速度式压缩机，与其他压缩机相比较，具有下列特点。

（1）优点是　排气量大，排气均匀，气流无脉冲；转速高；机内不需要润滑；密封效果好，泄漏现象少；有平坦的性能曲线，操作范围较广；易于实现自动化和大型化；易损件少、维修量少、运转周期长；体积小、质量轻、生产能力大；气体不与润滑系统接触，不会被油污染。

（2）缺点是　操作的适应性差，气体的性质对操作性能有较大影响，在机组开车、停车、运行中，负荷变化大；气流速度大，流道内的零部件有较大的摩擦损失；有喘振现象，对机器的危害极大。适用于大中流量、中低压力的场合。目前离心压缩机已广泛地应用于大型化工生产中。

2. 离心压缩机的分类

（1）按轴的型式分　单轴多级式和双轴四级式。前者一根轴上串联几个叶轮。后者四个叶轮分别悬臂地装在两个小齿轮的两端，旋转靠电机通过大齿轮驱动小齿轮。

（2）按汽缸的型式分　水平剖分式和垂直剖分式。

（3）按级间冷却形式分　机外冷却和机内冷却。前者每段压缩后气体输出机外进入冷却器。后者冷却器和机壳铸为一体。

（4）按压缩介质分　空气压缩机、氮气压缩机、氧气压缩机等。

四、离心式压缩机级中的能量损失分析

气体在叶轮和压缩机的机壳中流动时，存在着能量损失，即流动损失、波阻损失、轮阻损失、泄漏损失。这些损失必然引起压缩机无用功的增加和效率的下降。

1. 流动损失

流动损失大致分为以下几类：沿程摩擦损失、边界层分离损失、二次涡流损失和尾迹损失，在变工况条件下还存在着冲击损失。

（1）沿程摩擦损失　沿程摩擦损失主要是由流体的黏性产生的。在贴近流道壁的地方，气体受壁面的附着作用，速度接近零。流体与壁面之间、边界层内各层流体之间存在着相

对运动,速度较高的流层和速度较低的流层互相有拖动力和阻滞力,即内摩擦力。减小沿程摩擦损失的主要措施是提高流道光洁度。

(2)边界层分离损失 扩张流道中,主流速度不断下降,静压不断提高,边界层逐渐加厚,边界层内会产生局部倒流。这就是边界层分离。如图 2-3-22 所示。

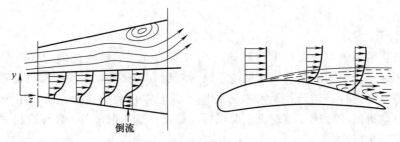

图 2-3-22 在扩压通道中旋涡的产生

边界层分离可造成旋涡区,并导致反向流动从而产生损失。另外由于边界层增厚及分离,使有效流通面积减小,主流速度增大,因而减弱了压力提高的效果。

边界层分离与通道形状、壁面粗糙度、雷诺数和流体的湍流度等许多因素有关,但其中与通道的形状关系最大的是流动通道截面面积突然增大,通道急转弯等。控制通道的当量扩张角是减少该能量缺失的重要措施。

(3)二次涡流损失 二次涡流损失主要发生在叶轮叶道、弯道及吸气室等有急剧转弯的地方。是由于流道内同一截面中存在压力差所造成的。如图 2-3-23 所示。减少二次流损失的措施是增加叶片数,避免急剧转弯。

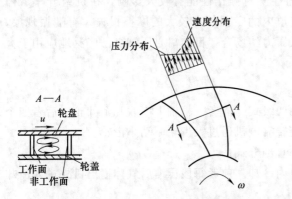

图 2-3-23 叶轮流通道中二次涡流的产生

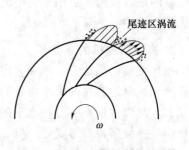

图 2-3-24 叶轮出口处的尾迹示意

(4)尾迹损失 尾迹损失主要是由于叶片尾缘具有一定厚度,致使气体流出叶道时流通截面突然扩大,造成叶片两侧的气流边界层突然发生分离。如图 2-3-24 所示。一般通过采用翼型叶片代替等厚叶片、将等厚叶片出口非工作面削薄等措施减少尾迹损失。

(5)冲击损失 若流体不相切地流经固体壁面,则对壁面要产生冲击,造成能量损失。在设计工况下,流经叶轮和叶片扩压器的流入角基本上与叶片的进口角保持一致。当工况变化时,叶轮和扩压器的进口气流角与叶片进口角方向不相一致,则气流对叶片产生冲击作用,产生冲击损失。

控制在设计工况点附近运行、在叶轮前安装可转动导向叶片等措施,可减少冲击损失。

2. 波阻损失

当流道中某一点的气流速度与当地的音速的比值（马赫数）大于 1 时，即为超音速流动。超音速气流遇到固体或通流截面突然缩小，就会产生激波。气体通过激波是一个熵增过程，有能量损失。可通过控制气体的马赫数减少能量损失。

3. 轮阻损失

轮阻损失指压缩机的叶轮在气体中高速旋转，叶轮轮盘和轮盖两侧与周围流体发生摩擦引起能量损失，消耗功。叶轮的不工作面与机壳之间的空间，是充满气体的，叶轮旋转时，由于气体有黏性，也会产生摩擦损失。又由于旋转的叶轮产生离心力，靠轮的一边气体向上流，靠壳的一边气体向下流，形成涡流，引起损失。可通过提高叶轮表面光洁度减少能量损失。

4. 泄漏损失

由于压缩机叶轮出口处的气体压力较叶轮进口处气体的压力高，叶轮出口的气体会有一部分从密封间隙中泄漏出来流回叶轮进口。在转轴与固定元件之间尽管采用了密封，但由于气体的压差也会有一部分高压气体从高压级泄漏到低压级，或流出机外。这种内部或外部泄漏所造成的能量损耗称为漏气损失。气体的内泄漏、外泄漏都要消耗功。因此要提高密封效果。

五、离心式压缩机的工作特性

1. 离心式压缩机的性能曲线

反映离心压缩机性能的主要参数有压力比、效率、功率和流量等。效率是评价压缩机质量的重要指标之一，用 η 表示。效率是相对值，为无量纲的量。其中多变效率指多变压缩功与实际总耗功之比，用 η_{pol} 表示；绝热效率指绝热压缩功与实际总耗功之比，用 η_{ad} 表示；等温效率指等温压缩功与实际总耗功之比，用 η_{is} 表示。

离心压缩机的性能曲线指离心压缩机的性能参数——压力比 ε、多变效率 η_{pol}、等温效率 η_{is}、轴功率 N 等随容积进气量 Q_j 变化的关系曲线。性能曲线一般通过实验测得，冲击损失为零的工况点为设计工况点。

如图 2-3-25 所示，离心式压缩机的流量和压力比是一一对应的，排气压力一定，流量随之确定。

离心式压缩机的效率曲线存在最高点，效率最高点即为设计工况点，偏离设计工况点时，压缩机的效率下降很快。

离心式压缩机的功率一般随着流量的增大而增大。

离心式压缩机有最大和最小两个极限流量工况，对应的排气压力也有最小值和最大值。

最大流量工况有两种情况：一种是流道某喉部处气体达到临界状态，气体的容积流量达到最大值，即所谓的"阻塞"工况；另一种是级内的流动损失很大，所提供的压力比近似等于 1（背压低）。

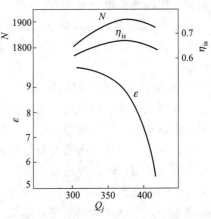

图 2-3-25 离心压缩机的性能曲线

离心式压缩机的最小流量工况一般称之为"喘振"工况。

2. 离心压缩机的喘振现象

（1）喘振现象及危害 当实际流量小于性能曲线所表明的最小流量时，离心压缩机就会出现一种不稳定工作状态，称为喘振。喘振现象开始时，由于压缩机的出口压力突然下降，不能送气，出口管内压力较高的气体就会倒流入压缩机。发生气体倒流后，使压缩机内的气量增大，至气量超过最小流量时，压缩机又按性能曲线所示的规律正常工作，重新把倒流进来的气体压送出去。压缩机恢复送气后，机内气量减少，至气量小于最小流量时，压力又突然下降，压缩机出口处压力较高的气体又重新倒流入压缩机内，重复出现上述的现象。这样，周而复始地进行气体的倒流与排出。在这个过程中，压缩机和排气管系统产生一种低频率高振幅的压力脉动，使叶轮的应力增加，噪声加重，整个机器强烈振动，无法工作。持续的喘振会造成叶片破坏，甚至整个转子变形或折断。

（2）喘振发生的条件 造成喘振的内因是级的流量太小，外因是级后有高压气体。根据喘振的原理可知，喘振在下述条件下发生。

① 在流量减小时，流量降到该转速下的喘振流量时发生。压缩机特性决定了在转速一定的条件下，一定的流量对应于一定的出口压力或升压比，并且在一定的转速下存在一个极限流量——喘振流量。当压缩机运行中实际流量低于这个喘振流量时压缩机便不能稳定运行，发生喘振。这些流量、出口压力、转速和喘振流量的综合关系构成压缩机的特性线，也叫性能曲线，在一定转速下使流量大于喘振流量就不会发生喘振。

② 管网系统内气体的压力大于一定转速下对应的最高压力时，发生喘振。如果压缩机与系统管网联合运行，当系统压力大大高出压缩机在该转速下运行对应的极限压力时，系统内高压气体便在压缩机出口形成很高的"背压"，使压缩机出口阻塞，流量减少，甚至管网气体倒流；入口气源减少或切断，如压缩机供气不足，压缩机没有补充气源等；所有这些情况如不及时发现和调节，压缩机都可能发生喘振。

③ 机械部件损坏脱落时可能发生喘振。机械密封、平衡盘密封、O形环等部件安装不全，安装位置不准或者脱落，会形成各级之间或各段之间串气，可能引起喘振；过滤器阻力太大，逆止阀失效或破坏，也都会引起喘振。

④ 操作中，升速升压过快，降速之前未能首先降压可能导致喘振。

⑤ 工况改变，运行点落入喘振区工况变化，如改变转速、流量、压力之前，未查看特性曲线，使压缩机运行点落入喘振区。

⑥ 正常运行时，防喘系统未设自动，当外界因素变化时，如蒸汽压力下降或汽量波动；汽轮机转速下降而防喘系统来不及手动调节；来气中断等；由于未用自动防喘装置可能造成喘振。

⑦ 介质状态变化。喘振发生的可能与气体介质状态有很大关系，因为气体的状态影响流量，从而也影响喘振流量，当然影响喘振。例如进气温度、进气压力、气体成分即分子量等对喘振都有影响。当转速不变，出口压力不变时，气体入口温度增加容易发生喘振；当转速一定，进气压力越高则喘振流量也越大；当进气压力一定，出口压力一定，转速不变，气体分子量减少很多时，容易发生喘振。

（3）喘振现象的判断及防范措施 在运行中，压缩机发生喘振的迹象，一般是首先流量大幅度下降，压缩机排气量显著降低，出口压力波动，压力表的指针来回摆动，机组发生强烈振动并伴有间断的低沉的吼声，好像人在干咳一般。判断喘振除凭人的感觉之外，还可以根据仪表和运行参数配合性能曲线查出。

在实际运行中，应避免喘振的发生。

防止与消除喘振的根本措施是设法增加压缩机的入口气体流量，对一般无毒、不危险气体，如空气、二氧化碳等可采用放空；对天然气、合成气和氨气等气体可采取回流循环。采用上述方法后可使流经压缩机的气体流量增加，消除喘振；但压力随之降低，造成功率浪费，经济性下降。如果系统需要维持等压的话，放空或回流之后应提升转速，使排出压力达到原有水平。在升压前和降速、停机前，应当将放空阀或回流阀预先打开，以降低背压，增加流量，防止喘振。

还应根据压缩机性能曲线，控制防喘裕度。防喘系统在正常运行时应当投入自动升速、升压之前一定要事先查好性能曲线，选好下一步的运行工况点，根据防喘振安全裕度来控制升压、升速防喘。安全裕度就是在一定工作转速下，正常工作流量与该转速下喘振流量之比值。一般正常工作流量应比喘振流量大 1.05～1.3 倍，裕度太大，虽然不易喘振，但压力下降很多，浪费很大，经济性下降。在实际运行中，最好将防喘阀门（回流控制阀门）的整定值根据防喘裕度来整定，太大则不经济，太小又不安全防喘，系统根据安全裕度整定好以后，在正常运行时，防喘阀门应当关闭，并投入自动，这样既安全又经济。有的机组防喘振装置不投自动，而用手动，恐怕发生喘振而不敢关严防喘振阀门，正常运行时有大量气体回流或放空，这既不经济又不安全，因为发生喘振时用手动操作是来不及的，结果不能防止喘振。

在升压和变速时，要强调"升压必先升速，降速必先降压"的原则，压缩机升压时应当在汽轮机调度器投入工作后进行；升压之前查好性能曲线，确定应该达到的转速，升到该转速后再提升压力；压缩机降速应当在防喘阀门安排妥当后再开始；升速、升压不能过猛过快；降速、降压也应缓慢、均匀，降速之前应选采取卸压措施，如放空、回流等，以免转速降低后，气流倒罐。

防喘振阀门开启和关闭必须缓慢、交替，操作不要太猛，避免轴位移过大，轴向推力和振动加剧。如果压缩机组有两个以上的防喘振阀门，在开或关时应当交替进行，以使各缸的压力均匀变化，这对各缸受力、防喘和密封系统的协调都有好处。

3. 管路特性曲线及工作点

每一种管路都有自身的特性曲线，亦称管路阻力曲线，它是指通过管路的气体流量与保证该流量通过管路所需的压力之间的关系曲线。管路曲线取决于管路本身的结构和用户的要求，它有三种形式，如图 2-3-26 所示。

图 2-3-26 （a）所示的管路阻力大小与流量大小无关，管路特性曲线位置的高低随管端的压力变化而改变。图 2-3-26 （b）中的特性曲线为 $p_e = AQ_j^2$ 的二次曲线，若改变管路中阀门的开度，阻力系数发生改变，管路特性曲线也将随之改变。图 2-3-26 （c）所示特性曲线是上述两种形式的混合，特性曲线为 $p_e = p_r + AQ_j^2$，特性曲线的形状既随管路中阀门的开度改变，又随管端压力的改变而改变。

串联在管路中的压缩机在正常工作时，流过压缩机的气体流量就等于通过该管路的气体流量，压缩机的增压就等于该管路的压力降。如图 2-3-27 所示，管路性能曲线与压缩机性能曲线的交点就是压缩机的工作点。当离心压缩机向管网中输送气体时，如果气体流量和排出压力都相当稳定（即波动甚小），这就是表明压缩机和管网的性能协调，处于稳定操作状态。这个稳定工作点具有两个条件：一是压缩机的排气量等于管网的进气量；二是压缩机提

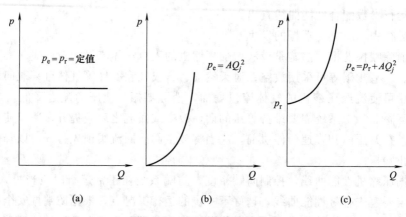

图 2-3-26　三种管路特性曲线

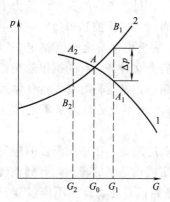

图 2-3-27　压缩机的工作点

供的排压等于管网需要的端压。所以，这个稳定工作点一定是压缩机性能曲线和管网性能曲线交点，因为这个交点符合上述两个相关条件。图2-3-27中线 1 为压缩机性能曲线，线 2 为管网性能曲线，两者的交点为 A 点。假设压缩机不是在 A 点，而是在某点 A_1 工况下工作，由于在这种情况下，压缩机的流量 G_1 大于 A 点工况下的 G_0，在流量为 G_1 的情况下，管网要求端压为 p_{B_1}，比压缩机能提供的压力 p_{A_1} 还大 Δp，这时压缩机只能自动减量（减小气体的动能，以弥补压能的不足）；随着气量的减小，其排气压力逐渐上升，直到回到 A 工况点假设不是回到工况点 A 而是达到工况点 A_2，这时压缩机提供的排气压力大于管网需要的压力，压缩机流量将会自动增加，同时排气压力则随之降低，直到和管网压力相等才稳定，这就证明只有两曲线的交点 A 才是压缩机的稳定工作点。

不论是压缩机的性能曲线还是管路的性能曲线发生变化，都会使离心式压缩机的工作点发生改变。

六、离心压缩机的运转

1. 离心压缩机的串联与并联

离心压缩机串联可以增大排气压力，两台压缩机串联的性能曲线是在同样质量流量下把它们各自的压力比相乘而得到的，其性能曲线比单台的要陡一些，稳定工况范围更窄。

离心式压缩机并联可以增大排气量，两台压缩机并联的性能曲线是在相同压力比的条件下把它们各自的流量相加而得到的。

2. 离心压缩机的性能调节

为了使压缩机适应变工况下操作，保持生产系统的稳定，需要对压缩机的性能进行调节。根据工艺流程的不同要求，调节任务可分为保证使用压力不变调节流量、保证流量不变调节使用压力、保证压力比例不变，或保证所压送的两种气体的容积流量百分比不变。

压缩机调节的实质就是改变压缩机的工况点，所用的方法从原理上讲就是设法改变压缩机的性能曲线或者改变管网性能曲线，具体有以下几种调节方式：

（1）出口节流调节 即在压缩机出口安装调节阀，通过调节调节阀的开度，来改变管路性能曲线，改变压缩机的工作点，如图 2-3-28 和图 2-3-29 所示。出口节流的调节方法是人为地增加出口阻力来调节流量，是不经济的方法，尤其当压缩机性能曲线较陡而且调节的流量（或者压力）又较大时，这种调节方法的缺点更为突出，目前除了风机及小型鼓风机使用外，压缩机很少采用这种调节方法。

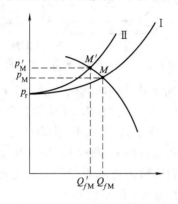

图 2-3-28 改变出口阀的开度调节压缩机性能

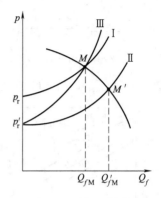

图 2-3-29 改变出口压力时出口节流调节

（2）进口节流调节 即在压缩机进口管上安装调节阀，通过入口调节阀来调节进气压力，进气压力的降低直接影响到压缩机排气压力，使压缩机性能曲线下移，所以进口调节的结果实际上是改变了压缩机的性能曲线，达到调节流量的目的，如图 2-3-30 和图 2-3-31 所示。和出口节流法相比，进口节流调节的经济性较好，据有关资料介绍，对某压缩机进行测试表明：在流量变化为 $60\%\sim80\%$ 的范围内，进口节流调节比出口节流节省功率约为 $4\%\sim5\%$；同时，进口节流法还有个优点就是：关小进口阀，会使压缩机性能曲线向小流量区移动，因而可使压缩机在更小的流量工况下工作，不易造成喘振。所以这是一种比较简单而常用的调节方法。其缺点是存在一定的节流损失，且工况改变后对压缩机本身效率有些影响。

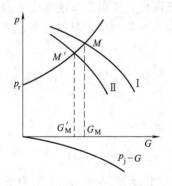

图 2-3-30 进口节流阀调节流量

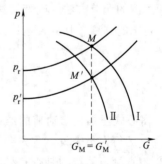

图 2-3-31 进口节流阀调节压力

（3）转动进口导叶调节 导向叶片是一组放射状的叶片，它可绕叶片本身的轴线旋转，如图 2-3-32 和图 2-3-33 所示，分别为径向导向叶片和轴向导向叶片的结构型式。转动进口导叶调节就是改变叶轮进口前安装的导向叶片角度，使进入叶道中的气流产生预旋的调节方法。当导向叶片转动一个角度时，进入叶轮的气流就产生正的或负的旋转，从而改变了进入叶轮的气流方向角。

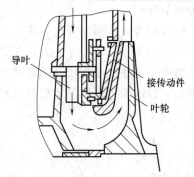

图 2-3-32 带有径向导向叶片的装置

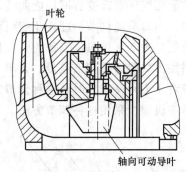

图 2-3-33 带有轴向导向叶片的装置

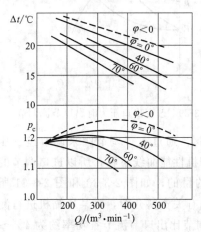

图 2-3-34 带有轴向进口
导叶的压缩机性能曲线

如图 2-3-34 所示，当导叶的关闭角 ϕ 增大时，曲线向下移动，压缩机的压力比 ε、流量 Q_j 及温升 Δt 均减小；当 ϕ 为负时，叶轮进口产生负旋转，压缩机压力比 ε、流量 Q_j 及温升 Δt 均增大。所以，当压缩机的压力比和流量需要增大时，则采用负旋转；当压缩机的压力比和流量需要减小时，可采用正旋转。进口导叶一般采用流动阻力较小的翼形叶片，因此节流损失比进口、出口节流调节损失小。虽然由于旋绕改变了进入叶轮的气流方向，会产生一定的冲击缺失，但其功率消耗和比功率比进口、出口节流调节要小得多，经济性比较好。

（4）改变转速调节 当压缩机转速改变时，其性能曲线也有相应的改变，所以可用这个方法来改变工况点，以满足生产上的调节要求。离心压缩机的能量头近似正比于 n^2，所以，用转速调节方法，可以得到相当大的调节范围。变转速调节并不引起其他附加损失，只是调节后的新工况点不一定是最高效率点，导致效率有些降低而已，所以从节能角度考虑，这是一种经济的调节方法，改变转速调节法不需要改变压缩机本身的结构，只是要考虑到增加转速后转子的强度、临界转速以及轴承的寿命等问题。但是这种方法要求驱动机必须是可调速的。

七、离心压缩机的操作

1. 离心式压缩机启动前的准备

① 对运行人员来说，首先要了解离心式压缩机的结构、性能和操作指标。

② 检查管道系统内是否有异物和残存液体，并用气体吹扫干净。初次开车前对管道系统进行吹扫时，应在缸体吸入管内设置锥形滤网，经吹扫运行一段时间后再拆除，以防异物进入缸内，导致严重的事故。

③ 检查管道架设是否处于正常支撑状态，膨胀节的锁扣是否已打开。应使压缩机缸体受到的应力最小，不允许管道的热膨胀、振动和重量影响到缸体。

④ 检查润滑油和密封系统。油系统在机组启动前应确认油清洗合格，油箱的油量适中且经质量化验合格，油冷却器的冷却水畅通，蓄压器按规定压力充氮，以及主油泵及辅助油

泵是否正常输油和密封油是否保持液封等。

⑤ 检查电气线路和仪表系统是否完好。各种仪表、调节阀门应经校验合格，动作灵活准确，自控保安系统应动作灵敏可靠。

⑥ 检查压缩机本身。大型机组均设有电机驱动的盘车装置，小型机组配置盘车缸，启动前应通过盘车检查转子是否顺利转动，有无异常现象；检查管道和缸体内积液是否排尽，中间冷却器的冷却水是否畅通。

⑦ 拆除所有在正常运行中不应有的盲板。

⑧ 消防器材齐备，符合质量要求；不安全的因素或隐患已消除。

2. 离心式压缩机的启动

① 与其他动力机械相仿，主机未开辅机先行，在接通各种外界能源后，首先启动润滑油泵和油封的油泵，使其投入正常运行。

② 检查油温和油压，使其调整到规定值。刚开车时油温较低，特别是在冬季开车，要用油箱底部的蒸汽盘管进行加热。油温在15℃以上时允许启动辅助油泵进行油循环，加热到24℃以上时方能启动主油泵。停辅助油泵并将其放在适宜的备用装置。油泵的出口压力一般调整到0.147MPa。

③ 启动可燃性气体压缩机时，在油系统投入正常运行后，应首先应用惰性气体置换压缩机系统中的空气，使含氧量小于0.5%后方可启动。然后再用工艺气置换氮气到符合要求，并将工艺气加压到规定的入口压力。

④ 启动前将气体的吸入阀门按要求调整到一定开度，对于不同的机组要求不一样。对电机驱动的压缩机，为了防止在启动加速过程中电机过载，因此应关闭吸入阀，同时旁路阀应全部打开，使压缩机空负荷启动，且不受排气管道负荷的影响。十几秒钟后压缩机达到额定转速，再渐渐打开吸入阀和关闭旁路阀。而对汽轮机驱动的压缩机来讲，转速由低到高逐步上升，不存在电机驱动由于升速过快而产生的超负荷问题，所以一般是将吸入阀全开，防喘振用的回流阀或放空阀全开。如有通工艺系统的出口阀，应予以关闭。

⑤ 启动前全部仪表、联锁系统投入使用，中间冷却器通水。

⑥ 用汽轮机驱动压缩机时，要对汽轮机进行暖管、暖机。暖管结束后逐渐打开主气阀在500～1000r/min下暖机，稳定运行半个小时，全面检查机组。检查内容包括：润滑油系统的油温、油压和轴承回油温度是否异常；密封油系统、调速油系统、真空系统、汽轮机的气封系统和蒸汽系统以及各段进出口气体的温度、压力是否异常；机器有无异常响声等。当一切正常，油箱油温已达到32℃以上时，则可开始升速。油温升高到40℃时，可切断加热盘管蒸汽，并向油冷却器通冷却水。

⑦ 然后全部打开最小流量旁路阀，按预先制定的机组负荷试运，升速曲线进行升速。从低速500～1000r/min到正常的运行转速的升速过程中，中间应分阶段适当停留，以避免因蒸汽突然变化而使蒸汽管网压力波动。但注意在通过临界转速区时还要停留，以防转子产生较大振动，造成密封环迷宫齿片和轴承等间隙部位的损伤，甚至可能导致的密封严重破坏。通过临界转速区进入跳速器起作用的转速区时可较快地升速，使机组逐渐达到额定转速。在升速的同时对机组的运行状况要进行严密监视，尤其注意机组的异常振动。

3. 离心式压缩机的运行和维护

① 建立一套完好的操作记录。压缩机的操作记录是记载压缩机运行状况的依据，可以

避免不必要的修理。操作记录的项目大体包括：压缩机轴承温度；各级的振动情况；进、出口的气体温度和压力；润滑油、密封油的油温和油压；油箱的油位高度；中间冷却器、油冷却器和后冷却器、出口冷却水的温度以及电机的电流读数等。必要时测试、记录冷凝液的pH。上述各项记录数据，无论是用目测或用自动方式连续记录而得到的，都要经过核实和校正才能使用。在正常操作情况下，机器每一个零部件的使用寿命决定于操作者的工作是否谨慎、细致。

② 操作者最好将本装置与其他类似装置中所列举的正常操作压力、温度等控制值列成表格。此外，还应将最大允许偏差值列入表内，以便比较。

③ 运行中的监视。为保证压缩机在苛刻条件下长期安全运转。防止事故发生，运行中的监视是很重要的。运行中的监视项目主要有：异常喘振和振动监视与诊断；密封系统的异常诊断；其他监视项目。

④ 大容量压缩机设有许多保护装置和调节系统，其重要性与压缩机相当，因此在压缩机的启动或运转中，都要监视保护系统和调节系统是否正常。

⑤ 在压缩机运行中，随着出口压力的升高，汽轮机的转速可能有所下降，此时要进行调整，必须使机组在额定转速下运行。

4. 压缩机的停机

（1）正常停机

在任何情况下，除非得到准许，压缩机不可以停机。停机时应遵照下列操作顺序：

① 接到生产车间或调速的停车通知后，关闭送气阀，同时打开出口防喘振回流阀或放空阀，使压缩机与工艺系统切断，全部自行循环。

② 关闭进口阀，启动辅助油泵，在达到喘振流量前切断汽轮机或电机的电源。

③ 通过调速器使汽轮机降速。降到调速器起作用的最低转速时，打开所有的防喘振回流塔或放空阀。开阀顺序应为先开高压后开低压。阀门的开、关都必须缓慢进行，以防止因关得太快而使压力比超高造成喘振；也要防止因回流阀或放空阀打开太快而引起前一段入口压力在短时间内过高，而造成转子轴向力过大，导致止推轴承损坏。

④ 用主气阀手动降速到500r/min左右运行半小时。

⑤ 利用危急保安器或手动停车开关停机。

⑥ 在停机后要使油系统继续运行一段时间，一般每隔15min盘车一次。当润滑油回油温度降到40℃左右时再停止辅助油泵，关闭油冷却器中的冷却水以保护转子、轴承和密封系统。

⑦ 关闭压缩机中间冷却器的冷却水。

如果工艺气体是易燃、易爆或对人身有伤害的，需在机组停车后继续向密封系统注油，以确保易燃、易爆或有害气体不漏到机外。如机组需要长时间停车，把进、出口阀都关闭以后，应使机内气体排卸，并用氮气置换，再用空气进一步置换后，才能停止油系统的运行。

⑧ 如果有霜冻危害的话，在装置已停机和冷却水供给已断流之后，务必将油冷却器放泄阀打开，将残余的水分排除。

（2）非正常停机（跳闸停机）

由于蒸汽、电源、油泵等故障，压缩机紧急停机时必须遵守下列程序：

① 压缩机停止时，如果可能，测量并记录滑行时间；

② 检查止回阀，止回阀自动关闭；

③ 手动关闭进口和出口阀（如果没自动关闭）；

④ 取得车间同意，在必要时减小压缩机壳体内的压力；

⑤ 确定紧急停机的原因。如果停机是由于过大的轴向位移，务必检查止推轴承，即当压缩机静止时所取得的读数表明其轴位是正常的。当停机是由于其他原因，也应在排除故障后方可重新启动压缩机。

5. 运行期间的故障分析及排除

离心压缩机常见故障可以根据其特点来分析，也有一定的规律可循。一般来讲，离心压缩机常见故障有温度异常、振动过大、机组性能下降三种情况。常见故障、原因及排除措施见表 2-3-1。

表 2-3-1　离心压缩机常见故障、原因及排除措施

故　障	产　生　原　因	消　除　措　施
轴承温度过高，超过65℃	1. 轴承的进油口节流圈孔径太小,进油量不足 2. 润滑系统油压下降或滤油器堵塞,进油量减少 3. 冷油器的冷却水量不足,进油温度过高 4. 油内混有水分或油变质 5. 轴衬的巴氏合金牌号不对或浇铸有缺陷 6. 轴衬与轴颈的间隙过小 7. 轴衬存油沟太小	1. 适当加大节流圈孔径 2. 检修润滑系统油泵、油管或清洗滤油器 3. 调节冷油器冷却水的进水量 4. 检修冷油器、排除漏水故障或更换新油 5. 按图纸规定的巴氏合金牌号重新浇铸 6. 重新刮研轴衬 7. 适当加深加大存油沟
轴承振动过大，振幅超过0.02mm	1. 机组找正精度被破坏 2. 转子或增速器大小齿轮的动平衡精度被破坏 3. 轴衬与轴颈的间隙过大 4. 轴承盖与轴瓦瓦背间的过盈量太小 5. 轴承进油温度过低 6. 负荷急剧变化或进入喘振工况区域工作 7. 齿轮啮合不良或噪声过大 8. 汽缸内有积水或固体沉淀物 9. 主轴弯曲 10. 地脚螺栓松动	1. 重新找正水平和中心 2. 重新校正动平衡 3. 减小轴衬与轴颈的间隙 4. 刮研轴承盖水平中分面或研磨调整垫片,保证盈量为0.02~0.06mm 5. 调节冷油器冷却水的进水量 6. 迅速调整节流蝶阀的开启度或打开排气阀或旁通闸阀 7. 重新校正大小齿轮间的不平行度,使之符合要求 8. 排除积水和固体沉淀物 9. 校正主轴 10. 把紧地脚螺栓
气体冷却器出口处气温超过60℃	1. 冷却水量不足 2. 气体冷却器冷却能力下降 3. 冷却管表面积污垢 4. 冷却管破裂或管与管板间配合松动	1. 加大冷却水量 2. 检查冷却水量,要求冷却器管中的水流速应小于2m/s 3. 清洗冷却器芯子 4. 堵塞已损坏管的两端或用胀管器将松动的管胀紧
气体出口流量降低	1. 密封间隙过大 2. 进气的气体过滤器堵塞	1. 按规定调整间隙或更换密封 2. 清洗气体过滤器
油压突然下降	1. 油管破裂 2. 油泵故障	1. 更换新油管 2. 检查油泵故障的原因并消除之
压缩机运行低于喘振极限	1. 背压太高 2. 进口管线的阀门被节流动 3. 出口管线的阀门被节流动 4. 喘振极限控制器有缺陷或者调节不正确	1. 通知负责部门打开阀门 2. 调节阀门 3. 调节阀门 4. 重新控制器,如果必要更换

思　考　题

1. 压缩机按工作原理分为哪两类？

2. 往复活塞压缩机的组成部分及作用？

3. 何为压缩机的排气量？

4. 往复压缩机主要由哪几部分构成？

5. 说明往复压缩机的工作过程。

6. 往复压缩机的性能参数有哪些？

7. 为什么实际吸气量要比理论吸气量为少？

8. 多级压缩有何优点？

9. 采用多级压缩时选择级数的一般原则有哪些？

10. 往复压缩机排气量的调节方法有哪些？各有何特点？

11. 往复压缩机是如何分类的？如何选用？

12. 往复压缩的主要零部件？

13. 气阀有哪几部分组成？

14. 简述离心压缩机的工作原理。

15. 平衡盘有何作用？

16. 离心压缩机的主要部件有哪些？

17. 离心压缩机的密封有哪几种？说明迷宫密封的原理。

18. 离心压缩机有哪些优缺点？

19. 离心压缩机是如何分类的？

20. 气体在叶轮和压缩机的机壳中流动时，存在哪些能量损失？

21. 何为离心式压缩机的"喘振"？造成离心式压缩机"喘振"的内、外因是什么？

22. 防止喘振的措施有哪些？

23. 离心压缩机的流量调节有哪些方法？

课题四　离　心　机

分课题一　概　述

一、离心机在工业生产中的应用

根据物系物理性质的差异，我们把物系分为均相物系和非均相物系。均相物系也称均相混合物，物系内部各处物理性质相同，均匀且无相界面，如溶液和混合气体都是均相物系。非均相物系也称非均相混合物，物系内部有隔开不同相的界面存在，且界面两侧的物理性质有显著差异。如：悬浮液、乳浊液、泡沫液属于液态非均相物系，含尘气体、含雾气体属于气态非均相物系。

混合物的分离，一般采用机械方法，其基本原理就是将混合物置于一定的力场之中，利用混合物的各个相在力场中受到不同的力，从而到较大的"相重差"使其分离，其力学过程是宏观的"场外力"作用过程。常用的机械分离方法有浮选、沉降、过滤、筛分。

离心机是利用转鼓旋转产生离心力，来实现悬浮液、乳浊液及其他物料的分离或浓缩的机器。它具有结构紧凑、体积小、分离效率高、生产能力大及附属设备少等特点。

离心机的主要部件是一个载着物料可以高速旋转的转鼓，产生的离心力很大，故保证设备的机械强度和安全是极重要的。离心机由于可产生很大的离心力，故可分离出用一般过滤方法过滤不掉的小颗粒，又可以分离包含两种以上不同的液体混合物。离心机的分离速率也较大，例如悬浮液用过滤方法处理若需 1h，用离心分离只需几分钟，而且可以得到比较干的固体渣。

二、离心机的分类

离心机有多种分类方法。

（1）按分离原理和结构分类（见图 2-4-1）：

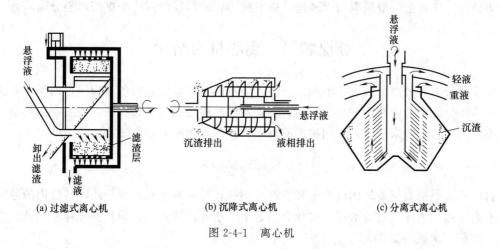

(a) 过滤式离心机　　　　(b) 沉降式离心机　　　　(c) 分离式离心机

图 2-4-1　离心机

① 过滤式离心机；

② 沉降式离心机；

③ 分离式离心机。

（2）按运转方式分类：

① 间歇运转式，离心机的加料、分离、卸渣过程是在不同转速下间歇进行的。

② 连续运转式，在全速条件下，加料、分离、洗涤、卸渣等过程全速进行，生产能力较大。

（3）按卸料方式分类：

① 人工卸料；

② 重力卸料；

③ 刮刀卸料；

④ 活塞推料；

⑤ 螺旋卸料；

⑥ 振动卸料；

⑦ 离心力卸料。

（4）按分离因数分类：

① 常速离心机，分离因数＜3500，其转鼓直径较大，转速较低，一般为过滤式。

② 高速离心机，分离因数在 3500～50000，一般为沉降式和分离式。

③ 超高速离心机，分离因数＞50000，一般称为分离机。

三、离心分离因数

衡量离心分离机分离性能的重要指标是分离因数。它表示被分离物料在转鼓内所受的离心力与其重力的比值，也是离心加速度与重力加速度之比值。

即：

$$F_r = R\omega^2/g$$

分离因数越大，通常分离也越迅速，分离效果越好。

重力加速度为常数，故重力场强度不变，离心力场的强度随半径 R 变，R 增加，F_r 增加。可见，转鼓内物料所受的离心惯性力与物料的位置有关，即与半径有关。分离因数通常是指内鼓最大半径处的值。分离因数是表示离心机分离能力的主要指标，分离因素越大，分离效果越好。工业上一般采取增大转速，适当减小转鼓半径的方法来提高离心分离因数。

分课题二 离心机的结构

由于所要求的分离因数大小不同，分离方法不同，处理的物料各不相同，或操作方法与方式不同，化工生产中使用的离心机具有各式各样的构造、规格及特点，种类规格繁多。但从离心机的结构组成来考虑，不同种类的离心机又有其相同或相似之处。

一、过滤式离心机

过滤式离心机高速旋转的转鼓上开有许多小孔，并衬有多孔过滤介质，转鼓内的悬浮液受离心力作用，液相经过滤渣层、过滤介质、壁上小孔连续排出，固相固体颗粒则截留在滤布上，沉积下来成为滤渣。

适用于含固量较高、固体颗粒较大的悬浮液的分离。悬浮液在离心力场中所受离心惯性力比重力大千百倍，加速了过滤的速度，可得到较干的滤渣。

1. 三足式离心机

如图 2-4-2 所示，三足式离心机是工业上采用较早的间歇操作、人工卸料的立式离心机，目前仍是国内应用最广、制造数目最多的一种离心机。为了减轻转鼓的摆动和便于拆卸，将转鼓、外壳和联动装置都固定在机座上，机座则借拉杆挂在三个支柱上，因此称为三足式离心机。离心机装有手制动器，只能在电动机的电门关闭后才可使用，由安装在转鼓下的 V 带传动来带动鼓运转。这种离心机一般在化工厂中，用于过盈晶体或固体颗粒较大的悬浮液。

三足式离心机结构简单，制造方便，运转平稳，适应性强，滤渣颗粒不易受损伤，适用于过滤周期较长、处理量不大、要求滤渣含液量较低的场合。其缺点是上部卸料时劳动强度大，操作周期长，生产能力低，轴承和传动装置在转鼓的下部，检修不方便，且液体有可能漏入使其腐蚀。

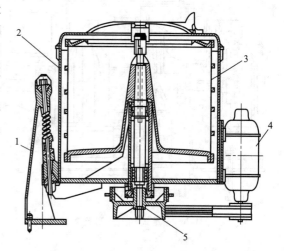

图 2-4-2　三足式离心机
1—支脚；2—外壳；3—转鼓；
4—电动机；5—皮带轮

近年来已在卸料方式等方面不断改进，出现了自动卸料及连续生产的三足式离心机。

如图 2-4-3 所示，三足式刮刀下部卸料离心机属于下部卸料、间歇工作、程序控制的过滤式离心机，可分为手动与自动型，可按使用要求设定程序，由液压、电气控制系统自动完成进料、分离、洗涤、脱水、卸料等工序。

工作时，调速电动机带动转鼓中速旋转，进料阀开启将物料由进料管加入转鼓，经布料盘均匀洒布到鼓壁，进料达到预定容积后停止进料，转鼓升至高速旋转，在离心力作用下，液相穿过滤布和鼓壁滤孔排出。固相截留在转鼓内，转鼓降至低速后，刮刀旋转往复动作，将固相从鼓壁刮下由离心机下部排出。

三足式刮刀离心机具有自动化程度高、处理量大、分离效果好、运转稳定，操作方便等优点。广泛用于含粒度 0.05～0.15mm 固相颗粒的悬浮液分离，特别适宜热敏感性强、不允许晶粒破碎、操作人员不宜接近的物料的分离。

2. 卧式刮刀卸料离心机

卧式刮刀卸料离心机的特点是在转鼓全速运转的情况下能够自动地依次进行加料、分离、洗涤、甩干、卸料、洗网等工序的循环操作。每一工序的操作时间可按预定要求实行自动控制。其结构及操作示意如图 2-4-4 所示。

操作时，进料阀门自动定时开启，悬浮液进入全速运转的鼓内，液相经滤网及鼓壁小孔被甩到鼓外，再经机壳的排液口流出。留在鼓内的固相被耙齿均匀分布在滤网面上。当滤饼达到指定厚度时，进料阀门自动关闭，停止进料。随后冲洗阀门自动开启，洗水喷洒在滤饼上。再经甩干一定时间后，刮刀自动上升，滤饼被刮下并经倾斜的溜槽排出。刮刀升至极限

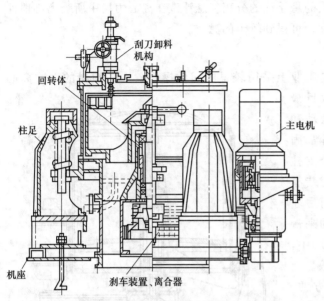

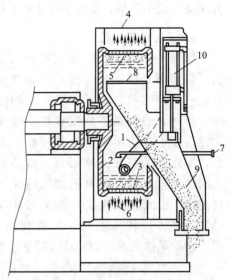

图 2-4-3 三足式刮刀下部卸料离心机

图 2-4-4 卧式刮刀卸料离心机

1—进料管；2—转鼓；3—滤网；4—外壳；

5—滤饼；6—滤液；7—冲洗管；8—刮刀；

9—溜槽；10—液压缸

位置后自动退下，同时冲洗阀又开启，对滤网进行冲洗，即完成一个操作循环，重新开始进料。

此种离心机可自动操作，也可人工操纵。因操作简便且生产能力大，适宜于大规模连续生产，目前已较广泛地用于石油、化工行业中，如硫铵、尿素、碳酸氢铵、聚氯乙烯、食盐、糖等物料的脱水。由于用刮刀卸料，使颗粒破碎严重，对于必须保持晶粒完整的物料不宜采用。

3. 活塞推料离心机

活塞推料离心机，如图 2-4-5 所示，也是一种过滤式离心机。在全速运转的情况下，加料、分离、洗涤等操作可以同时连续进行，滤渣由一个往复运动的活塞推送器脉动地推送出来。整个操作自动进行。料浆不断由进料管送入，沿锥形进料斗的内壁流至转鼓的滤网上。滤液穿过滤网经滤液出口连续排出，积于滤网内面上的滤渣则被往复运动的活塞推送器沿转鼓内壁面推出。滤渣被推至出口的途中，可由冲洗管出来的水进行喷洗，洗水则由另一出口排出。

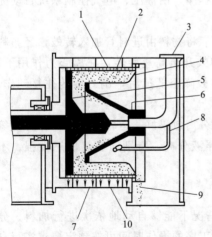

图 2-4-5 活塞推料离心机

1—转鼓；2—滤网；3—进料管；4—滤饼；

5—活塞推进器；6—进料斗；7—滤液出口；

8—冲洗管；9—固体排出；10—洗水出口

此种离心机主要用于浓度适中并能很快脱水和失去流动性的悬浮液，其优点是颗粒破碎程度小，控制系统较简单，功率消耗也较均匀，缺点是对悬浮液的浓度较敏感。若料浆太稀则滤饼来不及生成，料液直接流出转鼓，并可冲走先已形成的滤饼；若料浆太稠，则流动性差，易使滤渣分布不均，引起转鼓的振动。

活塞推料离心机除单级外，还有双级、四级等各种型式。采用多级活塞推料离心机能改善其工作状况、提高转速及分离较难处理的物料。

二、沉降式离心机

沉降式离心机的鼓壁上无孔，转鼓内的悬浮液随转鼓高速旋转，密度大的离心力大沉降到转鼓壁上，密度小的沉降在里层，将两相分别引出可达到分离目的。转鼓无孔，无过滤介质。适用于悬浮液含固量（浓度）较少，固体颗粒较小的悬浮液的分离。

（1）卧式螺旋卸料离心机结构与工件原理　如图 2-4-6 所示，卧式螺旋离心机的主要构件由高速的转鼓、与转鼓转向相同且转速比转鼓略低的螺旋推进器、差速器、过载保护装置、卸渣装置等部件组成，属于锥柱型结构。

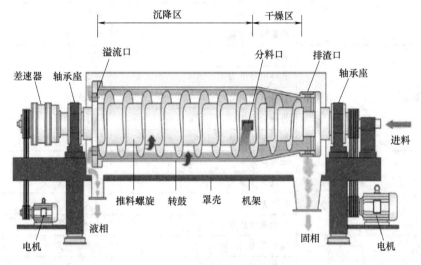

图 2-4-6　卧式螺旋卸料离心机

转鼓是圆柱—圆锥形复合筒体，两端用轴承支承在机座上，电机通过皮带轮带动使之高速回转。螺旋推进器是带螺旋型叶片的转筒，两端由轴承支承在转鼓内，转鼓旋转通过差速器传递给螺旋推进器，由于差速器的差动作用，使得螺旋推进器转速比转鼓转速慢 1% ～ 3%，这样，由于转鼓与螺旋推进器存在相对运动而构成螺旋输送机构。

待分离的悬浮液通过给料管加到螺旋转筒内，经布料盘的加速作用通过加料孔被抛入转鼓中，在离心力的作用下转鼓内形成一环形液池，此时悬浮液被置于强大的离心力场中，由于固相的密度大，所受的离心力也大，沉降到转鼓内表面而形成沉渣，由于螺旋叶片与转鼓的相对运动，沉渣被螺旋叶片推送到转鼓的小端，送出液面并从排渣孔甩出。在转鼓的大端盖上开设有若干溢流孔，澄清液便从此处流出。通过调节溢流挡板溢流口位置、机器转速、转鼓与螺旋推进器的差速、进料速度，就可以改变沉渣的含湿量和澄清液的含固量。当过载或螺旋推进器意外卡住时，保护装置能自动断开主电动机的电源停止进料，防止事故发生。

卧式螺旋卸料离心机能在全速运转下，连续进料、分离、洗涤和卸料。具有结构紧凑、连续操作、运转平衡、适应性强（固相脱水，液相澄清，分离固相密度比液相轻的悬浮液，液—液—固分离，粒度分级等）、生产能力大、无滤网和滤布、能长期运转、维修方便等特点。适合分离含固相物粒度大于 0.005mm、浓度范围在 2% ～ 40% 的悬浮液。广泛用于化工、轻工、制药、食品、环保等行业。

特别是由于其具有处理量大、自动化操作、脱水效果好等特点，在对污水处理过程中产生的污泥进行脱水等环境保护领域得到了广泛的使用和推广。

（2）卧式螺旋卸料离心机运行常见故障、原因及处理措施 卧式螺旋卸料离心机运行常见故障、原因及处理措施见表 2-4-1。

表 2-4-1 卧式螺旋卸料离心机运行常见故障、原因及处理措施

故障现象	产生原因	处理措施
分离液混浊固体回收率降低	液环层厚度太薄	增大厚度
	进泥量太大	降低进泥量
	转速差太大	降低转速差
	入流固体超负荷	降低进泥量
	螺旋输送器磨损严重	更换
	转鼓转速太低	增大转速
泥饼含固量降低	转速差太大	减小转速差
	液环层厚度太大	降低其厚度
	转鼓转速太低	增大转速
	进泥量太大	减小进泥量
	调质加药过量	降低干污泥投药量
转轴扭矩太大	进泥量太大	降低进泥量
	入流固体量太大	降低进泥量
	转速差太小	增大转速差
	齿轮箱出故障	及时加油保养
卧螺机过度震动	润滑系统出故障	检修并排除
	转鼓内部冲洗不干净	停止进泥，并用清水进行清理
	机座松动	及时修复
电流增大能耗增加	卧螺机出泥口被堵塞	停机后进行清理
	转鼓与机壳之间积累污泥	停机后进行清理

三、分 离 机

与沉降式原理相同，但转速高，体积小。非均相液体混合物被转鼓带动旋转时，密度大的趋向器壁运动，密度小的集中于中央，分别从靠近外周及中央的位置溢流而出。一般转速较高，转鼓直径较小，分离因数较大。主要用于分离互不相溶的乳浊液或含微量固体的悬浮液，如油水混合物，微生物、蛋白质、青霉素、香精油等。

1. 管式分离机

管式高速分离机的结构如图 2-4-7 所示，由转鼓、机架、机头、压带轮、滑动轴承组、驱动体、接液盘等部分构成。转鼓由上盖、调节环、带空心轴的底盖和管状的转鼓四部分组成。转鼓内沿轴向装有对称的四片翅片，使进入转鼓的液体很快地达到转鼓的转动角速度。被分离的液体分别从转鼓上端的两个出液口排出，分别进入两个积液盘，再流入槽、罐等容

器内。转鼓及主轴以挠性联接悬挂在主轴上，主轴皮带轮与其他部件组成为机头部分。主轴上端支承在主轴皮带轮的缓冲橡皮块上，而转鼓用联接螺母悬于主轴下端。转鼓底盖上的空心轴插入机架上的一滑动轴承组中，滑动轴承组靠手柄锁定在机身上；该滑动轴承装有减震器，可在水平面内浮动。离心机的外壳、箱门等，是转鼓的保护罩，同时又是机架的一部分，其下部有进料口。物料进入进料口后经可更换的喷嘴和底盖的空心轴进入转鼓。电机装在机架上部，带动压带轮及平皮带转动而使转鼓旋转。

管式高速分离机具有高转速、小直径、长转鼓的特点。适用于固相颗粒直径为 $0.01\sim100\mu m$，固相体积分数小于 1％，两相密度大于 $0.01kg/m^3$。管式分离机能获得极纯的液相或密实的固相，机器结构简单、运转平稳；缺点是人工排渣，生产能力低。

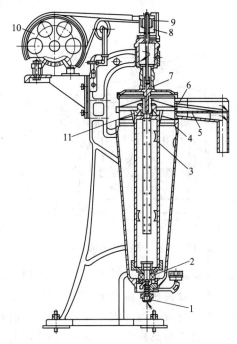

图 2-4-7　管式高速分离机

1—进料管；2—下轴承装置；3—转鼓；4—机壳；
5—重液相出口；6—轻液相出口；7—转鼓轴径；
8—上轴承装置；9—传动带；10—电动机；
11—分离头

2. 室式分离机

如图 2-4-8 所示，转鼓内具有若干同心分离室的离心分离机。其整体结构与碟式分离机相似，特点是转鼓内有数个同心圆筒组成的环隙状分离室。各分离室的流道串联，各环隙的横截面积或径向间距相等。转鼓壁和各分离室的筒壁均无孔。悬浮液自中心进料管加入转鼓中，由内向外顺序流经各分离室。在逐渐增大的离心力作用下，悬浮液中的粗颗粒沉积在内部的分离室壁上，细颗粒沉积在外部的分离室壁上，澄清的分离液经溢流口或用向心泵排出。

分成多室的好处在于减少沉降距离，减小沉降时间，增加沉降面积。室式分离机一般有 2～7 个分离室，沉降面积大，澄清效果好，容纳沉渣的空间也较大。分离因数最大可达 8000。操作时，每小时处理量为 2.5～10m³。它专门用于澄清含少量固体颗粒的悬浮液，适于处理固体颗粒直径大于 0.0005mm，固相浓度小于 1％的悬浮液，如果汁、酒类饮料和清漆等的澄清。

3. 碟式分离机

碟式分离机是立式离心机，碟式分离机是高速分离机应用最广泛的一种。如图 2-4-9 所示，转鼓装在立轴上端，通过传动装置由电动机驱动而高速旋转。转鼓内有一组互相套叠在一起的碟形零件——碟片。碟片与碟片之间留有很小的间隙。悬浮液（或乳浊液）由位于转鼓中心的进料管加入转鼓。当悬浮液（或乳浊液）通过碟片之间的间隙时，固体颗粒（或液滴）在离心机作用下沉降到碟片上形成沉渣（或液层）。沉渣沿碟片表面滑动而脱离碟片并积聚在转鼓内直径最大的部位，分离后的液体从出液口排出转鼓。

碟片的作用是缩短固体颗粒（或液滴）的沉降距离、扩大转鼓的沉降面积，转鼓中由于安装了碟片而大大提高了分离机的生产能力。积聚在转鼓内的固体在分离机停机后拆开转鼓

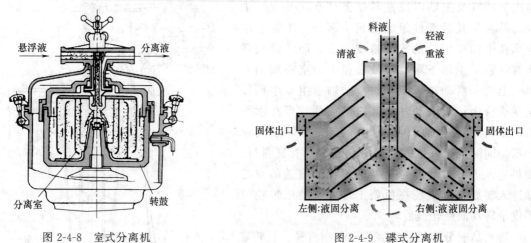

图 2-4-8　室式分离机　　　　　　　　图 2-4-9　碟式分离机

由人工清除，或通过排渣机构在不停机情况下从转鼓中排出。

　　碟式分离机可以完成两种操作：液—固分离（即低浓度悬浮液的分离），称澄清操作；液—液（或液—液—固）分离（即乳浊液的分离），称分离操作。

　　在碟式分离机中，互不相溶的两种液体，在离心力场中产生的离心惯性力大小不同，使两者分层，密度大的在外，密度小的在内，两相之间的分界面，称为中性层。一般希望碟片间的进料口与中性层位置一致。

　　如图 2-4-10 所示，按排渣方式，碟式分离机又可分为人工排渣、喷嘴排渣、活塞排渣碟式分离机。

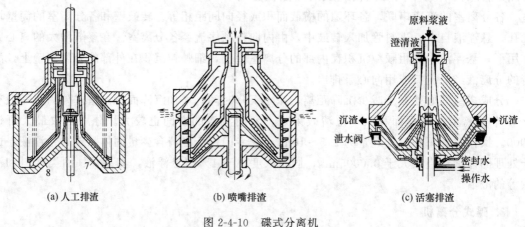

(a) 人工排渣　　　　　　　(b) 喷嘴排渣　　　　　　　(c) 活塞排渣

图 2-4-10　碟式分离机

　　碟式分离机以其结构紧凑，占地面积小，生产能力大等特点，因而在化工、医药、轻工、食品、生物工程以及交通运输部门都获得广泛应用。

四、离心机的主要部件

1. 转鼓

　　转鼓的半径增大有利于提高离心分离因数，增强分离效果，但随着半径的增大，转鼓的机械强度差。设计时根据工艺的需要和强度、刚度条件确定结构尺寸。

转鼓常用的结构型式有圆柱形、圆锥形及组合形。圆柱形结构简单、强度好，有效容积大，制造方便。圆锥形转鼓主要是由卸料机构形式确定的。离心机转鼓的直径与长度比取决于所要求的容积、布料的均匀性及卸料装置的形式，此外，还要考虑转鼓应力及临界转速的情况，一般转鼓直径小于 1m。

过滤式离心机转鼓壁开孔，应考虑对转鼓强度的削弱，开孔直径在 2.5～20mm，孔间距是孔径的 3～4 倍，开孔率是 5%～12%，孔的排列采用错排。

2. 滤网

工业上常用的滤网有条状滤网、板式滤网、编织滤网三种。其中，条状滤网的刚性好，阻力小，但漏量大；板式滤网的阻力较小，分离效果较好；编织滤网的刚性差，阻力大，分离效果好。

3. 主轴及支承

主轴的结构主要考虑强度、刚度及临界转速。支承要求考虑强度及减振。

分课题三　离心机的减振与隔振

一、振动和临界转速的概念

离心机是一种高速回转的机器，其转动部分由于制造、装配、材质不均匀等因素的影响，不可能做到绝对平衡，肯定会使回转中心与质心不重合，产生偏心距。当转子运转时，整个回转系统就会受到一个方向做周期变化的不平衡力的作用，该力作用在转轴上，通过轴承传递给机座，必然引起机器振动。

如果作用在转子上的不平衡力引起共振的频率恰好与转子的固有频率相等或相近时，系统就会发生剧烈的振动，这种现象称为共振。转子发生共振时的转速称为临界转速。

二、减振与隔振

离心机由于制造、操作等原因，在运转过程中可能发生较大的振动，从而对机器本身或附近机器造成损坏。首先，离心机的转动零部件的磨损，使原来的平衡遭到破坏，产生新的不平衡，产生振动。其次，由于离心机运转时，在转鼓中不断地加入物料，可能造成转鼓的不平衡，引起较大的振动。另外，有时由于工艺需要，将离心机装在高层楼板上，对防震的要求就更加苛刻些。所以要求对离心机采取适当的减振和隔振措施，以减小离心机在工作过程中产生的振动。

1. 减振

离心机减振措施中，除了设计、制造与安装质量以外，操作使用是非常重要的环节。特别是对于高速旋转的离心机，一定要制定切实有效的工艺操作规程。操作上应力求加料稳定，注意操作和调节，必要时可对加入的物料先进行预处理。检修保养中应注意，在没有经过仔细计算之前，不应随意改动转速，更不应该在高速转子上任意补焊、挫削，要防止碰撞变形，不要随意拆除或添加零件及改变零件质量等。在新机器使用相当时间后，因转动部分的磨损和腐蚀，使振动越来越大，或者原来运转时振动很小的离心机在检修拆装后，有可能因平衡受到影响而加剧振动。必要时，需要重新进行一次转子的平衡试验。

2. 隔振

减振可以减小振动的影响，但离心机的振动是不可避免的，因此，还需采取措施加以有效的振动隔离。

离心机的隔振一般是指在离心机机座底板与基础面之间合理放置隔振器，使离心机搁置在隔振器上工作，减少离心机运转中对机器本身及建筑物带来的不利影响，改善操作条件。

可以将离心机装在附加的底板上，并在底版上进行配重。底版可以是钢筋混凝土结构、钢结构或铸件等。隔振器则安装在底版与基础之间，隔振器中起主要作用的是具有弹性的减振元件，由减振元件吸收振动。

应当注意，采用隔振器的离心机的进料、排料、洗涤水管等与其他设备连接的管道均应采用挠性的连接管，避免影响其隔振性能。

3. 减振元件

减振元件是隔振器的核心部件，目前，一般离心机隔振器中一螺旋圆柱钢弹簧、承压橡胶和承剪橡胶用得较多。图 2-4-11 所示为螺旋圆柱钢弹簧减振

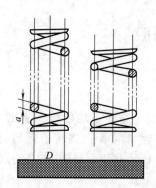

图 2-4-11　螺旋圆柱钢弹簧

元件。它的钢度小，整个系统的固有频率较低（最低可达 2Hz 左右），性能较稳定，使用持久。但其本身阻尼值很小，当机器启动和停机通过固有频率区时，振幅较大，不够安全，因此，一般需要加设阻尼措施后才使用。必须注意减振弹簧的钢度，不能随意用其他弹簧代用。

如图 2-4-12 所示，利用橡胶作为离心机的减振元件，其特点是：橡胶的形状可以自由选择，能自由决定起三个方向的钢度；可以缓冲较大的冲击能量；橡胶的内摩擦力因数较大，所以阻尼较大，可以减小机器在启动和停机过程中通过固有频率区时的振幅。橡胶成型简单，加工方便，是一种比较理想的隔振材料。不足之处是温度对它的影响要比金属弹簧敏感，可使用温度范围较小，另外其耐油性较差。

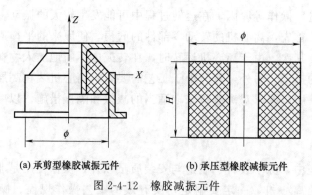

(a) 承剪型橡胶减振元件　　　　(b) 承压型橡胶减振元件

图 2-4-12　橡胶减振元件

分课题四　离心机的选型

离心机的种类和型号繁多，各有自己的特点和适用范围，且在选用的过程中需要考虑的因素也很多，因此，合理地选择离心机是一个重要的复杂的问题。

一、离心机的型号

离心机的型号由一组不同的参数及代号组成,其组成如图 2-4-13 和图 2-4-14 所示。

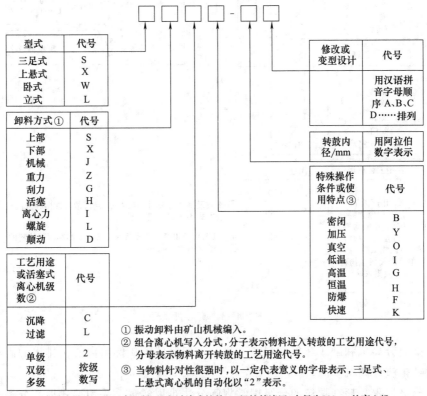

① 振动卸料由矿山机械编入。
② 组合离心机写入分式,分子表示物料进入转鼓的工艺用途代号,分母表示物料离开转鼓的工艺用途代号。
③ 当物料针对性很强时,以一定代表意义的字母表示,三足式、上悬式离心机的自动化以"Z"表示。

示例:WH₂-800代表卧式双级活塞卸料、具有过滤式转鼓、一级转鼓滤网、内径为800mm的离心机。

图 2-4-13　离心机型号

二、离心机的选型原则

离心机的选型实质上就是根据物料的物性参数和工艺要求,在各种离心机型号中寻找一种能符合工艺要求的特定机器,在选型的过程中要求工艺和设备工程技术能很好地配合。与选型有关的物性参数主要有:悬浮液的固相浓度、密度差、黏度。其次是与机器材料和结构有关的参数,如 pH、易燃易爆、磨损性等。与选型有关的另一个问题是分离的目的,是为了取得含水率低的固相,澄清度高的液相,还是液固二相均有要求,或对一相要求高,对另一相可适当放宽要求,目的的不同,选择的机型也就不同。

根据不同的工艺要求,选型原则不同。

(1)脱水过程　脱水过程是将悬浮液中固相从液相中分离出来,且要求含液相越少越好。浓度较高,颗粒较大时,选用离心式过滤机;浓度较低,粒径小,可选用三足式沉降离心机。沉降式离心机的能耗比过滤式大,脱水率比过滤式低。

(2)澄清过程　主要目的是分离固相,得到澄清液。一般固相含量较少。固相粒径很小时,可选用碟式或管式分离机。粒径较大时,可选用卧式螺旋卸料离心机。

(3)浓缩过程　浓缩过程是使悬浮液中含有的少量固相浓度增大的过程。常用设备为碟

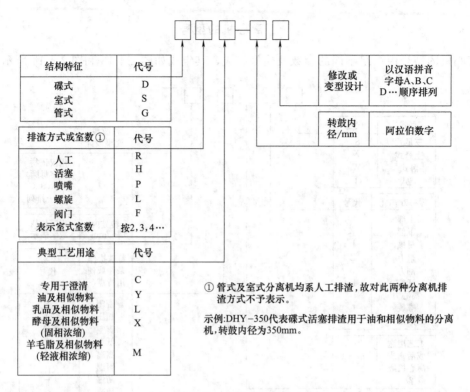

图 2-4-14 离心机型号

式外喷嘴排渣分离机和卧式螺旋卸料离心机,一般卧式螺旋卸料离心机排出的固相含水率比碟式外喷嘴排渣分离机要高。

(4)分级过程 超细颗粒的分级用常规筛分法难以实现。采用湿式离心分离方法进行分离。分级过程最常采用的设备是卧式螺旋卸料离心机。

(5)液—液,液—液—固分离过程 分离原理是利用相密度差。处理量较小时,选用管式分离机;处理量较大时,一般选用碟式人工排渣或活塞排渣分离机。管式分离机和碟式分离机均需通过调整环调节两相的浓度。

综上所述,离心机的选型要求是对固-液分离流程系统有比较全面的分析和了解;要对被分离物料的特性有充分的了解;要满足分离任务和要求;要考虑经济性。选型的原则可简单归纳为:工艺流程、物料特性、分离任务、经济性等四个需要满足和适应的方面。

三、选型的基本方法和步骤

选型的基本方法有表格法和图表法。表格法指为满足生产任务的要求,必须根据分离物料的性质和分离任务,即依据各项的实际情况,按所给表格根据一些特殊要求以及其他条件逐步筛选。图表法是只根据悬浮液的固相浓度和固相颗粒的粒子尺寸进行离心机的选择,该法选择离心机比较粗糙,但它可以与表格法配套使用,相互参考和补充。具体的选型分为以下几步:

① 材质确定。依据所需分离物料的腐蚀性,确定与物料接触部分需用不锈钢(SUS304、316、316L)或钛材、衬塑(改性聚乙烯)、哈乐 Halar 及特殊双相不锈钢等。依据物料中是否含有机溶剂及强腐蚀化学品选择合适的密封材料。

② 所需分离物料的混合液的处理量及含固量、固体颗粒的粒径分布，晶体状还是粉末状等来选择合适的型号离心机以及适合的滤布型号。

③ 防爆要求。根据用户车间的防爆等级，物料情况在设备制造及电器控制部分制作中充分考虑，使离心机的密封结构、密封材料及防静电措施满足现场要求。如需要，可以增加惰性气体保护装置等。电器控制部分可以实现现场防爆操作，远程控制。

④ 依据用户对设备自动化要求，可以选择自动化操作的分离设备，如 SGZ 型刮刀卸料自动离心机、LW 型卧式螺旋卸料沉降离心机、LLW 型卧式螺旋卸料过滤离心机、GK 型卧式刮刀卸料离心机等。

分课题五　离心机的操作与维护

离心机的形式不同，操作方法不完全相同。这里仅以螺旋沉降离心机和卧式刮刀卸料离心机为例，介绍离心机的安全操作和维护。

一、离心机的操作

1. 离心机启动前的准备

① 清除离心机周围的障碍物。

② 检查转鼓有无不平衡迹象。所有离心机转子（包括转鼓、轴等）均由制造厂进行过平衡试验，但如果在上次停车前没有洗净在转鼓内的沉淀物，将会出现不平衡现象，从而导致启动时振幅较大，不够安全。一般采用手拉动 V 带转动转鼓进行检查，若发现不平衡状态，应用清水冲洗离心机内部，直至转鼓平衡为止。

③ 启动润滑油泵，检查各注油点，确认已注油。

④ 将刮刀调节至规定位置。

⑤ 检查刹车手柄的位置是否正确。

⑥ 液压系统先进行单独试车。

⑦ 暂时接通电源开关并立即停车，检查转鼓的旋转方向是否正确，并确认有无异常现象。

⑧ 必须认真进行下列检查，检查合格后方向可启动离心机：电机架和防振垫已妥善安装和紧固；分离机架已找平；带轮已找正，并且带张紧程度适当；传动带的防护罩已正确安装和固定；全部紧固件均已紧固适当；管道已安装好，热交换器、冷却水系统已安装好；润滑油系统已清洗干净，并能对主轴供应足够的冷却润滑油；润滑油系统控制仪表已接好，仪表准确、可靠；所使用的冷却润滑油（液）均符合有关规定；所用的电气线路均已正确接好；主轴、转鼓的径向跳动偏差在允许范围内。

2. 离心机的启动

① 驱动离心机主电机。

② 调节离心机转速，使其达到正常操作转速。

③ 打开进料阀。

3. 离心机的运行和维护

① 在离心机运行中，经常检查各转动部位的轴承温度、各连接螺栓有无松动现象以及

有无异常声响和强烈振动等。

② 维护离心机设计安装的防振、隔振系统效果良好，振动和噪声没有明显增大。在正常运行工况下，噪声的声压级别大于85Db（A）。

③ 原来运转振动很小的离心机，经检修拆装后其回转部分加剧，应考虑是否是由于转子的不平衡所致。必要时需要重新进行一次转子的平衡试验。

④ 空车时振动不大，而投料后振动加剧，应检查其布料是否均匀，有无漏料或塌料现象，特别是在改变物料性质或悬浮液浓度时，尤其要密封注意这方面的情况。

⑤ 离心机使用一段时间后如发现振动越来越大，应从转鼓部分的磨损、腐蚀、物料情况以及各连接零件（包括在脚螺栓等）是否松动进行检查、分析研究。

⑥ 对于已使用的离心机，在没有经过仔细的计算校核以前，不得随意改变转速，更不允许在高速回转的转子上进行补焊、拆装或添加零件及重物。

⑦ 离心机的盖子在未盖好以前，禁止启动。

⑧ 禁止以任何形式强行使离心机停止运转。机器未停稳之前，禁止人工铲料。

⑨ 禁止在离心机运转时用手或其他工具伸入转鼓接取物料。

⑩ 进入离心机进行人工卸料、清理或检修时，必须切断电源、取下保险、挂上警示牌，同时还应将转鼓与壳卡死。

⑪ 严格执行操作规程，不允许超负荷运行；下料要均匀，避免发生偏心运转而导致转鼓与机壳摩擦产生火花。

⑫ 为安全操作，离心机的开关按钮安装在方便操作的地方。

⑬ 外露的旋转零件必须设有安全保护罩。

⑭ 电机与电控接地必须安全可靠。

⑮ 制动装置与主电机应有联锁装置，且准确可靠。

4. 离心机的停车

① 关闭进料阀。一般采用逐步关闭进料阀的操作方法，使其逐步渐减少进料，直到完全停止进料为止。

② 清洗离心机。

③ 停电机。

④ 离心机停止运转后，停止润滑油泵和水泵的运行。

二、常见故障及处理办法

离心机常见故障、原因及消除措施见表2-4-2。

表2-4-2　离心机常见故障、原因及消除措施

故　障	原　因	措　施
轴承温度过高	回流小,前后轴回流量不均	调节回流量
	机械故障,轴承磨损或安装不正确	维修检查
	机器转速过高,超过设计能力	按出厂标配的转速使用离心机
	润滑脂已耗完,主轴轴承间有微小杂物	加入润滑脂,清理轴承

故　障	原　因	措　施
电机温度过高	加料负荷过大	减少加料
	轴承故障	维修检查
	电机故障	电工检查
	外界气温过高	采取降温措施
离心机电流过高	滤液出口管堵塞	检查处理
	加料过多,负荷过大	减少加料
振动大	供料不均匀	调整使之均匀
	螺栓松动或机械故障	停机检查、维修
	安装水平破坏,减震系统破坏	检查是否放置水平,减震柱角是否完好无损
	转鼓由于长时间被物料侵蚀	检查转鼓是否存有大量黏结的干料,委托生产厂家作动平衡检测
	摩擦部位未加注相关润滑剂	转子轴承部位加润滑剂
	出液口堵塞	检查出液是否堵塞
推料次数减少(活塞推料离心机)	油泵压力降低	检修油泵
	换向阀失灵	检修或更换新件
	推料盘后腔结疤	清理干净
刮刀动作不灵活(刮刀式离心机)	换向阀失灵	修理或更换
	油压不足或油路泄漏	检查油路或过滤器
	油泵或油缸磨损	检修或换新件

思　考　题

1. 何为非均相物系? 离心机可否分离均相混合物?
2. 简述过滤式离心机和沉降式离心机的主要区别。
3. 简述离心机的分类。
4. 什么是离心分离因数? 工业上如何提高离心分离因数?
5. 说明三足式离心机的结构特点。
6. 简述卧式刮刀卸料离心机的工作原理。
7. 简述碟式分离机的分离原理?
8. 碟式分离机按排渣方式分为哪几种?
9. 离心机主要有哪些部件?
10. 什么是临界转速?
11. 如何减振、隔振?
12. 常用的减振元件有哪些?
13. 简述离心机的选型原则。

第三单元 静 设 备

不同类型的化工设备虽然工作原理、结构、操作条件各异，但它们的外壳大多数都是承受着介质的压力，因为化工反应大多是在有压情况（高压）进行的，所以从设计的角度来看这些承压的化工设备又可以叫做"压力容器"。

在化工机械中，有一类机械依靠自身的运转进行工作，称为运转设备或转动设备（俗称动设备），约占化工设备的 10％；另一类机械工作时不运动，依靠特定的机械结构等条件，让物料通过机械内部自动完成工作任务，称为静止设备（俗称静设备），约占化工设备的 80％；还有一些一般的工业机械，如：减速器、电机、起重设备等。由此可见静设备在化工生产中应用及其广泛，在化工生产中有着非常重要的地位。

一、静设备的特点

1. 结构种类繁多

由于化工生产过程的介质特性、工艺条件、操作方法以及生产能力的不同，则设备的功能、条件、使用寿命、安全质量等要求选取不同材料，结构特征多样，且种类繁多。例：换热设备的传热过程，由于工艺条件要求不同，可以使用加热器或冷却器实现无相变传热，可用冷凝器或重沸器实现有相变传热。

2. 大多是压力容器

一般化工产品的生产过程，都是在一定温度和压力条件下进行，所以必须要生产设备的壳体能满足强度和刚度要求，这个能承受压力载荷的壳体即是压力容器，而且必须严格遵守国家规范标准和技术法规。

3. 化-机-电技术紧密结合

大规模专业化、成套化生产来提高经济效益，使设备结构大型化的特征更明显，使化工生产工艺、机械设备和电驱动（原动力）技术紧密结合，形成机电一体化。

二、静设备的基本要求

在化学工业、石油化工等部门使用的设备，多种情况下是在高温的苛刻条件下操作，就要求运行的设备既要安全可靠地运行，又要满足工艺过程要求，同时还应具有较高的经济技术指标以及易于操作维护的特点。

1. 安全可靠性要求

由于化工生产中的介质具有危害性，若发生泄漏不仅会造成环境污染，还会引起中毒、燃烧和爆炸，因此化工设备应具有足够的强度、韧性和刚性，以及良好的密封性和耐腐蚀性。

2. 工艺条件要求

化工设备是为工艺过程服务，化工生产过程的工艺指标是由设备来完成的，化工设备一定要满足生产需求提出的要求。

3. 经济合理性要求

满足工艺条件和保证化工设备安全运行的前提下，尽量做到经济合理，应尽量减少设备投资和日常维护、操作费用，并使设备在使用期安全运行，以获得较好的经济效益。

三、静设备在生产中的应用

化工生产过程和化工设备密切相关，化工设备是化工生产过程的具体实现者，设备运行直接关系到生产的安全和稳定。如重质油加氢裂化工艺过程：原料油、循环油、氢气混合物质加热后进入反应器，发生化学反应；产物由反应器外部排出，再经换热、冷却后送入高压分离器，由高压分离后产物经减压后再送入低压分离器，最后加热送分馏塔。其中的静设备有：加热炉（换热器）、反应器、高（低）压分离器、分馏塔（分离器）。

课题一　化　工　容　器

分课题一　化工容器的基础知识

一、化工容器的结构

化工设备广泛应用于化工、食品、医药、石油及相关的其他工业部门，虽然它们工作的对象、内部构造、具体操作不同，但它们都有一外壳，这一外壳称为容器，化工容器通常都是在一定的压力下工作的，因而化工容器又称为压力容器。

化工容器常见的结构由：筒体、封头、支座、密封装置、人孔以及各种工艺接管和附件等。如图 3-1-1 所示。

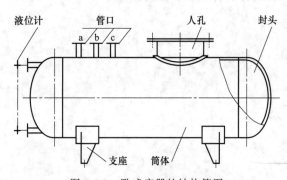

图 3-1-1　卧式容器的结构简图

二、化工容器的分类

为了了解各种压力容器的结构特点、适用场合以及设计、制造、管理等方面的要求，需对压力容器进行分类，本课程着重介绍中国《压力容器安全技术监察规程》中的分类方法。

1. 按压力容器承压等级分类

(1) 内压容器　容器器壁内部的压力高于容器外表面所承受的压力。

低压容器（L）　　　　　　$0.1MPa \leqslant p < 1.6MPa$

中压容器（M）　　　　　　$1.6MPa \leqslant p < 10.0MPa$

高压容器（H）　　　　　　$10.0MPa \leqslant p < 100MPa$

超高压容器（U）　　　　　$p \geqslant 100MPa$

(2) 外压容器　容器器壁外部的压力大于内部所承受压力。容器的内压力小于一个大气压（0.1MPa）时称为真空容器。

2. 按压力容器的工艺用途分类

(1) 反应压力容器（R）　主要用于完成介质的物理、化学反应的压力容器。如：反应器、分解塔、合成塔。

(2) 换热压力容器（E）　主要用于介质热量交换的压力容器。如：换热器、余热或废热锅炉、冷凝器、蒸发器等。

(3) 分离压力容器（S）　主要用于介质的流体压力平衡缓冲和气体净化分离的压力容器。如：分离器、过滤器、缓冲器、干燥器等。

(4) 储存压力容器（C，球罐 B）　主要用于储存或盛装气体、液体、液化气体等介质的

高压反应器　　　　　　吸收塔　　　　　　　　合成塔

列管式换热器　　　　大型集成换热器　　　　　蒸发器

废（余）热锅炉　　　液氨储罐　　　　高位储罐　　　　球形储罐

图 3-1-2　各式压力容器

压力容器。如：液化石油气储罐、液氨储罐、球罐、槽车等。

各式压力容器见图 3-1-2。

3. 按照容器的管理等级分类

为了有利于安全技术管理和监督检查，有利于安全生产和各种化工容器的安全使用，国家质量监督检验检疫总局 1999 年修订颁发的《化工容器安全技术监督规程》中，根据容器所受压力的大小、介质的毒性和易燃、易爆程度以及压力和体积的乘积大小将化工容器分为三类。

（1）第一类化工容器　除了第二类、第三类化工容器以外的所有低压容器。

（2）第二类化工容器　除第三类容器以外的所有中压容器、剧毒介质的低压容器、易燃或有毒介质的低压反应器和储运器、内径小于 1m 的低压废热锅炉。

（3）第三类化工容器　高压或超高压容器、剧毒介质且工作压力 p 与容积 V 的乘积 $pV \geqslant 0.2 m^3 \cdot MPa$ 的中压储运器、中压废热锅炉或直径大于 1m 的低压废热锅炉。

化工容器还有其他的分类方式，如按照容器的形状可将容器分为球形容器、圆筒形容器等；按照容器相对壁厚可分为薄壁容器和厚壁容器；按照制造容器所用的材料又可将容器分为碳钢容器、合金钢容器、不锈钢容器。

三、化工压力容器的基本要求

压力容器应首先满足设备的工艺尺寸，能在指定的操作条件下如压力、温度等完成指定的生产任务并保证产品的质量。在工艺尺寸确定后，进行结构和零部件设计，需要满足以下的要求。

1. 强度

强度指构件抵抗破坏的能力。为了保证生产安全和正常工作，设备必须满足所有零部件的强度需要。例如提升重物的钢丝绳，不允许被重物拉断。但在设计中，为了保证强度而盲目的加大结构尺寸是不合理的，因为会造成材料的极大浪费，增加运输及安装费用。壳体与部件等强度设计是合理发挥材料潜力的好方法（如精馏塔的变径设计）。在容器上设计强度脆弱部件，当设备承受的载荷超载时，使其首先破坏，以保护设备主体不受损害是生产过程中的安全措施。

2. 刚度

即构件在外力作用下保持原有形状的能力。对于薄壁容器来说，规定它的最小壁厚值是为了保证在运输及安装施工时不致发生过大的扭曲变形。规定塔盘的厚度不小于 3mm，是防止塔盘的挠度过大以致产生液层厚度较大偏差，使通过液层的气液不致分布不均匀，影响塔盘分离效率。

3. 稳定性

稳定性指的是设备维持其原有的平衡形式。当化工容器承受外压力作用，如真空装置，必须满足稳定要求，不致在操作过程中被压瘪，失去工作能力。

4. 耐久性

耐久性根据要求的使用年限来确定，一般要求使用年限为 10～12 年。与其他机器类产品相比，机器的寿命决定于主要机件的磨损，而容器及设备则决定于操作介质与周围环境对其腐蚀情况，在某些情况下，如果受变载荷或高温时，应考虑设备的疲劳破坏及蠕变。根据所要求的使用年限和腐蚀情况，正确选用结构材料是保证设备耐久性的重要措施。

5. 密封性

容器及设备的密封性能是使其安全、可靠操作的重要措施。石油、化工产品的生产过程中，所处理物料具有易燃、易爆、有毒的特征。若密封性能得不到保证，使物料泄漏出来，不仅在生产中造成损失，而且会造成燃烧、爆炸、操作人员中毒的恶性事故。

6. 制造工艺

应在结构上保证最小的材料消耗，尤其是贵重材料的消耗。在结构设计时应使其便于加工、保证制造质量。应尽力避免复杂的加工工序，尽可能地减少加工量。设计时应采用标准设计、标准零件和部件。零部件的标准化是适应容器及设备生产特点、提高零部件互换能力、降低设备成本的一个重要途径。

7. 运输、安装与维修

设备及容器的自动化控制虽能简化操作过程，但将增加投资，需要细致的核算经济效益方能进行确定。容器的合理结构还应考虑安装维修方便，例如人孔的尺寸不能太小。设备尺寸和形状还要考虑整体运输的可能性，应满足铁路、公路、水路上的桥梁和涵洞等可能允许的最大尺寸，例如：高度、宽度、长度、质量等。

分课题二 化工设备常用金属材料与非金属材料

一、材料的性能

化工设备中广泛使用的各种材料有着不同的性能特点，材料的性能主要有包括力学性能、物理性能、化学性能和加工工艺性能等。

（1）力学性能 该性能决定许用应力，主要的指标如：强度、硬度、弹性、塑性、韧性等。

① 强度 设备的强度指的是构件抵抗外载荷而不破坏的能力。

② 硬度 它反映金属抵抗比它更硬物体压入其表面的能力，常用的硬度试验指标有布氏硬度和洛氏硬度两种。

③ 塑性 反映材料在外力作用下发生塑性变形而不破坏的能力，即材料能发生较大的变形而不破坏，则该材料的塑性好。

④ 冲击韧性 α_k 以很快的速度作用于工件上的载荷称为冲击载荷，材料抵抗冲击载荷作用不破坏的能力称为冲击韧性，$\alpha_k A_k$ 越大，则材料的冲击韧性越好。低温容器所用钢板 α_k 值不得低于 $30J/cm^2$。

⑤ 疲劳 材料在变应力的作用下，经过一段时间，而发生断裂的现象，叫疲劳。

（2）物理性能 物理性能是材料固有的属性，包括密度、熔点、比热容、热导率、线膨胀系数、导电性、磁性、弹性模量与泊松比等。

（3）化学性能 化学性能是指材料抵抗各种化学介质作用的能力，如耐腐蚀性、抗氧化性。

（4）加工工艺性能 加工工艺性能是指材料满足生产加工的能力，是材料在加工中所表现出来的特性，如可铸性、可锻性、焊接性、可切削加工性。

二、金属材料

1. 碳钢与铸铁

（1）铁碳合金 "铁碳合金"由 95％以上铁、0.05％～4％碳及 1％左右杂质元素所组成的合金。

① 一般含碳量 0.02％～2％称为钢；

② 大于 2％称为铸铁；

③ 当含碳量小于 0.02％时称纯铁（工业纯铁）；

④ 含碳量大于 4.3％的铸铁极脆。

（2）钢的热处理 钢、铁在固态下加热、保温和不同的冷却方式，改变金属组织以满足所要求的物理、化学与力学性能，称为热处理，生产中的热处理操作主要有以下的几种。

① 退火与正火。

退火指缓慢加热到临界点以上的某一温度，保温一段时间，随炉缓慢冷却。退火目的是细化晶粒，提高力学性能；降低硬度、提高塑性、便于冷加工；消除部分内应力，防止工件变形。

正火是置于空气中冷却。正火使晶粒变细，韧性可显著提高。铸、锻件切削加工前一般进行退火或正火。

② 淬火与回火。

加热至淬火温度（临界点以上 30～50℃），并保温一段时间，后投入淬火剂中冷却。淬火后得到的组织是马氏体。淬火剂有空气、油、水、盐水，冷却能力递增。碳钢在水和盐水中淬火，合金钢在油中淬火。

回火是淬火后进行的一种较低温度的加热与冷却热处理工艺。回火可以降低或消除零件淬火后的内应力，提高韧性。在 150～250℃ 范围内的回火称"低温回火"。回火马氏体有较高的硬度和耐磨性，内应力和脆性有所降低。刀具、量具，要进行低温回火处理。中温回火温度是 300～450℃，有一定的弹性和韧性，并有较高硬度。轴类、刀杆、轴套等进行中温回火。高温回火温度为 500～680℃。强度、韧性、塑性等综合性能都较好，淬火加高温回火习惯上称为"调质处理"，用于各种轴类零件、连杆、齿轮、受力螺栓等。

材料经固溶处理或冷塑变形后，在室温或高于室温条件下，其组织和性能随时间而变化的过程称为效热处理。时效可进一步消除内应力，稳定零件尺寸，与回火作用相类似。使零件表面层比心部具有更高的强度、硬度、耐磨性和疲劳强度，心部则具有一定韧性。有渗碳、渗氮（氮化）、渗铬、渗硅、渗铝、氰化（碳与氮共渗）等。渗碳、氰化可提高零件的硬度和耐磨性；渗铝可提高耐热、抗氧化性；氮化与渗铬的零件，表面比较硬，可显著提高耐磨和耐腐蚀性；渗硅可提高耐酸性等。

(3) 碳钢中的微量元素 杂质元素对钢材性能的影响。

① 硫 FeS 和 Fe 形成低熔点（985℃）化合物。钢材热加工 1150～1200℃，过早熔化而导致工件开裂，称"热脆"，硫是有害元素。高级优质钢：S<0.02%～0.03%；优质钢：S<0.03%～0.045%；普通钢：S<0.055%～0.7%。

② 磷 虽能使强度、硬度增高，但塑性、冲击韧性显著降低。特别是在低温时，使钢材显著变脆，称"冷脆"。使冷加工及焊接性变坏，磷是有害元素。高级优质钢：P<0.025%；优质钢：P<0.04%；普通钢：P<0.085%。

③ 锰 MnS（1600℃）部分消除硫的有害作用。锰具有很好的脱氧能力，与 FeO 成为 MnO 进入炉渣，锰作脱氧剂，改善钢的品质，特别是降低脆性，提高强度和硬度。优质碳素结构钢中，正常含锰量是 0.5%～0.8%；高锰结构钢可达 0.7%～1.2%。

④ 硅 硅与 FeO 能结成密度较小的硅酸盐炉渣而被除去，硅是脱氧剂。硅在钢中溶于铁素体内使强度、硬度增加，塑性、韧性降低。镇静钢中的含硅量常在 0.1%～0.37%，沸腾钢中只含有 0.03%～0.07%。由于钢中硅含量一般不超过 0.5%，对钢性能影响不大。

⑤ 氧 氧是有害元素，在炼钢末期要加入锰、硅、铁和铝进行脱氧，生成 FeO、MnO、SiO_2、Al_2O_3，但不可能除尽，使强度、塑性降低，尤其是对疲劳强度、冲击韧性等有严重影响。

⑥ 氮　长时间放置或在 $200\sim300℃$ 加热，氮以氮化物的形式析出，硬度、强度提高，塑性下降，发生时效。钢液中加入 Al、Ti 或 V 进行固氮处理，使氮固定在 AlN、TiN 或 VN 中，可消除时效倾向。

（4）碳钢分类　按用途可分为建筑及工程用钢、结构钢、弹簧钢、轴承钢、工具钢和特殊性能钢（不锈钢、耐热钢）；按含碳量可分为低碳钢、中碳钢和高碳钢；按脱氧方式可分为镇静钢和沸腾钢；按品质可分为普通钢、优质钢和高级优质钢。

① 普通碳素钢。

碳素钢的牌号由代表屈服极限的字母"Q"、屈服强度数值（MPa）、质量等级、脱氧方法四个部分顺序组成。质量等级分 A、B、C、D 四级，脱氧方法为 F、b、Z、TZ，分别表示沸腾钢、半镇静钢、镇静钢、特殊镇静钢，表示镇静钢的 Z 一般省略不标。例如：Q235-A，表示碳素钢，屈服强度数为 235 MPa，A 级质量，镇静钢。

化工压力容器用钢一般选用镇静钢。普通碳素钢有 Q195、Q215、Q235、Q255 及 Q275 五个钢种。

② 优质碳素钢。

优质碳素钢结构的牌号以钢中平均含碳量的万分数（两位数字）表示。优质碳素钢有 08、10、15、20、25、30、35、40、45、50、…、80 等。如 45 号钢中含碳量平均为 0.45%（$0.42\%\sim0.50\%$）。常按含碳量分为三类：

优质低碳钢（含 C$<0.25\%$）　如 08、10、15、20、25，塑性好，焊接性能好，用来制造壳体、接管。

优质中碳钢（含 C 量 $0.3\%\sim0.60\%$）　如 30、35、40、45、50 与 55，45 号用来制造钢搅拌轴。

优质高碳钢（含 C$>0.6\%$）　如 60、65、70、80，60、65 钢主要用来制造弹簧，70、80 钢用来制造钢丝绳等。

③ 高级优质钢　S$<0.02\%\sim0.03\%$；P$<0.025\%$，均$<0.03\%$。它的表示方法是在优质钢号后面加一个 A 字，如 20A。

（5）碳钢的品种及规格　品种主要有钢板、钢管、型钢、铸钢和锻钢。

① 钢板（压力容器用热轧厚钢板）。$4\sim6mm$ 厚度间隔为 0.5mm；$6\sim30mm$ 厚度间隔为 1mm；$30\sim60mm$ 厚度间隔为 2mm。一般碳素钢板材有 Q235-A、Q235-A·F、08、10、15、20 等。

② 钢管（无缝钢管和有缝钢管）。无缝钢管有冷轧和热轧。普通无缝钢管常用材料有 10、15、20 等。专门用途的无缝钢管，如热交换器用钢管、石油裂化用无缝管、锅炉用无缝管等。有缝管、水煤气管，分镀锌（白铁管）和不镀锌（黑铁管）两种。

③ 型钢：有圆钢、方钢、扁钢、角钢（等边与不等边）、工字钢和槽钢。圆钢与方钢主要用来制造各类轴件；扁钢常用作各种桨叶；角钢、工字钢及槽钢可做各种设备的支架、塔盘支承及各种加强结构。

④ 铸钢和锻钢　铸钢用 ZG 表示，ZG25、ZG35 等，用于制造各种承受重载荷的复杂零件，如泵壳、阀门、泵叶轮等。锻钢有 08、10、15、…、50 等牌号，石油化工容器用 20、25 等制作管板、法兰、顶盖等。

（6）铸铁　含碳量 2% 以上，含有 S、P、Si、Mn 等杂质。脆性材料，抗拉强度较低，但有良好铸造性、耐磨性、减振性及切削加工性。在一些介质（浓硫酸、醋酸、盐溶液、有机溶剂等）中有相当好的耐腐蚀性能。铸铁可分为灰铸铁、可锻铸铁、球墨铸铁、耐蚀铸铁和特殊性能铸铁等。

2. 合金钢

合金钢指在碳钢的基础上特意地加入一种或几种合金元素，使其使用性能和工艺性能得以提高的铁基的合金称为合金钢。

（1）合金钢的分类　按合金元素总含量分为低合金钢（合金含量<5%）、中合金钢（合金含量5%～10%）、高合金钢（合金含量>10%）；按用途分为合金结构钢、合金工具钢、特殊性能钢；按合金元素的种类可分为锰钢、铬钢、硼钢、铬镍钢、硅锰钢等。

（2）合金元素在钢中的作用

① 合金元素在钢中的分布。

为了使钢获得预期的性能，而有目的地加入钢中的化学元素称为合金元素。按其与碳的亲和力的大小，可将合金元素分为非碳化物形成元素和碳化物形成元素两大类，在钢中主要以固溶体和化合物的形式存在。

非碳化物形成元素包括 Ni、Co、Cu、Si、Al、N、B 等，在钢中不与碳化合，大多溶入铁素体、奥氏体或马氏体中，产生固溶强化；有的形成其他化合物，如 Al_2O_3、AlN、SiO_2、Ni_3Al 等。

$$碳化物形成元素：\underset{\text{形成碳化物的倾向由弱到强}}{\xrightarrow{\text{Mn、Cr、Mo、W、V、Nb、Zr、Ti 等}}}$$

这类合金元素在钢中，一是可溶入渗碳体中形成合金渗碳体，如（Fe，Mn）3C、（Fe，Cr）3C 等，是低合金钢中存在的主要碳化物，比渗碳体的硬度高，且稳定。二是强碳化物形成元素与碳形成特殊碳化物，如 TiC、NbC、VC、MoC、WC、Cr3C6 等，它们具有高熔点、高硬度、高耐磨性、稳定性好，主要存在于高碳高合金钢中，产生弥散强化，提高钢的强度、硬度和耐磨性。

其他：如稀土元素，钢号中统一用 Re 表示。

② 合金元素在钢中的作用。

合金元素在钢中的作用可归纳以下几个方面：阻碍奥氏体晶粒长大，细化晶粒；提高淬透性（Co 除外）；提高回火稳定性，防止回火脆性；提高钢的使用性能，使之具有耐热、抗腐蚀、高耐磨等特殊的性能；提高钢的强韧性。

（3）合金钢的牌号

① 合金结构钢的编号中，前面两位数字表示钢中碳的平均质量分数的万倍，元素后面的数字表示该元素平均质量分数的百倍。合金元素平均质量分数 $W_{平均}$<1.5%时，不标明含量；合金元素平均分数 $W_{平均}$ 为 1.5%～2.49%，2.5%～3.49%…，则在元素后面相应地标出 2，3，…如 60Si2Mn 钢表示 W_C=0.6%。W_{Si}=2%，W_{Mn}<1.5%。如为高级优质钢，则在钢后面加符号"A"，对加入稀土元素的钢，则在牌号的末尾标以"RE"，如：14MnVTiRE。

② 对于滚动轴承，在钢号前面冠以字母"G"（"滚"字汉语拼音），Cr 后面的数字为含铬平均质量分数的千倍，碳含量不予标出，其他元素仍用平均质量分数的百倍表示。如 GCr15SiMn 表示平均 W_{Cr}=1.5%，W_{Si}，W_{Mn} 都小于 1.5%的滚动轴承钢。

③ 合金工具钢的编号。W_C≥1%时不予标出（但也有例外，如高速钢含碳量一般为 W_C

<1％时，也未标出），平均 W_C<1％时，用一位数字表示含碳量分数千倍，合金元素含量的表示方法与合金结构钢相同。如：9SiCr 钢表示 W_C＝0.9％，W_{Si}，W_{Cr} 都<1.5％，但 Cr06 钢例外。

④ 特殊性能钢的编号基本上与合金工具钢相同，如 2Cr13 表示 W_C＝0.2％，W_{Cr}＝13％。当 W_C < 0.08％ 及 0.03％ 时，在钢号前分别冠以"0"及"00"，0Cr18Ni11Ti，00Cr18Ni5Mo3Si2。

3. 有色金属

（1）铝及其合金　铝及其合金在浓硝酸以及干氯化氢、氨气中耐腐蚀，卤素离子的盐类、氢氟酸以及碱溶液都会破坏铝表面的氧化膜。铝不会产生火花，常用于制作含易挥发性介质的容器；铝不会使食物中毒，不沾污物品，不改变物品颜色，在食品工业中代替不锈钢。铝的导热性能好，适合于作换热设备，主要有变形铝合金（工业纯铝和防锈铝）和铸造铝合金。

（2）铜及其合金

① 纯铜（紫铜）　低温时可保持较高的塑性和冲击韧性，用于制作深冷设备和高压设备垫片。耐稀硫酸、亚硫酸、稀的或中等浓度的盐酸、醋酸、氢氟酸及其它非氧化性酸等介质的腐蚀，对淡水、大气、碱类溶液的耐蚀能力很好。不耐各种浓度的硝酸、氨和铵盐溶液。纯铜的编号：T1、T2、T3、TU1、TU2、TP1、TP2 等。其中 T1、T2 是高纯度铜，用于制造电线，配制高纯度合金；T3 杂质含量和含氧量比 T1、T2 高，主要用于一般材料，如垫片、铆钉等；TU1、TU2 为无氧铜，纯度高，主要用作真空器件；TP1、TP2 为磷脱氧铜，多以管材供应，主要用于冷凝器、蒸发器、热交换器的零件。

② 铜合金　铜与锌的合金称黄铜；镍的质量分数含量低于 50％的铜镍合金称为简单（普通）白铜，再加入锰、铁、锌或铝等元素称为复杂（特殊）白铜；铜与锡的合金称为锡青铜；铜与铝、硅、铅、铍、锰等组成的合金称无锡青铜。

（3）钛及其合金　钛的密度小（4.507g/cm³）、强度高、耐腐蚀性好、熔点高。工业纯钛编号有 TA0、TA2、TA3（编号愈大、杂质含量愈多）。纯钛加工性能良好；有良好的耐蚀性。钛也是很好的耐热材料。在钛中添加锰、铝或铬、钼等元素，可获得性能优良的钛合金。

（4）镍及其合金　镍及其合金具有高强度和塑性、好的延伸性和可锻性、好的耐腐蚀性。用于制造处理碱介质的化工设备。牌号为 NCu28-2.5-1.5 的蒙乃尔耐蚀合金应用最广，蒙乃尔合金能在 500℃时保持高的力学性能，能在 750℃以下抗氧化，在非氧化性酸、盐和有机溶液中比纯镍、纯铜更具耐蚀性。

（5）铅及其合金　铅及其合金硬度低、强度小，不宜单独作为设备材料，只适于做设备的衬里。热导率小，纯铅不耐磨，非常软。但在许多介质中，特别是在硫酸（80％的热硫酸及 92％的冷硫酸）中铅具有很高的耐蚀性。铅与锑合金称为硬铅，硬度、强度都比纯铅高，在硫酸中的稳定性也比纯铅好。硬铅的主要牌号为 PbSb4、PbSb6、PbSb8 和 PbSb10。

铅和硬铅在硫酸、化肥、化纤、农药、电器设备中可用来做加料管、鼓泡器、耐酸泵和阀门等零件。由于铅具有耐辐射的特点，在工业上用作 X 射线和 γ 射线的防护材料。铅合金的自润性、磨合性和减振性好，噪声小，是良好的轴承合金。铅合金还用于铅蓄电池极板、铸铁管口、电缆封头的铅封等。

三、非金属材料和复合材料

非金属材料是指除金属材料和复合材料以外的其他材料，包括高分子材料和陶瓷材料。它们具有许多金属材料所不及的性能，如高分子材料的耐蚀性、电绝缘性、减振性、质轻以及陶瓷材料的高硬度、耐高温、耐蚀性和特殊的物理性能等。因此，非金属材料在各行各业得到越来越广泛的应用，并成为当代科学技术革命的重要标志之一。

复合材料是两种或两种以上不同化学成分或不同组织结构的物质，通过一定的工艺方法人工合成的多相固体材料。它的最大特点是材料间可以优势互补，具有十分广阔的发展前景。

1. 常用高分子材料

高分子材料按照其力学性能及使用状态可分为塑料、橡胶、合成纤维及胶黏剂等。

（1）工程塑料　塑料是以树脂为主要成分，在一定温度和压力下塑造成一定形状，并在常温下能保持既定形状的高分子有机材料。

① 塑料的组成。塑料是以树脂（天然的或合成的）为主要组分，加入一些用来改善使用性能和工艺性能的添加剂而制成的。

树脂是塑料最基本的也是最重要的成分，它在塑料中起黏结其他组分并成形的作用。树脂的种类、性能、数量决定了塑料的类型和主要性能，因此，绝大多数塑料就是以所用树脂命名的。树脂分为天然树脂和合成树脂，天然树脂是指由植物或动物分泌的有机物质，如松香、虫胶等。其共同特点是无显著的熔点，受热可逐渐软化，能溶于某些有机溶剂之中，但不溶于水。合成树脂与天然树脂性能相似。树脂也可以直接用作塑料，如聚乙烯、聚苯乙烯、聚碳酸酯等。

添加剂常用的有以下几种：

a. 填料（填充剂）。为改善塑料的某些性能或降低成本，而加入的一些物质称填料。例如，加入石棉粉可以提高塑料的热硬性；加入云母可以提高塑料的电绝缘性；加入铝粉可提高光反射能力和防老化；加入二硫化钼可提高润滑性等。

b. 增塑剂。用以提高树脂可塑性和柔软性的添加剂称增塑剂。

c. 固化剂。加入固化剂可使树脂成型时由线型转变成体型网状结构，成为较坚硬和稳定的塑料制品。

d. 其他。稳定剂（防老剂）、润滑剂、发泡剂、催化剂、阻燃剂、抗静电剂等。

② 塑料的分类。塑料品种繁多，而每一品种又有多种牌号，常用的塑料分类方法有下述两种：

按树脂的性质分为热塑性塑料和热固性塑料。热塑性塑料是指在特定温度范围内能反复加热软化和冷却硬化的塑料；热固性塑料指在一定温度和压力等条件下，保持一定时间而固化，固化后再加热将不再软化，也不溶于溶剂，只能塑制一次的塑料。

按塑料使用范围分为通用塑料、工程塑料、特种塑料。工程塑料是指可以作为结构材料的塑料。可代替金属作为机械零件和工程结构件使用。主要有 ABS 塑料、有机玻璃、尼龙、聚碳酸酯、聚四氟乙烯、聚甲醛、聚砜等。特种塑料是指具有特种性能和特种用途的塑料。如医用塑料、耐高温塑料、耐腐蚀塑料等。耐热塑料常见的有聚四氟乙烯、聚三氟氯乙烯、有机硅树脂、环氧树脂等。

③ 塑料的性能特点。塑料具有密度小、比强度高、耐蚀性好、电性能优良、减摩性、

耐磨性及自润滑性好、消音吸振、强度低、刚性差、耐热性低、易老化、具有可塑性和熔融流动特性等。

④ 工程塑料的用途及发展。工程塑料并不是金属的代用品，而是一类具有独特性能的新型高分子材料。在选用时应注意扬长避短，针对不同的具体要求，选择综合性能最佳、成本较低的材料和保证产品质量最好的加工方法，这样才能充分发挥工程塑料的优越性。作齿轮、轴承、泵叶、仪器仪表元件等，宜选用聚酰胺、聚碳酸酯和聚砜；作高度防腐蚀部件、容器或衬里选聚四氟乙烯或聚氯醚为宜。

（2）橡胶

① 橡胶的组成。

a. 生胶。未加配合剂的天然或合成橡胶统称为生胶，是橡胶制品的主要组分。生胶在橡胶制备过程中不但起着粘接其他配合剂的作用，而且决定橡胶制品的性能。

b. 配合剂。配合剂是用以改善和提高橡胶制品的性能而加入的物质。配合剂的种类很多，一般有硫化剂，在橡胶中加入硫化剂（常用硫磺）和其他配料后加热、加压，就会使线型结构分子相互交联为网状结构，这个过程就叫做硫化。硫化处理后可提高橡胶的弹性、耐磨性、耐蚀性和抗老化能力，并使之具有不溶、不融特性。还有其他物质，如硫化促进剂、增塑剂、填充剂、防老剂、增强材料、还有着色剂、发泡剂、电磁性调节剂等。

② 橡胶的性能特点。橡胶具有高的弹性、一定的腐蚀性、良好的耐磨性、吸振性、绝缘性及足够的强度和积储能量的能力。橡胶在化工行业主要应用于衬里、密封件等。

（3）陶瓷材料 陶瓷材料是指以天然硅酸盐（黏土、石英、长石等）或人工合成化合物（氮化物、氧化物、碳化物等）为原料，经过制粉、配料、成形、高温烧结而成的无机非金属材料。陶瓷可分为普通陶瓷、特种陶瓷和金属陶瓷。

陶瓷的硬度在各类材料中最高，作为超硬耐磨损材料，性能特别优良。由于陶瓷中存在着大量相当于裂纹源的气孔，在拉应力的作用下，会迅速扩展而导致脆断，因此陶瓷的抗拉强度低。但它具有较高的抗压强度，可以用于承受压缩载荷的场合。多数陶瓷弹性模量高于金属，在外力作用下，只产生弹性变形，伸长率和断面收缩率几乎为零，完全是脆性断裂，故冲击韧性和断裂韧度很低。陶瓷还具有一定的不透性、耐酸、耐碱和耐热性。主要用于化工设备，如容器、反应器、塔附件、热交换器、泵、管道和管件。

（4）复合材料 复合材料既能保持各组成的最佳性能，又具有组合后的新性能，同时还可以按照构件的结构、受力和功能等要求，给出预定的、分布合理的配套性能，进行材料的最佳设计，而且材料与结构可一次成形（即在形成复合材料的同时也就得到了结构件）。复合材料的某些性能，是单一材料无法比拟也无法具备的。例如：玻璃和树脂的强韧性都不高，但它们组成的复合材料（玻璃钢）却有很高的强度和韧性，而且重量很轻；用缠绕法制造的火箭发动机壳，主应力方向上的强度是单一树脂的 20 多倍；温度膨胀系数不同的黄铜片和铁片复合实现自动控温，用于制作自动控温开关；导电铜片两边加上隔热、绝缘塑料实现一定方向导电，另外方向绝缘及隔热的双重功能。

复合材料已成为挖掘材料潜能，研制、开发新材料的有效途径，曾有人预言，21 世纪将进入复合材料的年代。

① 复合材料的组成及分类。

复合材料的组成中，一类是基体，是连续相，起黏结、保护、传递外加载荷的作用。基体相可由金属、树脂、陶瓷等构成。另一类为增强材料，是分散相，起着承受载荷、提高强度、韧性的作用。增强相的形态有细粒状、短纤维、连续纤维、片状等。

按基体的不同，复合材料分为非金属基体和金属基体两类。常用的有纤维增强金属管、纤维增强塑料、钢筋混凝土等；按增强相种类和形状不同，分为颗粒、晶须、层状及纤维增强复合材料。常用的有金属陶瓷、热双金属片簧、玻璃纤维复合材料（玻璃钢）等；按性能不同，分为结构复合材料和功能复合材料两类。

② 常用的复合材料。

a. 纤维增强复合材料。玻璃纤维复合材料，分为热固性玻璃钢和热塑性玻璃钢。热固性玻璃钢由玻璃纤维与热固性树脂（如酚醛树脂、环氧树脂、聚酯树脂和有机硅树脂等）复合的材料称为热固性玻璃钢。热塑性玻璃钢由玻璃纤维与热塑性树脂（如尼龙、ABS、聚苯乙烯等）复合的材料称为热塑性玻璃钢。

b. 碳纤维复合材料。主要有碳纤维-树脂复合材料、碳纤维-金属（或合金）复合材料和碳纤维-陶瓷复合材料。

c. 硼纤维复合材料。有硼纤维增强铝基复合材料和硼纤维增强树脂复合材料。

d. 颗粒增强复合材料。主要是金属陶瓷、弥散强化合金和表面复合材料。

四、化工设备的腐蚀及防腐措施

1. 腐蚀基本概念

金属材料在周围介质的作用下发生破坏称为腐蚀。铁生锈、铜发绿锈、铝生白斑等是常见的腐蚀现象。在化工生产中，由于物料（如酸、碱、盐和腐蚀性气体等）往往具有强烈的腐蚀性，而化工设备被腐蚀将造成严重的后果；引起设备事故，影响生产的连续性；造成跑冒滴漏，损失物料，增加原材料消耗；恶化劳动条件，提高产品成本，影响产品质量等。

据统计，在化工生产强腐蚀的环境下，报废的化工设备中80％以上是因腐蚀破坏造成的，而化工生产是在高温、高压下连续操作运行，一旦某个设备出现腐蚀破坏，整个装置就将被迫停产，会造成严重的经济损失，而且由于腐蚀造成设备与管道的泄漏会污染人类生存环境，更严重的情况是某些腐蚀的发生难以预测，容易引起高温、高压化工设备的爆炸、火灾等突发性灾难事故，危及员工人身安全，因此，化工生产中必须重视腐蚀与防护问题。

化工生产中使用非金属材料的一个重要原因是发挥非金属材料优良的耐腐蚀性能，所以，材料的腐蚀与防护主要是指金属材料的腐蚀与防护。

2. 常见的腐蚀类型及腐蚀机理

腐蚀的机理是复杂的，通常认为是由于化学作用和电化学作用引起的，分别称为化学腐蚀和电化学腐蚀。

（1）化学腐蚀 化学腐蚀是指金属与介质发生纯化学作用而引起的破坏。其反应过程的特点是，非电解质中的氧化剂直接与金属表面的原子相互作用，电子的传递是在它们之间进行的，因而没有电流产生。例如，金属钠在氯化氢气体中的腐蚀属于化学腐蚀。实际生产中单纯的化学腐蚀较少见。

（2）电化学腐蚀 电化学腐蚀是金属与介质之间由于电化学作用而引起的破坏。其特点是在腐蚀过程中有电流产生，它的反应过程特点与电池中的电化学作用原理是一样的。

如图3-1-3所示，是锌和铜在稀硫酸溶液中所构成的电池。因为锌的电极电位比铜低，所以锌不断以离子状态进入溶液，将电子遗留在金属锌上。这是一个失去电子的氧化反应，称为阳极反应。阳极反应是锌被溶解。

阳极反应产生的电子经过外部导线可以移到铜片处，在铜极上电子被吸收电子的物质——H^+所吸收，结果在铜片上放出氢气。

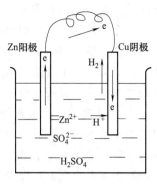

图 3-1-3　Zn-Cu 电池

$$2H^+ + 2e \longrightarrow H_2 \uparrow$$

这是一个得电子的还原反应，称为阴极反应。在这一电池反应中，锌片不断被溶解，即锌片被腐蚀了。

大多数情况下，金属表面组织结构是不均匀的，其电化学性能也是不同的，即相邻两个区域的电极电位是不同的。在腐蚀介质中，金属表面存在许多局部的微电池，而使金属受到腐蚀。

（3）常见的腐蚀破坏形式　金属材料常见的腐蚀破坏的形式有多种，如图 3-1-4 所示，对应于化学腐蚀机理的腐蚀形式称为均匀腐蚀，以及高温条件下的气体腐蚀；对应于电化学腐蚀机理的腐蚀形式称为区域腐蚀。

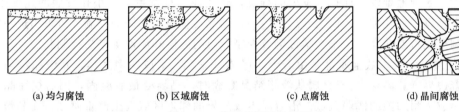

(a) 均匀腐蚀　　　(b) 区域腐蚀　　　(c) 点腐蚀　　　(d) 晶间腐蚀

图 3-1-4　常见的腐蚀破坏形式

① 均匀腐蚀。腐蚀遍布金属结构的整个表面上，腐蚀的结果是质量减少，壁厚减薄，也称全面腐蚀。控制全面腐蚀，可以通过设计时增加设备的壁厚和使用表面涂层来保证设备具有一定的寿命。

② 局部腐蚀。腐蚀只集中局部区域而大部分金属表面几乎不被腐蚀。在化工生产中，局部腐蚀对设备和人身安全的危害比全面腐蚀大得多，预测和防止也比较困难，许多突发的恶性事故都是由局部腐蚀引起的，因此要重视局部腐蚀。以下介绍几种局部腐蚀发生的条件和防腐蚀的措施。

a. 电偶腐蚀。两种不同金属在同一腐蚀介质中接触时，原来电极电位较负的金属因接触而引起腐蚀速度增大的现象称为电偶腐蚀，也称双金属腐蚀。例如，在换热器碳钢管板与铜换热管胀接处，碳钢管道与不锈钢阀门连接处等，碳钢件会受到电偶腐蚀。因此，应尽量避免不同电极电位的金属材料直接接触，或者用绝缘材料隔开相接触的两种金属材料，以防电偶腐蚀。

b. 缝隙腐蚀。在腐蚀介质中，由于金属与金属，或金属与非金属之间形成很小的缝隙，使缝内液相介质处于滞流状态，缝内介质的浓度与缝外流动良好的介质的浓度有差别，电极电位有不同，从而形成浓差电池，这样引起的缝内金属的加速腐蚀，称为缝隙腐蚀。能产生缝隙腐蚀的缝隙宽度一般为 0.025～0.1mm，实际生产中，这样的缝隙是常见的，因此缝隙腐蚀是十分普遍的。例如，法兰的连接面间，螺母或螺钉头的底面，灰尘、污物或锈层沉积在金属表面所形成缝隙以及未经胀贴的换热管与管板孔间的间隙内，都有可能由于积存少量静止的腐蚀介质而产生缝隙腐蚀。几乎所有的金属在各种介质中，都可能发生缝隙腐蚀，但不同的金属在不同介质中产生缝隙腐蚀的趋势不同。例如，在含有氯化物的中性介质中，易钝化的金属（如不锈钢和铝等）最易发生缝隙腐蚀，一般情况下，溶液的温度越高，越容易引起缝隙腐蚀。防止缝隙腐蚀，首先要合理进行结构设计，尽量避免狭缝结构和液体滞流区。当结构设计中缝隙不可避免时，宜采用含有缓蚀剂的密封剂进行密封，或用不吸湿的有机聚合物膜片、橡胶等填实缝隙。

③ 小孔腐蚀。在金属的大部分表面不发生腐蚀（或腐蚀轻微）时，只在局部区域出现向深处发展的腐蚀小孔，这种腐蚀形态称为小孔腐蚀，也称孔蚀或点蚀。所形成的腐蚀小孔，孔口直径一般小于2mm。孔蚀多发生在设备表面的水平面上，蚀孔沿重力方向生长。少数发生在垂直面上，极少数发生在设备底部水平面上。在实践中发现，容易钝化的金属或合金，如不锈钢、铝和铝合金等，在含有氯离子的介质中经常发生孔蚀。碳钢在表面有氧化皮或锈层有孔隙的情况下，在含氯离子的水中也会出现孔蚀现象，但实践证明碳钢比不锈钢的抗孔蚀能力强。介质温度升高会增加孔蚀的速度，而增大液体介质的流速，却使孔蚀减速。例如，不锈钢泵在静止的海水中会发生孔蚀，而在运转中不易产生孔蚀。孔蚀是破坏性和隐患最大的腐蚀形态之一。由于蚀孔很小且常被腐蚀产物覆盖，孔蚀难以被发现，又因设备失重很少，宏观上难以估计孔蚀发展的程度，且孔蚀一旦发生，其小孔发展的速度很快，常使设备突然发生穿孔破坏，而引起严重后果，因此要重视对孔蚀的控制。可采用选择耐孔蚀的材料制造设备或在介质中添加缓蚀剂及控制介质的温度和流速等方法控制孔蚀。

④ 晶间腐蚀。大多数金属都是由若干小晶体（晶粒）组成的多晶体，其中晶粒与晶粒之间存在着边界（晶界）。由于金属从液相结晶凝固时，晶界处最后凝固，因而往往晶界处杂质较多，成为耐腐蚀的薄弱区域。沿着晶界或晶界的邻近区域发生严重腐蚀，而晶粒本身腐蚀轻微，这种腐蚀形态被称为晶间腐蚀。晶间腐蚀使晶粒之间的结合力大大降低，严重时可使材料的机械强度完全丧失，虽然金属外表似乎没有变化，但金属材料已经发不出清脆的金属声音，在稍大力量的打击下，金属材料可以破成碎块。由于晶间腐蚀不易被发现，所以容易造成设备的突然破坏，危害很大。不锈钢、镍基合金、铝合金等都是对晶间腐蚀敏感性高的材料。其中不锈钢的晶间腐蚀是其常见的腐蚀形态。防止晶间腐蚀的主要措施是从材料的化学成分上采取措施，如降低不锈钢的含碳量，在不锈钢中加入增强抗晶间腐蚀能力的合金元素等。

⑤ 应力腐蚀破裂。在拉伸应力和特定腐蚀介质共同作用下发生的破坏称为应力腐蚀破裂。应力腐蚀破裂发生前没有明显征兆，而且几乎没有宏观的塑性变形，在材料所受应力远低于其许用应力时，突然发生材料脆性断裂，引起重大事故，危害极大。产生应力腐蚀的条件是必须存在一定的拉应力，拉应力的来源可以是载荷，也可以是设备制造过程中的残余应力，如焊接应力、形变应力、装配应力等，当拉应力大于产生应力腐蚀临界应力值时才会产生应力腐蚀；金属本身对应力腐蚀有敏感性，一般来讲，合金和含有杂质的金属比纯金属容易产生应力腐蚀，存在能引起该金属发生应力腐蚀的特定介质，每种合金的应力腐蚀只发生在某些特定的介质中。

3. 材料防腐措施

（1）隔离腐蚀介质　金属防腐隔离材料有金属材料和非金属材料两大类。非金属隔离材料主要有涂料（如涂刷酚醛树脂）、块状材料衬里（如衬耐酸砖）、塑料或橡胶衬里（如碳钢内衬氟橡胶）等。金属隔离材料有铜（如镀铜）、镍（如化学镀镍）、铝（如喷铝）、双金属（如碳钢上压上不锈钢板）、金属衬里（碳钢上衬铅）等。

（2）电化学保护 用于腐蚀介质为电解质溶液、发生电化学腐蚀的场合，通过改变金属在电解质溶液中的电极电位，以实现防腐。有阳极保护和阴极保护两种方法。

① 阴极保护。阴极保护是将被保护的金属作为原电池的阴极，从而使其不遭受腐蚀。一种方法是：牺牲阳极保护法，它是将被保护的金属与另一电极电位较低的金属连接起来，形成一个原电池，使被保护金属作为原电池的阴极而免遭腐蚀，电极电位较低的金属作为原电池的阳极而被腐蚀［见图 3-1-5（a）］。另一种方法是外加电流保护法，它是将被保护的金属与直流电源的阴极相连，而将另一金属片与被保护的金属隔绝，并与直流电源的阳极相连，从而达到防腐的目的［见图 3-1-5（b）］。

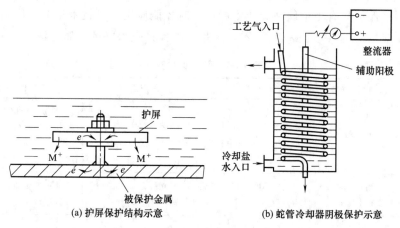

图 3-1-5 阴极保护

（a）护屏保护结构示意　　（b）蛇管冷却器阴极保护示意

阴极保护的使用已有很长的历史，在技术上较为成熟。这种保护方法广泛用于船舶、地下管道、海水冷却设备、油库以及盐类生产设备的保护；在化工生产中的应用也逐年增多，实例见表 3-1-1。

表 3-1-1 阴极保护实例

被保护设备	介 质 条 件	保护措施	保护效果
不锈钢冷却蛇管	11% Na_2SO_3 水溶液	石墨作辅助阳极保护电流密度 $80mA/m^2$	无保护时，使用 2～3 月腐蚀穿孔。有保护时，使用 5 年以上
不锈钢制化工设备	100℃ 稀 H_2SO_2 和有机酸的混合液	阳极：高硅铸铁，保护电流密度：$0.12～0.15A/m^2$	原来一年内焊缝处出现晶间腐蚀，阴极保护后获得防止
碳钢制碱液蒸发锅	110～115℃，23%～40% NaOH 溶液	阳极：无缝钢管，下端装有 $\phi200mm$ 的环形圈。集中保护下部焊缝，保护电流密度 $3A/m^2$，保护电位 5V	保护前 40～50 天后焊缝处产生应力腐蚀破裂，保护后 2 年多未发现破裂
浓缩槽的加热蛇管	$ZnCl_2$、NH_4Cl 溶液	阳极：铅	保护前钢的腐蚀引起产品污染变色。保护后防止了钢的腐蚀，提高了产品质量

被保护设备	介质条件	保护措施	保护效果
钢制蛇管	110℃,54%～70%$ZnCl_2$溶液	牺牲阳极保护,阳极:锌	使用寿命由原来的6个月延长至一年
铅管	HCl和$ZnCl_2$溶液	牺牲阳极保护,阳极:锌	延长设备寿命2年
衬镍的结晶器	100℃的卤化物	牺牲阳极保护,阳极:镁	解决衬镍腐蚀影响产品质量的问题

② 阳极保护。阳极保护是把被保护设备接直流电源的阳极,让金属表面生成钝化膜起保护作用。阳极保护只有当金属在介质中能钝化时才能应用,且技术复杂,使用得不多。但从有限的几个应用实例(见表3-1-2)看,这是一种保护效果好的防腐方法。

表 3-1-2 阳极保护实例

被保护设备	设备材料	介质条件	保护措施	保护效果
有机酸中和罐	不锈钢	在20%NaOH中加入RSO_3H进行中和	铂阴极,钝化区电位范围250mV	保护前有孔蚀。保护后孔蚀大大减小。产品含铁由250×10^{-6}～300×10^{-6}减至16×10^{-6}～20×10^{-6}
纸浆蒸煮锅	碳钢,高12m直径2.5m	NaOH 100g/L,Na_2S 5g/L,180℃	建立纯态4000A,维持钝态600A	腐蚀速度由1.9mm/a,降至0.26mm/a
废硫酸储槽	碳钢	<85%H_2SO_4,含有机物,27～65℃		保护度日4%以上
H_2SO_4储槽	碳钢	89%H_2SO_4		含量从140×10^{-6}降至2×10^{-6}～4×10^{-6}
H_2SO_4槽加热盘管	不锈钢面积仅0.36m^2	100～120℃,70%～90%H_2SO_4	钼阴极	保护前腐蚀严重,经140h保护后,表面和焊缝均很好

(3) 缓蚀剂保护 向腐蚀介质中添加少量的物质,这种物质能够阻滞电化学腐蚀过程,从而减缓金属的腐蚀,该物质称为缓蚀剂。通过使用缓蚀剂而使金属得到保护的方法,称为缓蚀剂保护。

按照对电化学腐蚀过程阻滞作用的不同,缓蚀剂分为三种。

① 阳极型缓蚀剂。这类缓蚀剂主要阻滞阳极过程,促使阳极金属钝化而提高耐腐蚀性,故多为氧化性钝化剂,如铬酸盐、硝酸盐等。值得注意的是,使用阳极型缓蚀剂时必须够量,否则不仅起不了保护作用,反而会加速腐蚀。

② 阴极型缓蚀剂。这类缓蚀剂主要阻滞阴极过程。例如,锌、锰和钙的盐类如$ZnSO_4$、$MnSO_4$、$Ca(HCO_3)_2$等,能与阴极反应产物OH^-作用生成难溶性的化合物,它们沉积在阴极表面上,使阴极面积减小而降低腐蚀速度。

③ 混合型缓蚀剂。这类缓蚀剂既能阻滞阴极过程,又能阻滞阳极过程,从而使腐蚀得到缓解。常用的有铵盐类、醛(酮)类、杂环化合物、有机硫化物等。

目前在酸洗操作和循环冷却水的水质处理中,缓蚀剂用得最普遍。而在化学工业中缓蚀剂的应用还不多。

分课题三 化工容器的基本结构和附件

一、内压容器封头

1. 常用封头的形式

封头按其形状可分为三类：凸形封头、锥形封头和平板形封头，如图 3-1-6 所示。其中凸形封头包括半球形封头、球冠形封头、碟形封头和椭圆形封头四种。锥形封头分为无折边的与带折边的两种。平板形封头根据它与筒体连接方式的不同也有多种结构。

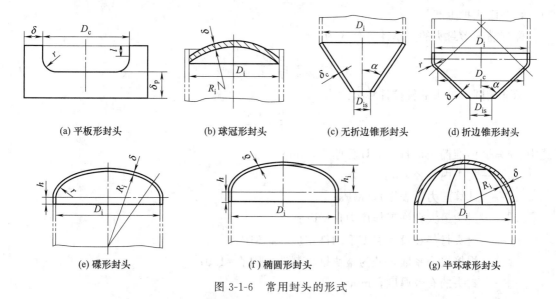

| (a) 平板形封头 | (b) 球冠形封头 | (c) 无折边锥形封头 | (d) 折边锥形封头 |

| (e) 碟形封头 | (f) 椭圆形封头 | (g) 半环球形封头 |

图 3-1-6 常用封头的形式

在化工生产中最先采用的是平板形、球冠形及无折边锥形封头，这几种封头加工制造比较容易，但当压力较高时，不是在平板中央，就是在封头与筒体连接处产生变形甚至破裂，因此，这几种封头只能用于低压。

为了提高封头的承压能力，在球冠形封头或无折边锥形封头与筒体相连接的地方加一段小圆弧过渡，就形成了碟形封头与带折边的锥形封头。这两种封头所能承受的压力与不带过渡圆弧相比，要大得多。

随着生产的进一步发展，要求化学反应在更高的压力下进行，这就出现了半球形与椭圆形的封头。

在封头形状发展的过程中，从承压能力的角度来看，半球形、椭圆形最好，碟形、带折边的锥形次之，而球冠形、不带折边的锥形和平板形较差。不同形状的封头之所以承压能力不同，主要是因为它们与筒体之间的连接不同，导致边缘应力大小不同所致。

在筒体与封头的连接处，筒体的变形和封头的变形不相协调，互相约束，自由变形受到限制，这样就在连接处出现局部的附加应力，这种局部附加应力称为边缘应力。边缘应力大小随封头形状不同而异，但其影响范围都很小，只存在于连接边缘附近的局部区域，离开连接边缘稍远一些，边缘应力迅速衰减，并趋于零。正因为如此，在工程设计中，一般只在结构上做局部处理，如改善连接边缘的结构，对边缘局部区域进行加强，提高边缘区域焊接接头的质量及尽量避免在边缘区域开孔等。

2. 标准椭圆形封头及选用

椭圆形封头因边缘应力小，承压能力强，获得了广泛的应用。椭圆形封头［见图 3-1-6（f）］由两部分组成：半椭球和高度为 A 的直边。设置直边部分使椭球壳和圆筒的连接边缘与封头和圆筒焊接连接的接头错开，避免了边缘应力与热应力叠加的现象，改善了封头与圆筒连接处的受力状况。直边高度的大小按封头的直径和厚度不同，有 25mm、40mm、50mm 三种，对椭圆形封头来说，随着 $D_i/2h_i$ 值的变化，封头的形状在改变。当 $D_i/2h_i=1$ 时，就是半球形封头；当 $D_i/2h_i=2$ 时，理论分析证明，此时椭圆形封头的应力分布较好，且封头的壁厚与相连接的筒体壁厚大致相等，便于焊接，经济合理，所以我国将此定为标准椭圆形封头，并已成批生产。

标准椭圆形封头的壁厚计算公式为

$$\delta=\frac{p_c D_i}{2[\sigma]^t\phi-0.5p_c}$$

标准椭圆形封头的校核计算公式为

$$[p_w]=\frac{2[\sigma]^t\phi\delta_e}{D_i+0.5\delta_e}$$

式中　δ——标准椭圆形封头的计算厚度，mm；

　　　D_i——封头内直径，mm；

　　　p_c——计算压力（表压），MPa；

　　$[p_w]$——封头最大允许工作应力，MPa；

　　$[\sigma]^t$——封头材料在设计温度下的许用应力，MPa；

　　　ϕ——焊接接头系数，若为整块钢板制造，则 $\phi=1.0$；

　　　δ_e——封头的有效厚度，mm。

3. 半球形封头

半球形封头即为半个球壳［见图 3-1-6（g）］，它的受力情况要好于椭圆形封头，但因其深度大，当直径较小时采用整体冲压制造较困难，因此，中小直径的容器很少采用半球形封头。对于大直径（$D_i>2.5$m）的半球形封头，通常将数块钢板先在水压机上用模具压制成型后，再进行拼焊。

半球形封头的壁厚计算与球形容器相同，即

$$\delta=\frac{p_c D_i}{4[\sigma]^t\phi-p_c}$$

式中各参数的意义同式（3-3）。

由式（3-4）计算所得的半球形封头的壁厚只有圆筒体壁厚的一半，但是在实际生产中，考虑封头上开孔对强度的削弱，封头与筒体对焊的方便，以及降低封头和筒体连接处的边缘应力，半球形封头的壁厚通常取与圆筒体的壁厚相同。

4. 碟形封头

碟形封头由三部分组成：以 R_i 为半径的部分球面、以 r 为半径的过渡圆弧即折边和直边［见图 3-1-6（e）］。

碟形封头的球面区半径 R_i 越大，过渡圆弧的半径 r 越小，即 R_i/r 越大，则封头的深度将越浅，制造方便，但是边缘应力也越大。G13150—1998 中推荐取 $R_i=0.9D_i$，$r=0.17D_i$（也可认为是标准碟形封头），这时球面部分的壁厚与圆筒相近，封头深度也不大，便于制造。在碟形封头中设置直边部分的作用与椭圆形封头相同。

碟形封头壁厚计算公式为

$$\delta=\frac{Mp_cR_i}{2[\sigma]^t\phi-0.5p_c}$$

碟形封头校核计算公式为

$$[p_w]=\frac{2[\sigma]^t\phi\delta_e}{MR_i+0.5\delta_e}$$

式中　R_i——碟形封头球面部分内半径，mm；

　　　M——碟形封头形状系数，可查表确定，对于 $R_i=0.9D_i$、$r=0.17D_i$ 的碟形封头，$M=1.33$。

其他符号含义与椭圆形封头相同。

5. 锥形封头

锥形封头广泛用作许多化工设备的底盖，它的优点是便于收集并卸除这些设备中的固体物料，避免凝聚物、沉淀等堆积和利于悬浮、黏稠液体排放。此外，有一些塔设备下部分的直径不等，也常用圆锥形壳体将直径不等的两段塔体连接起来，它使气流均匀。这时的圆锥形壳体叫做变径段。

锥形封头分为两端都无折边［见图 3-1-6（c）］、大端有折边而小端无折边［见图 3-1-6（d）］、两端都有折边三种形式。工程设计中根据封头半顶角的不同采用不同的结构形式：当半顶角 $\alpha\leqslant30°$ 时，大、小端均可无折边；当半顶角 $30°<\alpha\leqslant45°$ 时，小端可无折边，大端须有折边；当 $45°<\alpha\leqslant60°$ 时，大、小端均须有折边；当半顶角 $\alpha>60°$ 时，按平板形封头考虑或用应力分析方法确定。折边锥形封头的受力状况优于无折边锥形封头，但制造困难。

无折边锥形封头锥体厚度设计公式为

$$\delta_c=\frac{p_cD_i}{2[\sigma]^t\phi-p_c}\times\frac{1}{\cos\alpha}$$

式中　δ_c——锥体部分计算厚度，mm；

　　　p_c——计算压力，MPa；

　　　D_i——封头大端内直径，mm；

　　　$[\sigma]^t$——封头材料在设计温度下的许用应力，MPa；

　　　ϕ——焊接接头系数，若为整块钢板制造，则 $\phi=1.0$；

　　　α——锥形封头半顶角，(°)。

对无折边锥形封头来说，锥体大、小端与筒体连接处存在着较大的边缘应力，由于边缘应力的影响，有时按上式计算的壁厚仍然强度不足，需要加强。关于无折边锥形封头大、小端的加强计算及折边锥形封头的设计计算可参见有关标准。

6. 平板形封头

平板形封头也称为平盖，是各种封头中结构最简单、制造最容易的一种。与承受内压的圆筒体和其他形状的封头不同，平板形封头在内压作用下发生的是弯曲变形，平板形封头内存在数值比其他形状封头大得多且分布不均匀的弯曲应力。因此，在相同情况下，平板形封头比各种凸形封头和锥形封头的厚度要大得多。由于这个缺点，平板形封头的应用受到很大限制。

平板形封头的壁厚计算公式为

$$\delta_{\mathrm{p}} = D_{\mathrm{c}} \sqrt{\frac{K p_{\mathrm{c}}}{[\sigma]^{\mathrm{t}} \phi}}$$

式中 δ_{p}——平板形封头的计算厚度，mm；

K——平盖系数，随平板形封头结构不同而不同，查有关标准确定；

D_{c}——平板形封头计算直径［见图 3-1-6（a）］，mm。

其他符号同前。

二、法兰联接

由于生产工艺要求，或为了制造、运输、安装检修方便，化工设备和管道常常采用可拆式连接结构。如：法兰连接、螺纹连接、插套连接等。其中法兰连接是一种应用最广的可拆式连接。

1. 法兰联接结构与密封原理

法兰密封结构如图 3-1-7 所示。由被连接件（一对法兰）、连接件（若干螺栓、螺母）、密封元件（垫片）组成。

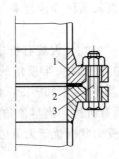

防止介质泄漏的基本出发点是在连接口处增加流体流动的阻力，当压力介质通过密封口的阻力降大于密封口两侧的介质压力降时，介质就被密封住。

法兰密封是法兰通过紧固螺栓压紧垫片实现的。密封工作时其泄漏可能产生在界面（即垫片与法兰的间隙），另外就是垫片本身材料的空隙中渗漏，所以分别称为"压紧面泄漏"和"渗透泄漏"，其中以第一种为主。

图 3-1-7 法兰密封结构
1—法兰；2—垫片；3—螺栓、螺母

预紧时螺栓预紧力通过法兰压紧面作用到垫片上，使垫片发生弹性或塑性变形，以填满法兰面上的不平间隙，从而阻止流体泄漏。操作时要使得密封元件在操作压力作用下，仍然保持一定残余压紧力，这时候密封比压值至少不少于工作密封比压值。

2. 法兰的分类

（1）按法兰接触面分为窄面法兰、宽面法兰

如图 3-1-8 所示，前者整个接触面在螺栓孔内，如榫槽面；后者法兰接触面在中心圆的内外两侧，螺栓从垫片中穿过，用于中低压或垫片较软的场合，如平面、凹凸面。

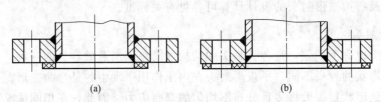

(a)　　　　　　　　　　　(b)

图 3-1-8 窄面法兰与宽面法兰

（2）按法兰与设备或管道的联接方式划分

① 整体法兰。如图 3-1-9 所示，将法兰与壳体锻或铸成一体或全焊透，典型的整体法兰有一个锥形的颈脖，故又称高（长）颈法兰。法兰受力后会使容器产生附加弯曲应力。

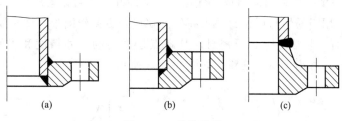

(a)　　　　　(b)　　　　　(c)

图 3-1-9　整体法兰

② 松套法兰。如图 3-1-10 所示，法兰不直接固定在壳体上或虽然固定而不能保证法兰与壳体作为一个整体承受螺栓载荷的结构。

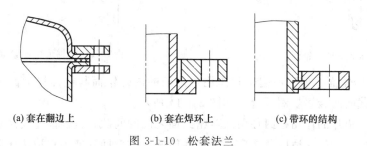

(a) 套在翻边上　　　(b) 套在焊环上　　　(c) 带环的结构

图 3-1-10　松套法兰

③ 螺纹法兰。如图 3-1-11 所示，法兰和管壁通过螺纹进行连接，法兰对管壁产生的附加应力较小，常用于高压管道。

3. 影响法兰密封的因素

（1）螺栓预紧力

① 预紧力不能过大，也不能过小。过大会使垫片压坏或挤出；过小会达不到垫片压紧并实现初始密封条件。

② 适当提高预紧力，可以增加垫片的密封能力。因为：使渗透性垫片材料的毛细管孔隙减小。

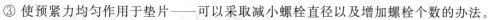

图 3-1-11　螺纹法兰

③ 使预紧力均匀作用于垫片——可以采取减小螺栓直径以及增加螺栓个数的办法。

（2）压紧面（密封面）型式（见图 3-1-12）

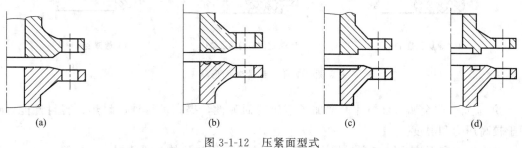

(a)　　　　　(b)　　　　　(c)　　　　　(d)

图 3-1-12　压紧面型式

① 平面型压紧面。压紧面的表面为平面或带沟槽的平面。优点：结构简单，加工方便。缺点：接触面积大，需要的预紧比压大，螺栓承载大，故法兰等零件要求高、笨重，垫片易

挤出，密封性能较差。使用压力 $p \leqslant 2.5\mathrm{MPa}$，有毒、易燃、易爆介质中不能使用。

② 凹凸型。由一个凹面和一个凸面配合组成。垫片放凹面中。优点：便于对中，能防垫片挤出。可用在 $p \leqslant 6.4\mathrm{MPa}$，$DN \leqslant 800\mathrm{mm}$。

③ 榫槽型。一榫一槽密封面组成，优点是对中性好，密封预紧压力小，垫片不易挤出，也不受介质冲刷，用于易燃易爆密封要求高处。缺点是更换较困难，榫易损坏。

④ 锥形压紧面。通常用于高压密封，其缺点是需要的尺寸精度和表面粗糙度要求高。须与透镜垫片配合，常用于高压管路。如图 3-1-13 所示。

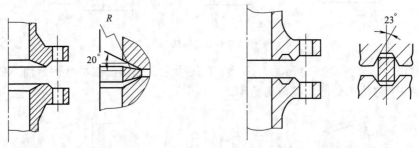

图 3-1-13　锥形压紧面　　　　　图 3-1-14　梯形槽压紧面

⑤ 梯形槽压紧面。槽底不起密封作用，是槽的内外锥面与垫片接触而形成密封的，与椭圆或八角形截面的金属垫圈配合。如图 3-1-14 所示。

（3）垫片　垫片的作用是封住两法兰密封面之间的间隙，其性能主要考虑变形能力和回弹能力，回弹能力大的，适应范围广，密封性能好，注意回弹能力仅取决于弹性变形，与塑性变形无关。常用垫片按材料分为三种。

① 非金属垫片。橡胶、石棉橡胶、聚四氟乙烯和膨胀石墨，断面形状一般为平面或 O 形，柔软，耐腐蚀，但使用压力较低，耐温度和压力的性能较金属垫片差。

② 金属垫片。$p \geqslant 6.4\mathrm{MPa}$，$t \geqslant 350\,^{\circ}\mathrm{C}$ 时，一般都采用金属垫片或垫圈，材料有软铝、钢、铁、铬钢和不锈钢等。断面形状有平面形、波纹形、齿形、椭圆形和八角形等，一般要求软韧，并不要求强度高，对压紧面的加工质量和精度要求较高。如图 3-1-15 所示。

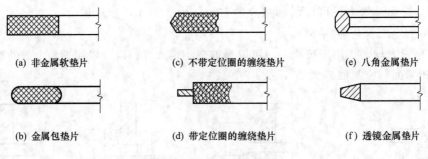

(a) 非金属软垫片　　　(c) 不带定位圈的缠绕垫片　　　(e) 八角金属垫片

(b) 金属包垫片　　　(d) 带定位圈的缠绕垫片　　　(f) 透镜金属垫片

图 3-1-15　垫片断面形状

③ 金属—非金属组合垫片。增加了金属的回弹性，提高了耐蚀、耐热、密封性能，适用于较高压力和温度。

操作压力和温度是影响密封的主要因素，也是选用垫片的主要依据。

（4）法兰刚度　法兰刚度不足，导致过大的翘曲变形，往往是导致密封失效的原因。刚性大的，法兰变形小，并可以使分散分布的螺栓力均匀地传给垫片，故可以提高密封性能。

法兰刚度的提高措施主要有增加法兰厚度、减小螺栓力作用的力臂（即缩小中心圆直径）、增大法兰盘外径。

（5）操作条件 指压力、温度、介质。单纯的压力或介质因素对泄漏的影响并不是主要的，但当压力、介质和温度联合作用时，问题会显得严重。

4. 法兰标准及选用

（1）法兰的标准 我国现行法兰标准有两种：一个是压力容器法兰标准（JB 4700～4707—2000）；另一个是管法兰标准（GB/T 9112—2000）。在设计时，只需按所给的工艺条件就可以从标准中查到相应的标准法兰，直接加以引用。

法兰连接的基本参数是公称直径和公称压力。法兰的公称直径 DN 就是与其相配的筒体、封头或管道的公称直径。

对于压力容器法兰，公称直径 DN 就是与其相配的筒体或封头的公称直径，也就是筒体或封头的内径。例如公称直径 $DN1000$ 的筒体，应当选配公称直径 $DN1000$ 的压力容器法兰，筒体或封头的内径为 1000mm。对于管法兰，公称直径 DN（为了与各类管件的叫法相一致，也称为公称通径）指的是与其相连接的管子的名义直径，也就是管件的公称通径。

法兰的公称压力 PN 表示法兰连接的承载能力。我国在制定压力容器法兰标准时，将法兰材料 16MnR（即 Q345）在工作温度 200℃时的最大允许工作压力值规定为公称压力。如果法兰材料不是 16MnR，工作温度不是 200℃，由于材料许用应力值的不同，法兰的允许工作压力值也将不同，有时允许工作压力值可能高于公称压力。不同类型压力容器法兰在不同材料和不同温度时的允许工作压力可从相关手册中查取。

管法兰公称压力的规定与压力容器法兰不同。当公称压力 $PN \leqslant 4.0\text{MPa}$ 时，公称压力是指 20 钢制造的法兰在 100℃时所允许的最高无冲击工作压力；当公称压力 $PN \geqslant 6.3\text{MPa}$ 时，公称压力是指 16Mn 钢制造的法兰在 100℃时所允许的最高无冲击工作压力。无论选用何种材料的法兰，管法兰的最高无冲击工作压力在任何条件（工作温度、法兰材料）下，都不超过其公称压力，这一点与压力容器法兰不同。

选用标准法兰时应按设计压力选择法兰公称压力，应使在工作温度下法兰材料的允许工作压力不小于设计压力，由此确定法兰的公称压力等级。

在工程应用中，除特殊工作参数和结构要求的法兰需要自行设计外，一般都选用标准法兰，这样可以减少压力容器设计计算量，增加法兰互换性，降低成本，提高制造质量。因此，要合理选用标准法兰，确定法兰的类型、材料、公称直径、公称压力、密封面的形式，垫片的类型、材料及螺栓、螺母的材料等。

（2）压力容器法兰的选用 压力容器法兰分为平焊法兰和对焊法兰。其中平焊法兰又分甲、乙两种型式。

① 平焊法兰。图形与标准号如图 3-1-16 和图 3-1-17 所示。

乙型法兰带有一个短筒体，因此刚性较甲型法兰好，可用于压力较高，直径较大的场合。焊缝型式：甲型为 V 形坡口，乙型为 U 形坡口，因此乙型更易焊透，故其强度和刚度更高。

② 对焊法兰。图形与标准号如图 3-1-18 所示。由于有长颈，并采用对焊，刚性更好，用于压力更高处。

压力容器法兰的选用步骤如下：

① 由法兰标准中的公称压力等级和容器设计压力，按设计压力小于等于公称压力的原

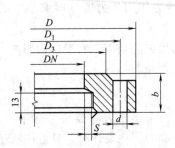

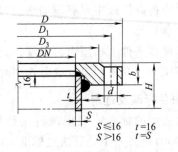

图 3-1-16 甲型平焊法兰（JB 4701—92）　　　图 3-1-17 乙型平焊法兰（JB 4702—92）

则就近选择公称压力，若设计压力非常接近这一公称且设计温度高于 200℃，则可就近提高一个公称压力等级，这样初步确定法兰的公称压力。

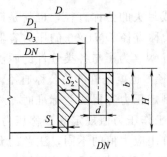

图 3-1-18 长颈对焊法兰
（JB 4703—92）

② 由法兰公称压力直径、容器设计温度和以上初定的公称压力查相关手册，并考虑不同类型法兰的适用温度，初步确定法兰的类型。

③ 由工作介质特性确定密封面型式。

④ 由介质特性、设计温度，结合容器材料对照标准中规定的法兰常用材料确定法兰材料。

⑤ 由法兰类型、材料、工作温度和初定的公称压力查相关标准，确定其允许的最大工作压力。

⑥ 若所选法兰最大允许工作压力大于等于设计压力，则原初定的公称压力就是所选法兰的公称压力；若最大允许工作压力小于设计压力则调换优质材料或提高公称压力等级，使得最大允许工作压力大于等于设计压力，从而最后确定出法兰的公称压力和类型（有时公称压力提高会引起类型的改变）。

⑦ 由法兰类型及工作温度查相关标准，确定垫片、螺柱、螺母的材料。

⑧ 由法兰类型、公称直径（公称压力查阅 JB 4701～4703—92）确定具体尺寸。

法兰选定后应予标记。法兰标记方法如下：

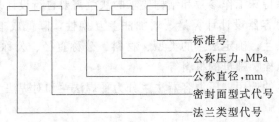

标记示例：

公称压力 1.6MPa，公称直径 800mm 的衬环榫槽密封面乙型平焊法兰中的榫面法兰。

法兰 C—S　800—1.6　JB 4702—92

（3）**管法兰的选用**　管法兰的选用与压力容器法兰的选用方法基本相同，具体步骤如下。

① 确定管法兰的公称直径。管法兰的公称直径就是与管法兰相连的接管公称尺寸，根据接管公称直径确定法兰的公称直径。

② 确定管法兰材质。根据介质特性、设计温度，结合管道材料选定。

③ 确定管法兰的公称压力等级。根据管法兰的材质和工作温度，按照设计压力不得高于对应工作温度下最高无冲击工作压力的原则，查管法兰的最高无冲击压力表确定出管法兰的公称等级。

④ 根据公称压力和公称直径确定法兰类型和密封面型式。

⑤ 根据工作温度、公称直径、公称压力和法兰类型查表确定垫片类型和材料，以及螺栓、螺柱材料。

⑥ 根据法兰类型、公称直径、公称压力查表 HG20592～20635—1997，确定法兰的具体结构尺寸。

管法兰选定后应予以标记。

三、容器支座

支座是承受容器和固定容器不可缺少的部件，在某些场合下还要承受操作时的振动、地震载荷，以及户外的还要承受风载荷。支座一般分为两大类：卧式容器支座和立式容器支座。

1. 卧式容器支座

卧式容器支座分为三种：鞍座、圈座和腿式支座。

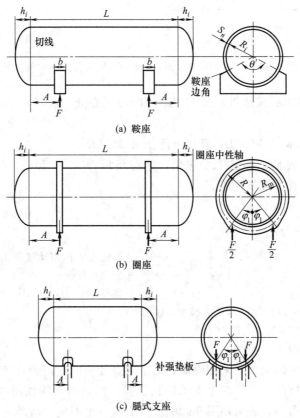

图 3-1-19　卧式容器典型支座

(1) 鞍座如图 3-1-19 (a) 所示。鞍座：应用最广泛，卧式储槽和热交换器上应用较广。DN1000～2000mm 轻型带垫板包角 120°的鞍座见图 3-1-20。

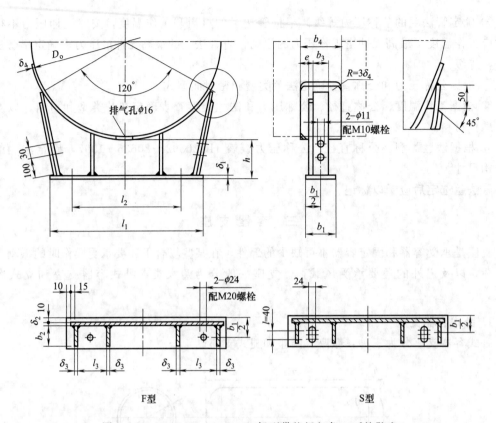

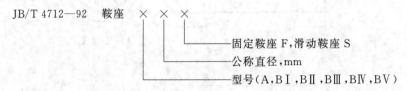

图 3-1-20　$DN1000 \sim 2000$mm 轻型带垫板包角 $120°$的鞍座

① 受力。最大剪力：鞍座处；最大弯矩：筒体中心处。所以，危险截面出现在两支座中心处和鞍座处。

② 鞍座的最佳位置 $A \leqslant 0.2L$，且尽可能使 $A \leqslant 0.5R_i$。

③ 标准。A——轻型，都是 $120°$包角，都有垫板。B——重型，有 $120°$ 和 $150°$两种包角，有带垫板的，也有不带垫板的。

具体标记方法如下：

JB/T 4712—92　鞍座　×　×　×

固定鞍座 F,滑动鞍座 S
公称直径,mm
型号(A,BⅠ,BⅡ,BⅢ,BⅣ,BⅤ)

如公称直径为 2600mm 的轻型（A 型）鞍座，标记为：

JB/T 4712—92　鞍座 A2600—F

JB/T 4712—92　鞍座 A2600—S

（2）圈座　在下列情况下可采用圈座：对于大直径薄壁容器和真空操作的容器，因其自身重量可能造成严重挠曲；多于两个支承的长容器。圈座的结构如图 3-1-19（b）所示。除常温常压下操作的容器外，若采用圈座时则至少应有一个圈座是滑动支承的。

（3）腿式支座　腿式支座简称支腿，结构如图 3-1-19（c）所示。因为这种支座在与容器壳壁连接处会造成严重的局部应力，故只适合用于小型设备（$DN \leqslant 1600$、$L \leqslant 5$m）。腿式支座的结构型式、系列参数等参见标准《腿式支座》（JB/T 4713—92）。

2. 立式容器支座

在直立状态下工作的容器称为立式容器，立式容器支座有耳式支座、支承式支座和裙式支座三种。

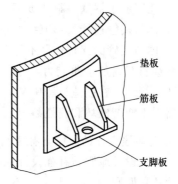

图 3-1-21 耳式支座

（1）耳式支座 耳式支座在立式容器中应用广泛。如图 3-1-21 所示，它是由两块筋板与容器筒体焊在一起。底板用地脚螺栓搁置并固定在基础上，为了加大支座的反力分布在壳体上的面积，以避免因局部应力过大使壳壁凹陷，必要时应在筋板和壳体之间放置加强垫板。

由于简单轻便，广泛用于中、小型立式设备，一般这些容器的高径比不大于 5，总高度不大于 10m。缺点是对器壁产生较大局部应力。

耳式支座分为 A 型（短臂）和 B 型（长臂）两种，都可带垫板或不带垫板（AN、BN），B 型支座有较宽安装尺寸，故当设备外面有保温层或者将设备直接放在楼板上时，用 B 型。

耳式支座的标记方法如下：

JB/T 4725—92 耳座 × ×

支座号（1～8）

型号（A,AN,B,BN）

如 A 型，不带垫板，3 号耳式支座，支座材料为 Q235—A·F。

标记示例：

JB/T 4725—92 耳座 AN3

（2）支承式支座 支承式支座一般是由两块竖板及一块底板焊接而成。竖板的上部加工成和被支承物外形相同的弧度，并焊于被支承物上。底板搁在基础上并用地脚螺栓固定。当荷重>4 吨时，还要在两块竖板的端部加一块倾斜支承板。

（3）裙式支座 裙式支座由裙座、基础环、盖板和加强筋组成，有圆筒形和圆锥形两种形式。常用于高大的立式容器。裙座上端与容器壁焊接，下端与搁在基础上的基础环焊接，用地脚螺栓加以固定。为便于装拆，基础环上装设地脚螺栓处开成缺口，而不用圆形孔，盖板在容器装好后焊上，加强筋焊在盖板与基础环之间。为避免应力集中，裙座上端一般应焊在容器封头的直边部分，而不应焊在封头转折处，因此裙座内径应和容器外径相同。

四、容器的开孔补强

1. 设备需开孔的装置

（1）设备的管口 设备与管道的联接，设备上测量、控制仪表的安装，都需要开孔，同时也是接管的接口；在设备上焊好接管后，需要考虑它的长度（150～200mm），便于安装、拆卸等。

（2）人孔、手孔 人孔、手孔属于一个部件，由公称压力、公称直径确定形状。人孔、手孔有椭圆形、长圆形、圆形（常用）。

2. 开孔应力集中现象

容器开孔后在孔边附件的局部地区，应力会达到很大的数值，这种局部的应力增长现象，叫做应力集中。在应力集中区域的最大应力值，称为应力峰值。产生原因主要有三个方面：

① 开孔削弱了器壁材料，破坏了原有应力分布并引起应力集中；

② 壳体与接管连接处形成结构不连续应力；

③ 壳体与接管的拐角处因不等截面过渡面引起应力集中。

这样会引起附加弯曲应力，导致的应力集中是原有基本应力的数倍，加上其他载荷作用，开孔接管结构在制造过程中又不可避免产生缺陷和残余应力，使开孔和接管的根部成为压力容器发生疲劳破坏和脆性裂口的薄弱部位，因此需要采取一定的补强措施。

3. 开孔补强设计的原则与补强结构

（1）补强设计原则　补强设计原则包括两个方面，一是等面积补强法的设计原则；二是塑性失效补强原则。

（2）补强形式　如图 3-1-22 所示，补强形式有：内加强平齐接管、外加强平齐接管、对称加强凸出接管、密集补强四种。

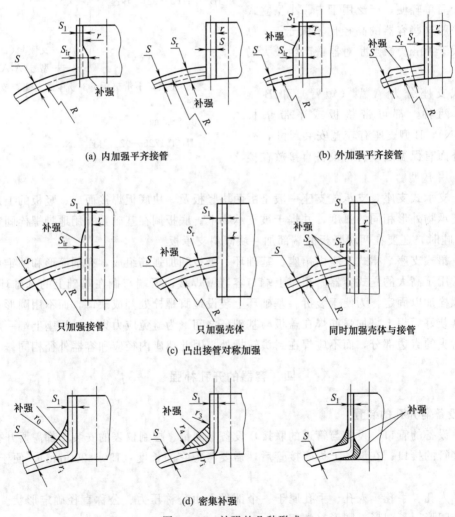

图 3-1-22　补强的几种形式

（3）补强结构　如图 3-1-23（a）所示，补强圈补强结构的优点是制造方便、造价低、使用经验成熟，常用于中、低压容器。缺点是会有应力集中，温差应力，抗疲劳能力差。

补强元件补强：如图 3-1-23（b）～（e）所示，将接管或壳体开孔附近需要加强的部分，做成加强元件，然后再与接管和壳体焊在一起。

整体补强结构：如图 3-1-23（f）、（g）所示，增加壳体的厚度，或用全焊透的结构型式将厚壁接管或整体补强锻件与壳体相焊。

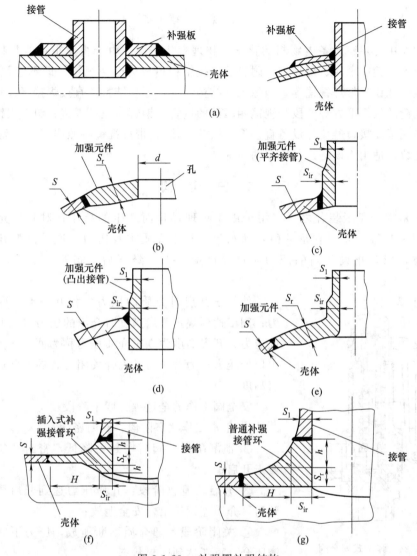

图 3-1-23　补强圈补强结构

壳体开孔满足下列全部条件要求时，可不另行补强：

① 设计压力≤2.5MPa；

② 两相邻开孔中心的间距应不小于两孔直径之和的两倍；

③ 接管公称外径≤89mm；

④ 按管最小壁厚应满足最小厚度要求。

分课题四　化工容器的安全附件

化工容器必须在一定的操作条件下运行，它的壳体与附件也是依据操作压力和温度进行设计和选择的，生产中如果出现操作压力和温度偏离正常值较大而又得不到合适的处理，则容易发生安全事故。为了保证化工容器的安全运行，必须对操作压力和温度进行监测，并安装遇到异常情况能及时处理的装置，这些装置即为安全附件。

一、视　镜

视镜的作用是观察设备内物料的化学、物理变化情况。由于视镜很可能与物料直接接触，所以要求试镜能承压、耐高温、耐腐蚀。按结构可分为凸像视镜（即不带颈视镜）、带颈视镜、组合视镜、带灯视镜等，凸像视镜结构简单，不易结料，直接焊接于设备上；带颈视镜是在视镜的接缘下方焊一段与视镜相匹配的钢管，钢管与设备焊接；组合视镜由设备接管的法兰与视镜相接，避免与设备直接焊（法兰连接）；带灯视镜将照明灯与视镜合二为一，可减小开孔数，适用于设备开孔较多的情况。

二、安　全　阀

安全阀是安全泄压装置之一，用于由于物理过程而产生的超压；对介质允许有微量泄漏。如图 3-1-24 所示，它是一种自动阀门，利用介质本身压力，通过阀瓣开启来排放额定的流体，以防止设备内的压力超过允许值，压力降下后，阀瓣自动关闭阻止介质排出。

使阀瓣开启时介质的压力（稍开一点）称为开启压力；阀瓣达到规定开启高度时介质的压力（全开）称为排放压力；开启高度为 0 时介质压力称为回座压力；安全阀出口处压力称为背压力；离开关闭位置的实际高度称为开启高度。

安全阀工作的全过程分四个阶段。

① 正常工作状态阶段：阀瓣密闭；

② 泄漏阶段：阀瓣密封力降低，密封开始泄漏，阀瓣未开启；

③ 开启、泄放阶段：介质压力达到开启压力时，阀开启，介质连续排出，安全泄放；

④ 关闭阶段：随介质不断泄放，压力下降，压力阀瓣闭合，重新达到密封状态。

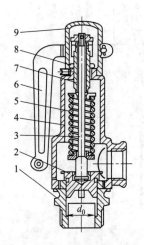

图 3-1-24　弹簧式安全阀
1—阀体；2—阀瓣；3—阀杆；
4—阀盖；5—弹簧；6—提升手柄；
7—调整螺杆；8—锁紧螺母；9—阀帽

安全阀按结构类型有弹簧式安全阀、带散热套安全阀、内装式安全阀、全启式安全阀等。

由于化工用容器内介质与锅炉不同，在设置安全阀时还应注意：新装安全阀，应有产品合格证；安装前，应由安装单位连续复校后加铅封，并出具安全阀校验报告。

① 当安全阀的入口处装有隔断阀时，隔断阀必须保持常开状态加铅封；

② 容器内装有两相物料，安全阀应安装在气相部分，防止排出液相物料发生意外；

③ 在存有可燃物料，有毒、有害物料或高温物料等系统，安全阀排放管应连接（有针对性的）安全处理设施，不得随意排放。

一般安全阀可就地放空，但要考虑放空管的高度及方向。

三、爆破片装置

它也是化工设备中的安全附件之一，适用于不允许有泄漏的各类介质。

普通式爆破片由爆破片或爆破片组件以及夹持皿构成；组合式爆破片由爆破片、夹持皿、背压托架、加强的保护膜、密封膜等组成。正常工作状态下是密封的，一旦超压，膜片爆破，介质迅速泄放。

爆破片是一种断裂型安全泄压装置，由于它只能一次性使用，所以其应用不如安全阀广泛，只用在安全阀不宜使用的场合。如：

① 放空口要求全量排放的工况。

② 不允许介质有任何泄漏的工况。各种安全阀一般总有微量泄漏。

③ 内部介质容易因沉淀、结晶、聚合等形式黏着物，妨碍安全阀正常动作的工况。

④ 系统内存在发生燃爆或者异常反应而使压力骤然增加的可能性的工况，这工况下弹簧式安全阀由于惯性而不适用。

爆破片的防爆效率取决于它的质量、厚度和泄压面积。化工容器应根据介质的性质、工艺条件及载荷特性等来选用爆破片。首先要考虑介质在工作条件（压力、温度等）下对膜片有无腐蚀作用，如果介质是可燃气体，则不宜选用铸铁或碳钢等材料制造的膜片，因为膜片破裂时产生火花，在器外易引起可燃气体的燃烧爆炸。

四、液 面 计

液面计是显示容器内液面位置变化情况的装置。盛装液化气体的储运容器，包括大型球形储罐、卧式储槽和槽车等，以及做液体蒸发用的换热容器，都应装设液面计以防止器内因满液而发生膨胀导致容器的超压事故。化工容器常用的液面计有玻璃管式和平板玻璃式两种。

1. 液面计选用的原则

（1）根据容器的工作压力选择 承压低的容器，可选用玻璃管式液面计；承压高的容器，可选用平板玻璃液面计。

（2）根据液体的透光度选择 对于洁净或无色透明的液体可选用透光式玻璃板液面计；对非洁净或稍有色泽的液体可选用反射式玻璃板式液面计。

（3）根据介质特性选择 对盛装易燃易爆或毒性程度为极度、高度危害介质的液化气体的容器，应采用玻璃板式液面计或自动液面指示计，并应有防止液面计泄漏的保护装置；对大型存储罐还应装设安全可靠的液面指示计。

（4）根据液面变化范围选择 液化气体槽车上可选用浮子（标）式液面计，不得采用玻璃管式或玻璃板式液面计。对要求液面指示平稳的，不应采用浮子（标）式液面计。盛装0℃以下介质的化工容器，应选用防霜液面计。

2. 液面计的维护

保持清洁，玻璃板（管）必须明亮清晰，液位清楚易见。经常检查液面计的工作情况，如气、液连接管旋塞是否处于开启状态，连管或旋塞是否堵塞，各连接处有无渗漏现象等，以保证液位正常显示。

液面计出现下列情况时，应停止使用：超过检验期、暴力板（管）有裂痕、破碎、阀件固死、经常出现假液位。

五、压　力　表

在化工生产过程中，常需要把压力控制在某一范围内，即当压力低于或高于给定范围时，就会破坏正常工艺条件，甚至可能发生危险。这时就应采用带有报警或控制触点的压力表。将普通弹簧管压力表稍加变化，便可成为电接点信号压力表，如图 3-1-25 所示，它能在压力偏离给定范围时，及时发出信号，以提醒操作人员注意或通过中间继电器实现压力的自动控制。

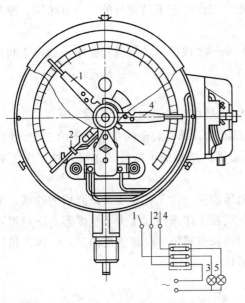

图 3-1-25　电接点信号压力表
1,4—静触点；2—动触点；3—绿灯；5—红灯

压力表是用以检测流体压力强度的测量仪表，最常见的压力表有弹簧式和活塞式两种。弹簧式压力表又有单弹簧管式、多圈螺旋形弹簧管式、薄膜式等多种，最常用的是单弹簧管式压力表。选用压力表时，必须与化工容器内的介质相适应。如当工作介质有腐蚀作用时，应选用薄膜式压力表。低压容器使用的压力表精度不应低于 2.5 级；中压及高压容器的压力表精度不应低于 1.5 级。压力表盘刻度极限值为最高工作压力的 1.5～3.0 倍，最好选用 2 倍。表盘直径不应小于 100mm。压力表安装前应进行校验，在刻度盘上应划出指示最高工作压力的红线，注明下次校验日期，检验后应加铅封。

六、测　温　仪　表

温度是表征物体冷热程度的物理量，是各种工业生产和科学实验中最普遍而重要的操作参数。温度不能直接测量，只能借助于冷热不同物体之间的热交换，以及物体的某些物理性质随冷热程度不同而变化的特性来加以间接测量。在接触测温法中，选择某一物体同被测物体相接触，并进行热交换，当两者达到热平衡状态时，选择物体与被测物体温度相等。于是，可以通过测量选择物体的某一物理量（如液体的体积、导体的电量等），便可以定量地给出被测物体的温度数值。在非接触测温法中，利用热辐射原理来进行远距离测温。

温度测量的范围很广，有的处于接近绝对零度的低温，有的要在几千度的高温下进行。这样宽的测量范围，需用各种不同的测温方法和测温仪表。

若按使用的测量范围分，常把测量 600℃ 以上的测温仪表叫高温计，把测量 600℃ 以下的测温仪表叫温度计；若按用途可分为标准仪表、实用仪表；若按工作原理则分为膨胀式温度计、压力式温度计、热电偶温度计、热电阻温度计和辐射高温计五类；若按测量方式则可分为接触式与非接触式两大类，前者测温元件直接与被测介质接触，这样可以使被测介质与测温元件进行充分地热交换而达到测温目的，后者测温元件与被测介质不相接触，通过辐射或对流实现热交换来达到测温的目的。

（1）膨胀式温度计　膨胀式温度计是基于物体受热时体积膨胀的性质而制成的，玻璃管温度计属于液体膨胀式温度计，双金属温度计属于固体膨胀式温度计。

双金属温度计中的感温元件是用两片线膨胀系数不同的金属片叠焊在一起而制成的。双金属片受热后，由于两金属片的膨胀长度不同而产生弯曲。如图 3-1-26 所示。

（2）压力式温度计　应用压力随温度的变化来测温的仪表叫压力式温度计。它是根据在封闭系统中的液体、气体或低沸点液体的饱和蒸汽受热后体积膨胀或压力变化这一原理而制成的，并用压力表来测量这种变化，从而测得温度。如图 3-1-27 所示。

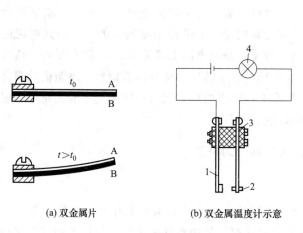

(a) 双金属片　　　(b) 双金属温度计示意

图 3-1-26　双金属温度计

1—双金属片；2—调节螺钉；3—绝缘子；4—信号灯

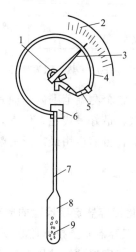

图 3-1-27　压力式温度计结构图

1—传动机构；2—刻度盘；3—指针；
4—弹簧管；5—连杆；6—接头；
7—毛细管；8—温泡；9—工作物质

在化工生产中，使用最多的是利用热电偶和热电阻这两种感温元件来测量温度。下面就主要介绍热电偶温度计和热电阻温度计。

如图 3-1-28 所示，热电偶温度计是以热电效应为基础的测温仪表。它的测量范围很广、结构简单、使用方便、测温准确可靠，便于信号的远传、自动记录和集中控制，因而在化工生产中应用极为普遍。

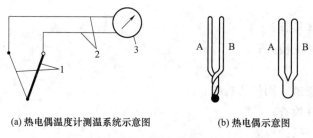

(a) 热电偶温度计测温系统示意图　　　(b) 热电偶示意图

图 3-1-28　热电偶温度计

1—热电偶；2—导线；3—测量仪表

热电偶温度计组成：热电偶（感温元件）；测量仪表（动圈仪表或电位差计）；连接热电偶和测量仪表的导线（补偿导线及铜导线）。

（3）热电阻温度计　热电偶温度计，其感受温度的元件是热电偶，一般适用于测量 500℃ 以上的较高温度。对于在 500℃ 以下的中、低温，利用热电偶进行测量就不一定恰当。

首先是由于在中、低温区热电偶输出的热电势很小，对电位差计的放大器和抗干扰措施要求都很高，仪表维修也困难；其次，在较低的温度区域，冷端温度的变化和环境温度的变化所引起的相对误差就显得很突出，而不易得到全补偿。所以在中、低温区，一般是使用热电阻温度计来进行温度的测量较为适宜。

热电阻温度计是由热电阻（感温元件）、显示仪表（不平衡电桥或平衡电桥），以及连接导线所组成。如图 3-1-29 所示。值得注意的是连接导线采用三线制接法。

图 3-1-29 热电阻温度计

热电阻温度计是利用金属导体的电阻值随温度变化而变化的特性来进行温度测量的。作为热电阻的材料一般要求是：电阻温度系数、电阻率要大；热容量要小；在整个测温范围内，应具有稳定的物理、化学性质和良好的复制性；电阻值随温度的变化关系，最好呈线性。但是，要完全符合上述要求的热电阻材料实际上是有困难的。根据具体情况，目前应用最广泛的热电阻材料是铂和铜。

七、化工容器的检验

1. 化工容器定期检验的周期

《化工容器安全技术监察规程》将化工容器的定期检验分为外部检查、内部检查和耐压试验。化工容器的检验周期应根据容器的技术状况、使用条件来确定。其检验周期具体规定如下：

① 外部检查是指在化工容器运行中的定期检验，每年至少一次。

② 内部检查是指在化工容器停机时的检验，其检验周期分为：安全状况等级为 1、2 级的，每隔 6 年至少一次；安全状况等级为 3、4 级的，每年至少一次。

③ 耐压试验是指化工容器停机检验时，所进行的超过最高工作压力的液压或气压试验。对固定式化工容器，每两次内部检验期间内，至少进行一次耐压试验，对移动式化工容器，每 6 年至少进行一次耐压试验。

2. 化工容器定期检验内容

（1）外部检查

① 化工容器本体检查；

② 外表面腐蚀情况检查；

③ 保温层检查；

④ 容器与相邻管道或构件的检查；

⑤ 容器安全附件检查；

⑥ 容器支座或基础的检查。

除上述内容外，外部检查中还要对容器的排污、疏水装置进行检查；对运行容器稳定情况进行检查；安全状况等级为 4 级的化工容器，还要检查其实际运行参数是否符合监控条件。对盛装腐蚀性介质的化工容器，若发现容器外表面油漆大面积剥落，局部有明显腐蚀现象，应对容器进行壁厚测定。

外部检查工作可由检验单位有资格的化工容器检验员进行，也可由经过安全监察机构认可的使用单位的化工容器专业人员进行。

（2）内部检查 内部检查的目的是尽早发现容器内部所存在的缺陷，包括本次运行中新产生的缺陷以及原有缺陷的发展情况，以确定容器能否继续运行和为保证容器安全运行所必须采取的相应措施。主要内容包括：

① 外部检查的全部内容。

② 检查容器的结构。重点是：筒体与封头的连接方式是否合理；是否按规定开设了人孔、检查孔、排污孔等，开孔处是否按规定补强；焊缝有无交叉、焊缝间距是否过小；支座与支撑型式是否符合安全要求。如需要，应对可能造成局部应力集中的部位作进一步检查，如表面探伤，必要时采用射线探伤或超声波探伤，查清楚表面或焊缝内部是否存在缺陷。

③ 几何尺寸检查。对运行中可能发生变化的尺寸，应重点检查。

④ 表面缺陷检查。检查时要求测定腐蚀与机械损伤的深度、直径、长度及其分布，并标图记录。对非正常的腐蚀，应查明原因。对于内表面的焊缝应以肉眼或 5～10 倍放大镜检查裂纹。应力集中部位、变形部位、异种钢焊部位、补焊区、电弧损伤和易产生裂纹部位，应重点检查。

⑤ 壁厚测定。选择具有代表性的部位进行测厚，如液位经常波动部位；易腐蚀、冲蚀部位；制造成型时壁厚减薄部位和使用中产生的变形部位；表面缺陷检查时发现的可疑部位。

⑥ 材质检查。应考虑两项内容：一项是化工容器选材（即材料的种类和牌号）是否符合有关规程和规范的要求；另一项是经过一定时间的使用后，材质变化（劣化）后是否还能满足使用要求。

⑦ 焊缝埋藏缺陷检查。对下列几种情况，应进行射线探伤或超声波探伤抽查，以确定焊缝内部是否存在缺陷：制造中焊缝经过两次以上返修或使用过程中曾经补焊过的部位；检验时发现焊缝泄漏的部位；错过量和棱角度严重超标的部位；使用中出现焊缝泄漏的部位。

⑧ 安全附件和紧固件检查。对安全阀、紧急切断阀等要进行解体检查、修理和调整，必要时还需进行耐压试验和气密性试验；按规定校验安全阀的开启压力、回应压力；爆破片按有关规定更换。对高压螺栓应逐个清洗，检查其损伤和裂纹情况。

3. 容器压力试验

容器制成或检修后，必须进行压力试验。压力试验的目的是验证容器在超工作压力的条件下器壁的宏观强度（主要指焊缝的强度）、焊缝的致密性和容器密封结构的可靠性，可以及时发现钢材、制造或检修过程中的缺陷，是对材料、设计、制造或检修的综合性检查，将压力容器的不安全因素在投产前充分暴露出来，防患于未然。因此，压力试验是保证设备安全运行的重要措施，应认真执行。容器经过压力试验合格以后才能投入生产运行。压力试验包括液压试验和气压试验两种。

（1）液压试验

① 试验介质及要求。凡是在压力试验时不会导致发生危险的液体，在低于其沸点温度下都可作为液压试验的介质。供试验用的液体一般为洁净的水，故又称为水压试验。

为了避免液压试验时发生低温脆性破坏，必须控制液体温度不能过低。容器材料为碳素钢、16MnR 和正火 15MnVR 钢时，液体温度不得低于 5℃；容器材料为其他低合金钢时液体温度不得低于 15℃。如由于板厚等因素造成材料脆性转变温度升高时，还要相应提高试验液体的温度。其他钢种的容器液压试验温度按图样规定。

② 水压试验装置及过程。水压试验是将水注满容器后，再用泵逐步增压到试验压力，

检验容器的强度和致密性。图 3-1-30 所示为水压试验示意。试验时将装设在容器最高处的排气阀打开，灌水将气排尽后关闭。开动试压泵使水压缓慢上升，达到规定的试验压力后，关闭直通阀保持压力 30min，在此期间容器上的压力表读数应该保持不变。然后降至工作压力并保持足够长的时间，对所有焊缝和连接部位进行检查。在试验过程中，应保持容器观察表面的干燥，如发现焊缝有水滴出现，表明焊缝有泄漏（压力表读数下降），应作标记，卸压后修补，修好后重新试验，直至合格为止。

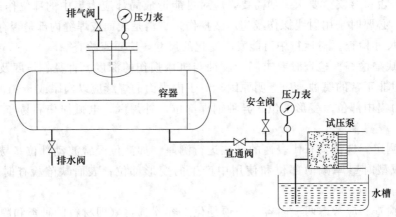

图 3-1-30 水压试验示意

③ 试验压力的校核。由于液压试验的压力比设计压力高，所以在进行液压试验前应对容器在规定试验压力下的强度进行理论校核，满足要求时才能进行压力试验的实际操作。

试验压力是进行压力试验时规定容器应达到的压力，其值反映在容器顶部的压力表上。

液压试验时，在设计温度下的许用应力为

$$[\sigma]^t = \frac{p_T(D_i + \delta_e)}{2\delta_e} \leqslant 0.8\phi\sigma_s(\sigma_{0.2})$$

式中 p_T——容器的试验压力，MPa；

$[\sigma]^t$——容器元件材料在设计温度下的许用应力，MPa；

σ_s $(\sigma_{0.2})$——容器元件材料在试验温度下的屈服点（或 0.20% 屈服强度），MPa。

其他各符号含义同前面公式。

在确定试验压力时应注意以下几点。

容器铭牌上规定有最大允许工作压力时，公式中应以最大允许工作压力代替设计压力。

容器各元件（圆筒、封头、接管、法兰及紧固件等）所用材料不同时，应取各元件材料的 $[\sigma]/[\sigma]^t$ 比值中最小者。式中，$[\sigma]$ 为试验温度下的许用应力，MPa。

立式容器（正常工作时容器轴线垂直地面）卧置（容器轴线处于水平位置）进行液压试验时，其试验压力应为按计算确定的值再加上容器立置时圆筒所承受的最大液柱静压力。容器的试验压力（液压试验时为立置和卧置两个压力值）应标在设计图样上。

液压试验时，要求容器在试验压力下产生的最大应力，不超过圆筒材料在试验温度（常温）下屈服点的 90%，即

$$[\sigma]^t = \frac{(p_T + p_L)(D_i + \delta_e)}{2\delta_e} \leqslant 0.9\phi\sigma_s(\sigma_{0.2})$$

式中，p_L 为压力试验时圆筒承受的最大液柱静压力，MPa。其他符号的含义同前面公式。

（2）气压试验　一般容器的试压都应首先考虑液压试验，因为液体的可压缩性极小，液压试验是安全的，即使容器爆破，也没有巨大声响和碎片，不会伤人。而气体的可压缩性很大，因此气压试验比较危险，试验时必须有可靠的安全措施，该措施需经试验单位技术总负责人批准，并经本单位安全部门现场检查监督。试验时若发现有不正常情况，应立即停止试验，待查明原因采取相应措施后，方能继续进行试验。只有不宜液压试验的容器才进行气压试验，例如内衬耐火材料不易烘干的容器、生产时装有催化剂不允许有微量残液的反应器壳体等。

气压试验所用的气体应为干燥洁净的空气、氮气或其他惰性气体。对于碳素钢和低合金钢制容器，试验用气体温度不得低于 15℃，其他钢种的容器按图样规定。

试验时压力应缓慢上升，当升压至规定试验压力的 10%，且不超过 0.05MPa 时，保持压力 5min，对容器的全部焊缝和连接部位进行初步检查，合格后再继续升压到试验压力的 50%。其后按每级为试验压力 10% 的级差，逐级升到试验压力，保持压力 10min。最后将压力降至设计压力，至少保持 30min 进行全面检查，无渗漏为合格。若有渗漏，经返修后重新试验。

气压试验的试验压力规定得比液压试验稍低些，为使用上式确定试验压力，应注意如容器铭牌上规定有最大允许工作压力时，公式中应以最大允许工作压力代替设计压力；当容器各元件（圆筒、封头、接管、法兰及紧固件等）所用材料不同时，应取各元件材料的 $[\sigma]/[\sigma]^t$ 比值中最小者。对于在气压试验时产生的最大应力，也应进行校核。要求最大应力不超过圆筒材料在试验温度（常温）下屈服点的 80%，即

$$p_T = 1.15 p \frac{[\sigma]}{[\sigma]^t}$$

式中，p 为容器的设计压力，MPa。其他各符号的含义与液压试验相同。

液压试验后的化工容器，若无渗漏、无可见变形、试验过程中无异常的响声，即为合格；气压试验的化工容器，若无异常响声、经肥皂液或其他检漏液检查无漏气无可见变化，即为合格。

分课题五　压力容器的安全使用

一、压力容器的使用登记与技术档案

压力容器使用登记是在容器检验和核实安全状况等级的基础上，对压力容器进行的注册和发放使用证。其目的是为了限制无安全保障的压力容器的使用，建立容器的技术档案，为正确合理使用压力容器提供依据。通过压力容器的技术档案可以使容器的管理部门、使用及维护人员全面掌握容器的技术状况，了解和掌握其运行规律，提高容器的安全管理水平。所以每台压力容器都应进行登记和建立技术档案。

1. 压力容器的使用登记

（1）使用登记的依据　根据国务院颁布的《特种设备安全监察条例》和《特种设备行政许可实施办法》的规定，压力容器的使用单位应向当地市级质量技术监督部门办理使用登记。国家质量监督检验检疫总局锅炉压力容器安全监察局根据《特种设备安全监察条例》的规定，制定了《锅炉压力容器使用登记管理办法》，据此，每台锅炉压力容器在投入使用前

或投入使用后 30 日内，使用单位应当向所在地的登记机关申请办理使用登记，领取使用登记证。

（2）使用登记的要求 使用单位申请办理使用登记时，需逐台向登记机关提交压力容器及其安全阀、爆破片及紧急切断阀等安全附件的文件，如安全技术规范要求的设计文件、产品质量合格证明、安装及使用维修说明、制造和安装过程监督检验证明、压力容器安全性能监督检验报告、压力容器安装质量证明书、压力容器使用安全管理的有关规章制度等。

压力容器安全状况发生变化、长期停用、移装或过户的，使用单位应向登记机关申请变更登记。

使用单位申请办理使用登记时，应当逐台填写《压力容器登记卡》（见表 3-1-3）。

表 3-1-3 压力容器登记卡

使用登记证号码：_____ 注册代码：_____

注册登记机构		注册登记日期	
设备注册代码		更新日期	
单位内部编号		使用登记证编号		注册登记人员	
使用单位		使用单位组织机构代码			
使用单位地址	省 市 区（县）	邮政编号			
安全管理部门		安全管理人员		联系电话	
容器名称		容器类别		容器分类	
设计单位				设计单位组织机构代码	
制造单位				制造单位组织机构代码	
制造国		制造日期		出厂编号	
产品监检单位				监检单位组织机构代码	
注册登记机构				注册登记日期	
安装单位				安装单位组织机构代码	
安装竣工日期		投用日期		所在车间分厂	
容器内径		筒体材料		封头材料	
内衬材料		夹套材料		筒体厚度	
封头厚度		内衬壁厚		夹套厚度	
容器容积	m³	容器高（长）		壳体质量	kg
内件质量	kg	安装质量	kg	有无保温绝热	℃

续表

壳程设计压力	MPa	壳程设计温度	℃	壳程最高压力	MPa
管程设计压力	MPa	管程设计温度	℃	管程最高压力	MPa
夹套设计压力		夹套设计温度	℃	夹套最高压力	MPa
壳程介质		管程介质		夹套介质	
氧舱照明		氧舱空调电动机		氧舱测氧方法	
罐车牌号		罐车结构型式		罐车底盘号码	
产权单位				产权单位代码	

主要安全附件及附属设备、水处理设备

名称	型号	规格	数量	制造厂家
检验单位				检验单位代码
检验日期		检验类别		主要问题
检验结论		报告书编号		下次检验日期
事故类别		事故发生日期		事故处理
设备变更方式		设备变更项目		设备变更日期
变更承担单位				变更承担单位组织机构代码

（3）使用登记的审核　登记机关经审核合格，办理使用登记证。并按照《锅炉压力容器注册代码和使用登记证号码编制规定》，编写注册代码和使用登记证号码。登记机关在发证后 5 个工作日内将登记信息传送使用地县级质检部门。县级质检部门接到登记信息后，应当及时对新增锅炉压力容器的使用情况实施安全监察。

2. 压力容器的技术档案

压力容器技术档案是正确、合理使用压力容器的主要依据，建立健全压力容器技术档案是搞好压力容器管理的基础工作。完整的技术档案可以防止人们盲目使用压力容器，从而有效地控制压力容器事故的发生。压力容器技术档案包括如下主要内容。

① 压力容器登记卡；

② 压力容器设计技术文件；

③ 压力容器的制造、安装技术文件和相关资料；

④ 压力容器定期检验、检测记录以及检验的相关技术文件和资料；

⑤ 压力容器安全附件的校验、修理及更换记录；

⑥ 压力容器修理方案、实际修理情况记录以及相关技术文件和资料；

⑦ 压力容器技术改造的方案、图样、材料质量证明书，施工质量检验及技术文件和

资料；

⑧ 压力容器有关事故的记录和处理报告。

3. 压力容器的安全状况等级

为了掌握每一台投入使用的压力容器的安全状况，在新容器使用前及在用容器定期检验后，都要核定其安全状况等级。新容器安全状况等级的核定工作是在使用单位办理容器使用登记手续时，由登记机关认定；在用容器是在定期检验后，根据《在用压力容器检验规程》所规定的评定标准，由检验单位签发的检验报告认定。压力容器的安全状况共分为五个等级，见表 3-1-4。

表 3-1-4　压力容器安全状况等级的划分与含义

安全状况等级	出厂资料是否齐全	设计与制造质量是否符合有关法规和标准的要求	缺陷的具体情况	能否在法定的检验周期内在原设计或规定的条件下安全使用
1	齐全	符合	无超标缺陷	能够
2	齐全(对新容器),基本齐全(对在用容器)	基本符合	存在某些不危及安全可不修复的一般性缺陷	能够
3	不够齐全	主体材质、结构,强度基本符合	存在不符合标准要求的缺陷,但该缺陷没有在使用中发展扩大;焊缝中存在超标的体积性缺陷,检验确定不需修复;存在腐蚀磨损、变形等缺陷,但仍能安全使用	能够
4	不全	主体材质不符或材质已老化,主体结构有较严重的不符合标准之处	存在不符合法规和标准的缺陷,但该缺陷没有在使用中发展扩大;焊缝中存在线性缺陷;存在的腐蚀、损伤、变形等缺陷,已不能在原条件下安全使用	必须修复有缺陷处,提高安全状况等级,否则只能在限定的条件下监控使用
5			缺陷严重,难于修复;无修复价值;修复后仍难以保证安全使用	不能使用,予以判废

二、压力容器的安全操作

理论研究和实践经验表明，正确合理地操作和使用压力容器，是保证其安全可靠运行的重要条件。设计合理、制造质量优良的压力容器，如果使用不当、违反操作规程及年久失修等，同样会发生爆炸等破坏事故。使用过程中若操作不当也会损伤容器，可能使某些微小的缺陷扩大和产生新的缺陷，最终造成破坏。所以压力容器的使用单位应根据设计和制造中所确定的使用条件，制定的工艺操作规程，控制操作参数，使容器在操作规程的规范下运行。

1. 压力容器使用单位的职责

要做好压力容器的安全技术管理工作，首先要从组织上予以保证，企业要有专门的机构、配备专业技术及管理人员，具体负责压力容器的技术管理和安全监察工作。企业装备厂长或总工程师是压力容器安全技术管理的总负责人，并指定具有压力容器专业知识的工程技术人员负责安全技术工作。企业的设备动力部门是企业对压力容器安全技术管理的职能部门，石油、化工行业的生产车间由设备主任和设备管理员负责。压力容器使用单位对容器进行技术管理工作主要包括如下几个方面。

① 贯彻执行《特种设备安全监察条例》、《压力容器安全技术监察规程》等压力容器的技术法规，编制压力容器的安全规章制度。

② 参与压力容器安装的验收和试车工作，检查容器的检验、维修和安全附件的校验情况。

③ 编制压力容器的定期检验计划，并负责实施；对容器的检验、修理、改造和报废等进行技术审查。

④ 向主管部门报送当年压力容器数量和变动情况的统计表，容器定期检验计划的实施情况及存在的主要问题等。

⑤ 负责压力容器的检验、焊接及操作人员安全技术培训的管理，容器使用登记和技术资料的管理。

⑥ 负责或协助进行压力容器事故的调查和处理工作。

2. 压力容器安全操作的基本要求

(1) 严格遵守操作规程，认真填写操作记录　压力容器操作人员应了解容器的来源和历史，掌握其基本技术参数和结构特征，熟悉操作工艺条件。严格遵守操作规程，压力容器的操作规程是根据生产工艺要求和容器的技术特性而制定的指令性技术法规，一经制定，操作人员必须严格执行。压力容器的原始操作记录和交接班记录对保障容器的安全生产至关重要，因此操作人员应认真及时、准确真实地记录容器的实际运行情况。

(2) 平稳操作，严禁超温超压运行　容器的压力、温度在使用过程中应力求稳定，防止温度、压力经常急剧变化导致容器的疲劳破坏和突发事故，因此加载和卸载、升温和降温都应缓慢进行，并在运行期间保持压力和温度的相对稳定。严禁超温超压运行，由于容器允许使用的压力、温度及介质的充装量等都是根据工艺要求和设计条件来确定的，所以只有在设计条件范围内操作才可保证运行安全。如果容器超温超压运行，就会造成容器的承受能力不足，有可能导致爆炸事故的发生。

(3) 坚持运行期间巡回检查，防止异常情况发生　压力容器的操作人员在容器运行期间，应经常进行检查：观察压力、温度、液位是否在操作规程规定的范围内，容器各连接部位有无泄漏，容器有无明显的变形，基础和支座是否有松动，安全装置是否完好等。以便及时发现操作中或设备上出现的不正常现象，采取相应的措施进行调整或消除，防止异常情况的扩大和延续，保证容器的安全运行。容器在运行过程中，如果突然发生故障，严重威胁安全时，操作人员应立即采取紧急措施，停止容器运行，并报告有关部门。

(4) 压力容器作业人员应具备的知识和技能　压力容器使用单位应对操作人员进行安全教育和技能培训，经考核合格并取得"压力容器操作人员合格证"后，方可上岗工作。操作人员应具备以下知识和技能。

① 掌握压力容器的基本知识，了解化工设备的技术特性、结构特点和安全操作知识。

② 了解所在工段的工艺流程、工艺参数，熟知岗位操作法，熟悉并严格执行本岗位工艺操作规程。

③ 能正确使用设备，如容器的开、停车操作和安全注意事项。

④ 掌握各种安全装置的型号、规格、性能及用途，会检查、判断设备安全附件是否正常。

⑤ 针对可能发生的事故采取防范措施，在设备出现异常情况时，能及时、正确地进行紧急处理。

3. 压力容器的维护与保养

压力容器的维护保养工作包括防止腐蚀和消除"跑、冒、滴、漏"等方面。容器通常会受到来自内部的工作介质，外部的大气、水或土壤等的腐蚀。目前，大多数容器都采用防腐层进行防腐，如金属涂层、化学涂层、金属内衬及搪瓷玻璃等。如果容器的防腐层脱落或损坏，腐蚀介质与容器本体直接接触使腐蚀速度加快，因此检查和维护防腐层的完好情况是做好防腐工作的关键。在日常巡检时应特别注意，及时发现问题消除影响；同时也应及时清除积附在容器、管道、阀门及安全附件上的灰尘、油污和腐蚀性物质等，经常保持其清洁和干燥。

容器的"跑、冒、滴、漏"现象不仅浪费原料和能源、污染环境，而且也会造成设备的腐蚀。因此正确选择连接方式、垫片材料及填料，减轻振动和摩擦，及时消除"跑、冒、滴、漏"现象，也是做好容器保养工作的重要内容。

压力容器在停运期间的保养工作也不可忽视，容器停运后应将内部的介质排放干净，对腐蚀性介质要经过排放、置换（或中和）清洗等技术处理，有条件的应采用氮气封存。根据停运时间的长短、设备情况及周围环境，可采用在容器内外表面涂刷油漆或放置吸潮剂等方法进行保存保养。

三、压力容器的紧急停运

压力容器在运行中若出现超温超压，采取措施仍无效果，而且有继续恶化的趋势，或出现裂纹、变形、严重泄漏以及安全装置失效，操作岗位附近发生火灾等直接威胁到容器的安全时，作业人员应立即采取紧急措施，停止容器运行并报告有关部门。

（1）压力容器紧急停止运行的条件　压力容器在运行中，出现以下异常现象之一时，作业人员应立即采取紧急停运措施。

① 容器的工作压力、介质温度或壁温超过规定值，采取措施仍不能得到有效控制。

② 容器的主要受压元件发生裂缝、鼓包、变形、泄漏等危及安全的缺陷。

③ 容器的安全附件失效。

④ 接管、紧固件损坏，难以保证设备安全运行。

⑤ 发生火灾直接威胁到压力容器的安全运行。

⑥ 容器充装过量。

⑦ 容器的液位失控，采取措施仍得不到有效控制。

⑧ 容器与管道发生严重振动，危及设备的安全运行。

⑨ 低温绝热压力容器外壁局部存在严重结冰，介质的压力和温度明显上升。

（2）压力容器紧急停止运行的操作　压力容器紧急停止运行时，应先切断外来原料，再有效撤除处于危险状态的容器内的物料。首先应迅速切断电源，使向容器内输送物料的运转设备，如泵、压缩机等停止运行，同时联系有关岗位停止向容器内输送物料。其次再迅速打开出口阀，泄放容器内的气体或其他物料，必要且可行时可打开放空口将气体排入大气中；对于系统性连续生产的设备，紧急停止运行时必须做好与前后有关岗位的联系工作；操作人员在处理紧急情况的同时，应立即与上级主管部门及有关的技术人员、领导取得联系，以便有效地控制险情，避免发生更大的事故。

思 考 题

1. 化工容器的主要结构是什么？
2. 化工容器如何分类？
3. 化工生产对化工容器的基本要求是什么？
4. 材料的力学性能指标有哪些？各有何作用？
5. 钢的热处理操作有哪些？
6. 钢中常存的杂质元素对钢材性能有何影响？
7. 什么是合金钢？合金钢如何分类？
8. 合金钢 60Si2Mn、GCr15SiMn、9SiCr 各表示什么意义？
9. 什么是塑料？什么是工程塑料？
10. 什么是化学腐蚀？常见的腐蚀破坏形式？
11. 材料防腐方法有哪些？
12. 容器的法兰有哪几种？
13. 影响法兰密封的因素有哪些？
14. 如何选用标准法兰？
15. 法兰垫片有哪些？它们各有何特点？
16. 卧式容器支座有哪几种？各用于何场合？
17. 立式容器支座有哪几种？各用于何场合？
18. 什么是应力集中？产生的原因是什么？
19. 开孔补强设计的原则是什么？补强的形式有哪几种？
20. 壳体开孔后满足什么条件要求时，可不另行补强？
21. 化工容器的安全附件主要有哪些？它们有何作用？
22. 什么是安全阀？它的工作全过程是什么？
23. 破爆片装置的结构组成是什么？它用于何种场合？
24. 化工容器定期检验的周期有何要求？
25. 化工容器外部检查内容是什么？
26. 化工容器内部检查内容是什么？
27. 说明水压试验的大体过程是怎样的？
28. 压力容器为什么都应进行登记和建立技术档案？
29. 压力容器安全操作的基本要求有哪些？
30. 压力容器紧急停止运行如何操作？

课题二　换　热　器

在化学反应中，对于放热或吸热反应，为了保持最佳反应温度，又必须及时移出或补充热量；对某些单元操作，如蒸发、结晶、蒸馏和干燥等也需要输入或输出热量，才能保证操作的正常进行；此外，设备和管道的保温、生产过程中热量的综合利用及余热回收等都涉及传热问题。在化工生产过程中，传热通常是在两种流体间进行的，故称换热。要实现热量的交换，必须要采用特定的设备，通常把这种用于交换热量的设备通称为换热器。化工生产过程中对传热的要求可分为两种情况：一是强化传热，如各种换热设备中的传热；二是削弱传热，如设备和管道的保温。因此，传热设备不仅在化工厂的设备投资中占有很大的比例，而且它们所消耗的能量也是相当可观的。如在炼油、化工装置中换热器占设备数量的40％左右，占总投资的30％～50％。近年来换热器的应用范围不断扩大，利用换热器带来的经济效益越来越显著。

分课题一　换热器的分类及性能特点

换热器作为传热设备被广泛用于耗能用量大的领域。随着节能技术的飞速发展，换热器的种类越来越多。适用于不同介质、不同工况、不同温度、不同压力的换热器，结构型式也不同，换热器的具体分类如下：

一、换热器的分类

1. 按换热器的用途分类（见表 3-2-1）

表 3-2-1　换热器的用途分类

名称	应　用
加热器	用于把流体加热到所需的温度,被加热流体在加热过程中不发生相变
预热器	用于流体的预热,以提高整套工艺装置的效率
过热器	用于加热饱和蒸汽,使其达到过热状态
蒸发器	用于加热液体,使之蒸发汽化
再沸器	是蒸馏过程的专用设备,用于加热塔底液体,使之受热汽化
冷却器	用于冷却流体,使之达到所需的温度
冷凝器	用于冷凝饱和蒸汽,使之放出潜热而凝结液化

2. 按换热器的作用原理分类（见表 3-2-2）

表 3-2-2　换热器的作用原理分类

名称	特　点	应　用
间壁式换热器	两流体被固体壁面分开,互不接触,热量由热流体通过壁面传给冷流体	适用于两流体在换热过程中不允许混合的场合。应用最广,形式多样

名称	特点	应用
混合式换热器	两流体直接接触,相互混合进行换热。结构简单,设备及操作费用均较低,传热效率高	适用于两流体允许混合的场合,常见的设备有凉水塔、洗涤塔、文氏管及喷射冷凝器等
蓄热式换热器	借助蓄热体将热量由热流体传给冷流体。结构简单,可耐高温,其缺点是设备体积庞大,传热效率低且不能完全避免两流体的混合	煤制气过程的气化炉、回转式空气预热器
中间载热体式换热器	将两个间壁式换热器由其中循环的载热体(又称热媒)连接起来,载热体在高温流体换热器中从热流体吸收热量后,带至低温流体换热器传给冷流体	多用于核能工业、冷冻技术及余热利用中。热管式换热器即属此类

3. 按换热器传热面形状和结构分类

(1) 管式换热器　管式换热器通过管子壁面进行传热,按传热管的结构不同,可分为列管式换热器、套管式换热器、蛇管式换热器和翅片管式换热器等几种,管式换热器应用最广。

(2) 板式换热器　是通过板面进行传热,按传热板的结构形式,可分为平板式换热器、螺旋板式换热器、板翅式换热器等几种。

(3) 特殊型式换热器　这类换热器是指根据工艺特殊要求而设计的具有特殊结构的换热器,如回转式换热器、热管换热器、同流式换热器等。

4. 按换热器所用材料分类

(1) 金属材料换热器　金属材料换热器是由金属材料制成,常用金属材料有碳钢、合金钢、铜及铜合金、铝及铝合金、钛及钛合金等。由于金属材料的热导率较大,故该类换热器的传热效率较高,生产中用到的主要是金属材料换热器。

(2) 非金属材料换热器　非金属材料换热器由非金属材料制成,常用非金属材料有石墨、玻璃、塑料以及陶瓷等。该类换热器主要用于具有腐蚀性的物料,由于非金属材料的热导率较小,所以其传热效率较低。

二、换热器的性能特点

1. 管式换热器

(1) 列管换热器　列管换热器又称管壳式换热器,是一种通用的标准换热设备。它具有结构简单、单位体积换热面积大、坚固耐用、用材广泛、清洗方便、适用性强等优点,在生产中得到广泛应用,在换热设备中占主导地位。列管式换热器根据结构特点分为以下几种。

① 固定管板式换热器。图 3-2-1 展示了其详细结构。此种换热器的结构特点是两块管板分别焊在壳体的两端,管束两端固定在两管板上,其优点是结构简单、紧凑、管内便于清洗。其缺点是壳程不能进行机械清洗,且当壳体与换热管的温差较大(大于 50℃)时,产生的温差应力(又叫热应力)具有破坏性。需在壳体上设置膨胀节,受膨胀节强度限制,壳程不能太高。固定管板式换热器适用于壳方流体清洁不结垢,两流体温差不大或温差较大但壳程压力不高的场合。

② 浮头式换热器。浮头式换热器的结构如图 3-2-2 所示。其结构特点是两端管板之一不与壳体固定连接。可以在壳体内沿轴向自由伸缩,该端称为浮头。此种换热器的优点是当换

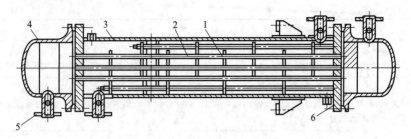

图 3-2-1 固定管板式换热器

1—折流挡板；2—管束；3—壳体；4—封头；5—接管；6—管板

热管与壳体有温差存在，壳体或换热管膨胀时，互不约束，不会产生温差应力；管束可以从管内抽出，便于管内和管间的清洗。其缺点是结构复杂，用材量大，造价高。浮头式换热器适用于壳体温差较大或壳程流体容易结垢的场合。

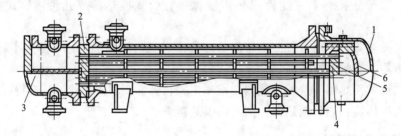

图 3-2-2 浮头式换热器

1—壳盖；2—固定管板；3—隔板；4—浮头勾圈法兰；5—浮动管板；6—浮头盖

③ U 形管式换热器。U 形管式换热器的结构如图 3-2-3 所示，其结构特点是只有一个管板，管子成 U 形，管子两端固定在同一管板上。管束可以自由伸缩，当壳体与管子有温差时，不会产生温差应力。U 形管式换热器的优点是结构简单，只有一个管板，密封面少，运行可靠，造价低，管间清洗较方便。其缺点是管内清洗较困难，可排管子数目较少，管束最内层管间距大，壳程易短路。U 形管式换热器适用于管、壳程温差较大或壳程介质是易结垢而管程介质不易结垢的场合。

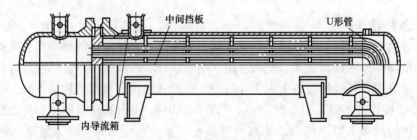

图 3-2-3 U 形管式换热器

④ 填料函式换热器。填料函式换热器的结构如图 3-2-4 所示。其结构特点是管板上只有一端与壳体固定，另一端采用填料函密封。管束可以自由伸缩，不会产生温差应力。该换热器的优点是结构较浮头式换热器简单，造价低；管束可以从壳体内抽出，管、壳程均能进行清洗。其缺点是填料耐压不高，一般小于 4.0MPa；壳程介质可能通过填料函外漏。填料函式换热器适用于管、壳程温差较大或介质结垢需经常清洗且壳程压力不高的场合。

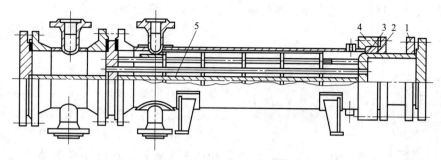

图 3-2-4　填料函式换热器

1—活动管板；2—填料压盖；3—填料；4—填料函；5—纵向隔

⑤ 釜式换热器。釜式换热器的结构如图 3-2-5 所示。其结构特点是在壳体上部设置蒸发空间。管束可以为固定管板式、浮头式或 U 形管式。釜式换热器清洗方便，并能承受高温、高压。它适用于液—汽（气）式换热（其中液体沸腾汽化），可作为简单的废热锅炉。

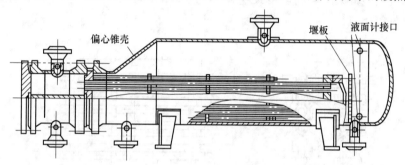

图 3-2-5　釜式换热器

（2）套管换热器　套管换热器是由两种直径不同的管子套在一起组成同心套管，然后将若干段这样的套管连接而成，其结构如图 3-2-6 所示。每一段套管称为一程，程数可根据所需传热面积的多少而增减。

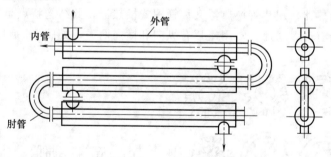

图 3-2-6　套管换热器

套管换热器的优点是结构简单，能耐高压，传热面积可根据需要增减。其缺点是单位传热面积的金属耗量大，管子接头多，检修清洗不方便。此类换热器适用于高温、高压及流量较小的场合。

（3）蛇管换热器　蛇管换热器根据操作方式不同，分为沉浸式和喷淋式两类。

① 沉浸式蛇管换热器。此种换热器通常以金属管弯绕而成，制成适应窗口的形状，沉浸在容器内的液体中，管内流体与容器内液体隔着管壁进行换热。几种常用的蛇管形状如图

3-2-7 所示。此类换热器的优点是结构简单，造价低廉，便于防腐，能承受高压。其缺点是管外对流传热系数小，常需加搅拌装置，以提高传热系数。

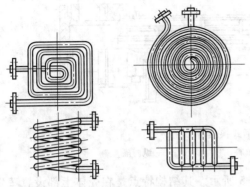

图 3-2-7　沉浸式蛇管换热器的蛇管形状

② 喷淋式蛇管换热器。喷淋式蛇管换热器的结构如图 3-2-8 所示。此类换热器常用于用冷却水冷却管内热流体。各排蛇管均垂直地固定在支架上，蛇管排数根据所需传热面积的多少而定。热流体自下部总管流入各排蛇管，从上部流出再汇入总管。冷却水由蛇管上方的喷淋装置均匀地喷洒在各排蛇管上，并沿着管外表面淋下，该装置通常置于室外通风处，冷却水在空气中汽化时，可以带走部分热量，以提高冷却效果。与沉浸式蛇管换热器相比，喷淋式蛇管换热器具有检修清洗方便、传热效果好等优点。

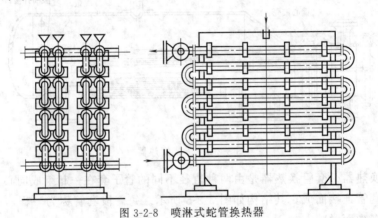

图 3-2-8　喷淋式蛇管换热器

（4）翅片管换热器　翅片管换热器又称管翅式换热器，其结构特点是在换热管的外表面或内表面或同时装有许多翅片。常用翅片有纵向和横向两类，如图 3-2-9 所示。

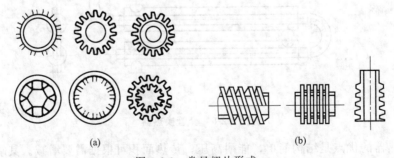

(a)　　　　　　　　　　　　　　　　　　(b)

图 3-2-9　常见翅片形式

化工生产中常遇到气体的加热或冷却问题，因气体的对流传热系数较小，所以当换热的另一方为液体或发生相变时，换热器的传热热阻主要在气体一侧。此时，在气体一侧设置翅片，既可增大传热面积，又可增加气体的湍动程度，减少气体侧的热阻，提高了传热效率。一般当两流体的对流传热系数之比超过 3：1 时，可采用翅片换热器。工业上常用翅片换热器作为空气冷却器，用空气代替水，不仅可在缺水地区使用，即使在水源充足的地方也较经济。

2. 板式换热器

（1）夹套换热器　夹套换热器的结构如图 3-2-10 所示。它由一个装在容器外部的夹套构成，容器内的物料和夹套内的加热剂或冷却剂隔着器壁进行换热，器壁就是换热器的传递面。其优点是结构简单，容易制造，可与反应器或窗口构成一个整体。其缺点是传热面积小；器内流体处于自然对流状态，传热效率低；夹套内部清洗困难。夹套内的加热剂和冷却剂一般只能使用不易结垢的水蒸气、冷却水和氨等。夹套内通蒸汽时，应从上部进入，冷凝水从底部排出；夹套内通液体载热体时，应从底部进入，从上部流出。制造夹套换热器时，由于夹套会进行水压强度试验，因此要防止夹套制造中底部连管高出造成夹套底部积水（液），热载体进入夹套时汽化发生爆炸。

图 3-2-10　夹套换热器

（2）平板式换热器　平板式换热器简称板式换热器，其结构如图 3-2-11 所示。它是由若干长方形薄金属板叠加排列，夹紧组装于支架上构成。两相邻板的边缘衬有垫片，压紧后板间形成流体通道。每块板的四个角上各开一个孔，借助于垫片的配合，使两流体分别从同一块板的两侧流过，通过板面进行换热。除了两端的两板面外，每一块板面都是传热面，可根据所需传热面积的变化，增减板的数量，板片是板式换热器的核心部件。为使液体均匀流动，增大传热面积，促使流体湍动，常将板面冲压成各种凹凸的波纹状，常见的波纹形状有水平波纹、人字形波纹和圆弧形波纹等，如图 3-2-12 所示。

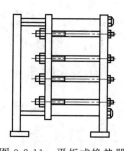

图 3-2-11　平板式换热器

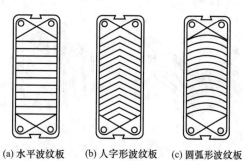

(a)水平波纹板　(b)人字形波纹板　(c)圆弧形波纹板

图 3-2-12　板式换热器的板片

板式换热器的优点是结构紧凑，单位体积设备提供的传热面积大；组装灵活，可随时增减板数；板面波纹使液体湍动程度增强，从而具有较高的传热效率，装拆方便，有利于清洗和维修。其缺点是处理量小，受垫片材料性能的限制操作压力和温度不能过高。此类换热器适用于需要经常清洗、工作环境要求十分紧凑、操作压力在 2.5MPa 以下，温度在 35～200℃的场合。

（3）螺旋板式换热器　螺旋板式换热器的结构如图 3-2-13 所示。它是由焊在中心隔板上的两块金属薄板卷制而成，两薄板之间形成螺旋形通道，两板之间焊有一定数量的定距撑以维持通道间距，两端用盖板焊死。两流体分别在两通道内流动，隔着薄板进行换热。其中一种流体由外层的一个通道流入，顺着螺旋通道流向中心，最后由中心的接管流出；另一种流体则由中心的另一个通道流入，沿螺旋通道反方向向外流动，最后由外层接管流出。两流

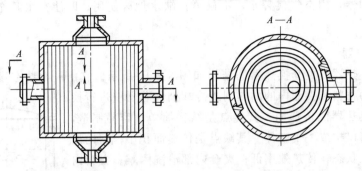

图 3-2-13 螺旋板式换热器

体在换热器内作逆流流动。

　　螺旋板式换热器结构紧凑；单位体积设备提供的传热面积大，约为列管换热器的 3 倍；流体在换热器内作严格的逆流流动，可在较小的温差下操作，能充分利用低温能源；由于流向不断改变，且允许选用较高流速，故传热系数大，约为列管换热器的 1～2 倍，又由于流速较高，同时有惯性离心力作用，污垢不易沉积。其缺点是制造和检修都比较困难；流动阻力大，在同样物料和流速下，其流动阻力约为直管的 3～4 倍，操作压力和温度不能太高，一般压力在 2MPa 以下，温度则不能超过 400℃。

　　（4）板翅式换热器　板翅式换热器为单元体叠加结构，其基本单元体由翅片、隔板及封条组成，如图 3-2-14（a）所示。翅片上下放置隔板，两侧边缘由封条密封，并用钎焊焊牢，即构成一个翅片单元体。将一定数量的单元体组合起来，并进行适当排列，然后焊在带有进出口的集流箱上，便可构成具有逆流、错流或错逆流等多种形式的换热器，如图 3-2-14（b）、（c）、（d）所示。

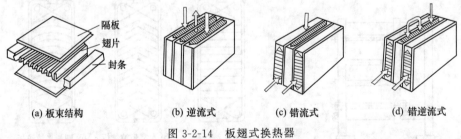

　　(a) 板束结构　　　　(b) 逆流式　　　　(c) 错流式　　　　(d) 错逆流式

图 3-2-14　板翅式换热器

　　板翅式换热器的优点是结构紧凑，单位体积设备具有的传热面积大；一般用铝合金制造，轻巧牢固；由于翅片促进了流体湍动，其传热系数很高；由于所用铝合金材料，在低温和超低温下仍具有较好的导热性和抗拉强度，故可在 -273～200℃ 范围内使用；同时，因翅片对隔板有支撑作用，其允许操作压力也较高，可达 5MPa。其缺点是易堵塞，流动阻力大；清洗检修困难。故要求介质洁净，同时对铝不腐蚀。

　　（5）热板式换热器　热板式换热器是一种新型高效换热器，其基本单元为热板，热板结构如图 3-2-15 所示。这是将两层或多层金属平板点焊或滚焊成各种图形，并将边缘焊接密封成一体。平板之间在高压下充气形成空间，得到最佳流动状态的流道形式。各层金属板厚度可以相等，也可以不相等，板数可以为双层，也可以为多层，这样就构成了多种热板传热表面形式。热板式换热器具有流动阻力小，传热效率高，根据需要可做成各种开关等优点，可用于加热、保温、干燥、冷凝等多种场合。作为一种新型换热器，具有广阔的

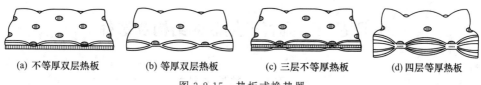

(a) 不等厚双层热板　　(b) 等厚双层热板　　(c) 三层不等厚热板　　(d) 四层等厚热板

图 3-2-15　热板式换热器

应用前景。

3. 热管换热器

热管换热器是用一种称为热管的新型换热元件组合而成的换热装置。热管的种类很多，但其基本结构和工作原理基本相同。以吸液芯热管为例，如图 3-2-16 所示，在一根密闭的金属管内充以适量的工作液，紧靠管子内壁处装有金属丝网或纤维等多孔物质，称为吸液芯。全管沿轴向分 3 段：蒸发段（又称热端）、绝热段（又称蒸汽输送段）和冷凝段（又称冷端）。当热流体从管外流过时，热量通过管壁传给工作液，使其汽化，蒸汽沿管子的轴向流动，在冷端向冷流体放出潜热而凝结，冷凝液在吸液芯内流回热端，再从热流体处吸收热量而汽化。如此反复循环，热量便不断地从热流体传给冷流体。

热管按冷凝液循环方式分为吸液芯热管、重力热管和离心热管 3 种，吸液芯热管的冷凝液依靠毛细管力回到热端，重力热管的冷凝液是靠重力流回热端，离心热管的冷凝液则依靠离心力流回热端。

热管按工作液的工作温度范围分为 4 种：深冷热管，在 200K 以下工作，工作液有氮、氢、氖、甲烷、乙烷等；低温热管，在 200～550K 范围内工作，工作液有氟里昂、氨、丙酮、乙醇、水等；中温热管，在 550～750K 范围内工作，工作液有导热姆 A、水银、铯、水、钾钠混合液等；高温热管，在 750K 以上范围内工作，工作液有钾、钠、锂、银等。

目前使用的热管换热器多为箱式结构，如图 3-2-17 所示。

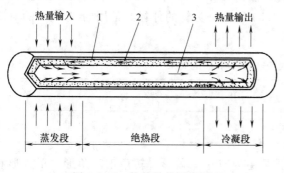

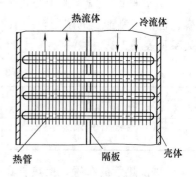

图 3-2-16　热管结构示意图
1—壳体；2—吸液芯；3—蒸汽

图 3-2-17　热管换热器
箱式结构

把一组热管合成一个箱形，中间用隔板分为热、冷两个流体通道，一般热管外壁上装有翅片，以强化传热效果。

热管换热器的传热特点是按热量传递汽化、蒸汽流动和冷凝三步进行，由于汽化和冷凝的对流强度都很大，蒸汽的流动阻力又较小，因此热管的传热热阻很小，即使在两端温度差很小的情况下，也能传递很大的热流量。因此，它特别适用于低温差传热的场合。热管换热器具有传热能力大、结构简单、工作可靠等优点，展现出很广阔的应用前景。

分课题二 列管换热器的结构及选择

一、列管换热器的结构

1. 壳体

固定管板换热器的管束与管板、管束与壳体均为刚性连接，在工作时，若管束壁温与壳体壁温存在较大温差，会产生温差应力，再与介质压力产生的应力叠加起来，可能会造成管子的弯曲或使管子与管板连接处发生泄漏，甚至会使壳体或管子上的应力超过许用应力或造成管子从管板上拉脱。因此，必须对管子、壳体进行受力分析。

2. 换热管

换热管是换热器的元件之一，置于筒体之内，用于两介质之间热量的交换。

（1）换热管的形式 除光管外，换热器还可采用各种各样的强化传热管，如翅片管、螺纹管、螺旋槽管等。当管内外两侧给热系数相差较大时，翅片管的翅片应布置在给热系数低的一侧。

（2）换热管材料 常用材料有碳素钢、低合金钢、不锈钢、铜、铜镍合金、铝合金、钛等。此外还有一些非金属材料，如石墨、陶瓷、聚四氟乙烯等。设计时应该根据工作压力、温度和介质腐蚀性等选用合适的材料。

（3）换热管规格、管间距和换热管的布置

① 管子的规格包括管径和管长。列管换热器标准系列中只采用 $\phi25mm \times 2.5mm$（或 $\phi25mm \times 2mm$）、$\phi19mm \times 2mm$ 两种规格的管子。对于洁净的流体，可选择小管径，对于不洁净或易结垢的流体，可选择大管径换热器。管长则以便于安装、清洗为原则。

② 管间距。管子的中心距 t 称为管间距，管间距小，有利于提高传热系数，且设备紧凑。但由于制造上的限制，一般 $t = (1.25 \sim 1.5)d_0$，d_0 为管的外径。常用的 d_0 与 t 的对比关系见表 3-2-3。

表 3-2-3 管壳式换热器，与 d_0 的关系

换热管外径 d_0/mm	10	14	19	25	32	38	45	57
换热管中心距 t/mm	14	19	25	32	40	48	57	72

③ 换热管的布置。换热管在管板上的排列主要有正三角形、转角正三角形、正方形和转角正方形四种形式（见图 3-2-18，图中的流向箭头垂直于折流板切边）。

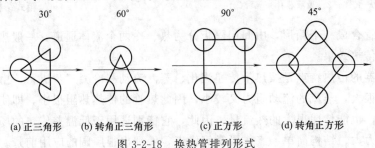

(a) 正三角形　(b) 转角正三角形　(c) 正方形　(d) 转角正方形

图 3-2-18 换热管排列形式

除此之外，还有等腰三角形和同心圆排列方式。其中正三角形排列的管数最多，故应用最广。而正方形排列最便于管外清洗，多用在壳程流体不洁净的情况下。换热管之间的中心距一般不小于管外径的 1.25 倍。

3. 管板

管板一般为一开孔的圆形平板或凸形板，其结构形式与换热器类型及与壳体的连接方式有关。

（1）固定管板式换热器管板结构　固定管板式换热器的管板，可分为兼作法兰和不兼作法兰两类。兼作法兰的固定管板的常用结构与壳体的连接及适用范围，如图 3-2-19 所示。

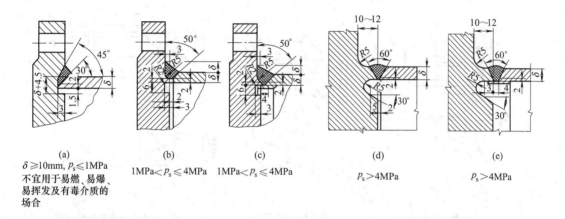

图 3-2-19　兼作法兰的固定管板结构

不兼作法兰时，固定管板的常用结构与壳体的连接及适用范围，如图 3-2-20 所示。

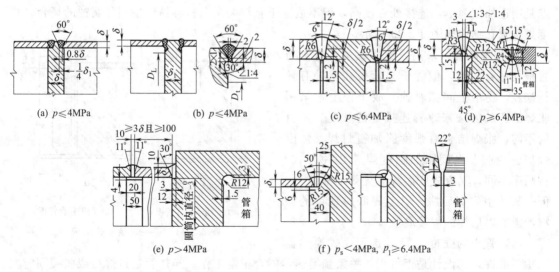

图 3-2-20　不兼作法兰的固定管板结构

（2）浮头式、U 形管、填料函式换热器管板　浮头式的活动管板即为一开孔圆平板；而 U 形管式只有一块固定管板，没有活动管板。填料函式的活动管板通常为一开孔圆平板加上短节圆筒形壳体。而三者的固定管板一般不兼作法兰，不受法兰力矩的作用，且与壳体

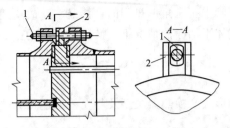

图 3-2-21 不兼作法兰的固定
端管板连接结构
1—带户双头螺柱；2—放松支耳

采用可拆连接方式。其结构形式与壳体的连接如图 3-2-21 所示。

（3）管子在管板上的连接　管子在管板上的连接方式有强度焊接、强度胀接、胀焊结合几种方式。

① 强度胀接。强度胀接是指保证换热管与管板连接密封性能和抗拉脱强度的胀接。采用的方法有机械胀管法和液压胀管法。采用的原理都是促使换热管产生塑性变形与管板贴合。其结构与适应范围如图 3-2-22 所示。

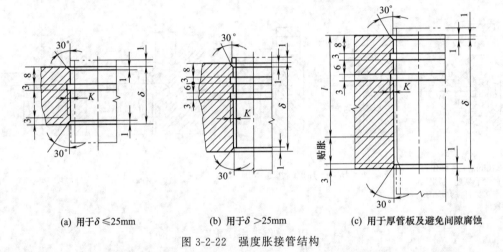

(a) 用于 $\delta \leqslant 25mm$　　(b) 用于 $\delta > 25mm$　　(c) 用于厚管板及避免间隙腐蚀

图 3-2-22　强度胀接管结构

② 强度焊接。强度焊接是指保证换热管与管板连接密封性和抗拉脱强度的焊接。其特点是制造加工简单，连接处强度高，但不适应于有较大振动和容易产生间隙腐蚀的场合。强度焊接管孔结构如图 3-2-23 所示。

③ 胀焊结合。采用强度胀接虽然管子与管板孔贴合较好，但管子与管板孔壁处有环行缝隙，易产生间隙腐蚀。故工程上常采用胀焊结合的方法来改善连接处的状况。按目的不同，胀焊结合有强度胀加密封焊、强度焊加密封胀、强度胀加强度焊等几种方式。按顺序不同，又有先胀后焊和先焊后胀之分。但一般采用先焊后胀，以免先胀时残留的润滑油影响以后焊的焊接质量。

（4）管板的强度　管板是管壳式换热器

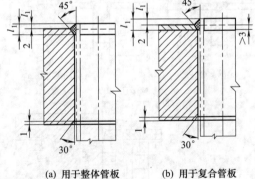

(a) 用于整体管板　　　(b) 用于复合管板

图 3-2-23　强度焊接管孔结构

的重要部件，其设计是否得当，关系到换热器能否正常工作。换热管通过焊接或胀接固定在管板上，当管板在外载荷作用下发生弯曲变形时，管束也将产生变形，管束的变形有端部的弯曲变形和中间部分的伸长或压缩变形两种。

管束的轴向变形，对管板产生弹性约束力，弹性反作用力随位置（管板半径）的不同而变化，挠度大的地方，管子对管板弹性作用力也大。如果管板直径比管子直径大得多，而管数又是足够多时，可将弹性力看作连续分布载荷，管束对管板的作用，可简化为连续支承管板的弹性基础。

① 开孔对管板的削弱。管板上密布着规则排列的小孔，削弱了管板的强度和刚度，在管孔边缘还将产生应力集中。但管子固定在管板上，又对管板起一定的加强作用，抵消了部分应力集中的影响，设计时，通常采用削弱系数来考虑开孔对管板强度与刚度削弱的影响。

② 管板周边支承形式的影响。管板周边支承形式，根据其对管板变形时的约束作用程度分为固支和简支以及介于二者之间的半固支三种类型。当周边固支时，管板上应力和挠度小，周边简支时，应力和挠度均较大。

③ 温差的影响。温差应力有两种情况：一是壳壁温度和管壁温度不同将导致壳体和管束的伸长量不同，致使管板产生弯曲变形；二是管板上下表面接触的是两种温度不同的流体，温度的不同将在管板上产生温差应力。

④ 管板强度理论简介。其他影响管板强度的因素还有管板是否兼作法兰的不同影响；当管板兼作法兰时，要考虑法兰力矩的影响；周边不布管区对管板边缘的应力下降的影响等。由于影响管板强度的因素很多，受力情况非常复杂，吸引了许多专家和工程技术人员对此进行研究，提出了许多管板强度理论。国际上采用比较多的、有代表性的有以下几种。

a. 基于圆平板的理论。这种理论将管板当作周边支承条件下受均布载荷作用的圆平板，采用平板理论公式确定管板厚度，再考虑开孔削弱等影响，引入经验性的修正系数。这种理论计算简单，但局限性较大。采用这一理论的有美国和日本等国家。

b. 固定支承圆平板理论。这种理论将管束当作周边支承条件下受均布载荷作用的圆平板。该理论认为管板的厚度取决于管板上不布管区的范围。采用这一理论的有德国等国家。这种理论适用于各种薄管板的强度校核。

c. 基于安置在弹性基础上的圆平板理论。这种理论将管板看作由管束弹性支承的圆平板。该理论考虑了开孔的影响。采用这一理论的有英国等国家。中国管板设计理论是在此基础上，进一步考虑了法兰附加弯矩、管板周边布管情况等方面的影响，在理论上更完备，在结果上更精确，管板所需厚度最小，但计算更为复杂。

管板的强度计算和厚度确定非常复杂，计算方法繁琐。通常采用强度校核法。即首先假定一个计算厚度，然后计算各种参数，再校核在各种载荷作用下危险状况的应力，最后通过强度校核来判断初设的厚度是否合适。在需要具体计算时，可参看《管壳式换热器》（GB 151—1999）。

4. 管箱、折流板，挡板

（1）管箱　管箱是位于换热器两端的重要部件。它的作用是接纳由进口管来的流体，并分配到各换热管或是汇集由换热管流出的流体，将其送入排出管输出。常用的管箱结构如图 3-2-24 所示。管箱的结构与换热器是否需要清洗和是否需要分程等因素有关。图 3-2-24 （a）所示管箱，是双程带流体进出口管的结构。在检查及清洗管内时，需拆下连接管道，故只适应管内走清洁流体的情况。图 3-2-24 （b）为在管箱上装箱盖，检查与清洗管内时，只需拆下箱盖即可，但材料消耗较多。图 3-2-24 （c）形式是将管箱与管板焊成一体，在管板密封处不会产生泄漏，但管箱不能单独拆卸，检查与清洗不便，已较少采用。图 3-2-24 （d）为一种多程隔板的安置形式。

（2）折流板与支撑板　在换热器中设置折流板是为了提高壳程流体的流速，增加流体流动的湍动程度，控制壳程流体的流动方向与管束垂直，以增大传热系数。在卧式换热器中，

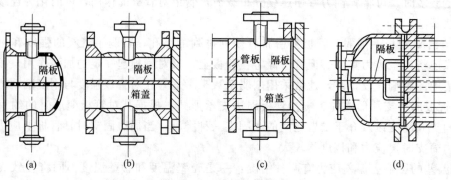

图 3-2-24 管箱结构形式

拆流板还起着支撑管束的作用。常用的折流板有弓形与圆盘—圆环形几种形式，其中以弓形挡板应用最多，其结构如图 3-2-25 所示。

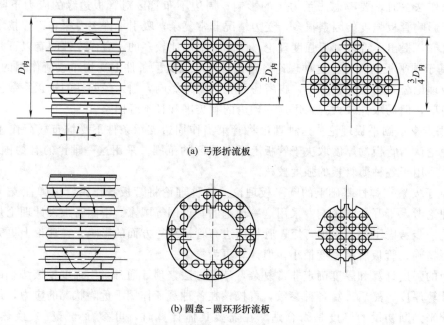

(a) 弓形折流板

(b) 圆盘－圆环形折流板

图 3-2-25 折流板结构

（3）挡板 挡板的形状和间距对壳程流体的流动和传热有重要的影响。弓形挡板的弓形缺口过大或过小都不利于传热，还往往会增加流动阻力。通常切去的弓形高度为外壳内径的 $10\%\sim40\%$，常用的为 20% 和 25% 两种。

挡板应按等间距布置，挡板最小间距应不小于壳体内径的 1/5，且不小于 50mm；最大间距不应大于壳体内径。弓形折流板有单弓形、双弓形和三弓形三种形式；多弓形适应壳体直径较大的换热器，安装位置可以是水平、垂直或旋转一定角度，弓形折流板的缺口高度应使流体通过缺口时与横向流过管束时的流速大致相等，一般情况下，取缺口高度为 0.25 倍壳体内径。挡板缺口高度及板间距的影响如图 3-2-26 所示。

(a) 缺口高度过小，板间距过大 (b) 正常 (c) 缺口高度过大，板间距过小

图 3-2-26 挡板缺口高度及板间距的影响

折流板一般在壳体轴线方向按等距离布置。最小间距不小于 0.2 倍壳体内径，且不小于 50mm 最大间距应不大于壳体内径。板间距过小，不便于制造和检修，阻力也较大；板间距过大，流体难于垂直流过管束，使对流传热系数下降。系列标准中采用的板间距为：固定管板式有 150mm、300mm 和 600mm 三种；浮头式有 150mm、200mm，300mm，480mm 和 600mm 五种。管束两端的折流板应尽量靠近壳体的进、出口接管。折流板上管孔与换热管之间的间隙及折流板与壳体内壁的间隙要符合要求。间隙过大，会因短路现象严重而影响传热效果，且易引起振动，间隙过小会使安装、拆卸困难。

在卧式换热器中，折流板弓形缺口应上下水平布置。当壳程流体为气体，且含有少量液体时，应在缺口朝上的弓形板底部开设通液口。通液口通常为 90° 的扇形小缺口，以利排液。当壳程流体为液体，且含有少量气体时，应在缺口朝下的折流板顶部开设通气口。当壳程流体为气、液相共存或液体中含有固体颗粒时，折流板缺口应左、右垂直布置，且在底部开设通液口。

折流板的安装定位采用拉杆-定距管结构，如图 3-2-27（a）所示。当换热管径较小时（$d \leqslant 14$mm），可采用将折流板点焊在拉杆上而不用定距管，如图 3-2-27（b）所示。换热器内一般都装有折流板，既起折流作用，又起支撑作用。但当工艺上无折流板要求而换热管比较细长时，应考虑有一定数量的支撑板，以便于安装和防止管子过大变形。支撑板的结构和尺寸，可按折流板处理。

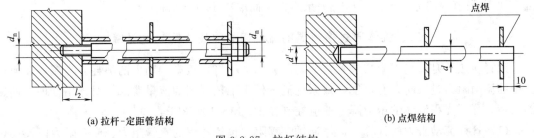

(a) 拉杆-定距管结构   (b) 点焊结构

图 3-2-27　拉杆结构

（4）挡板　当选用浮头式、U 形管式或填料函式换热器时，在管束与壳体内壁之间有较大环形空隙，形成短路现象而影响传热效果。对此，可增设旁路挡板，以迫使壳程流体垂直通过管束进行换热。旁路挡板数量可取 2～4 对，一般为 2 对。挡板可用钢板或扁钢制作，材质一般与折流板相同。挡板常采用嵌入折流板的方式安装。先在折流板上铣出凹槽，将条状旁路挡板嵌入折流板，并点焊固定。旁路挡板结构如图 3-2-28 所示。

在 U 形管换热器中，U 形管束中心部分有较大的间隙，流体在此处走短路而影响传热效率。对此，可采取在 U 形管束中间通道处设置中间挡板的办法解决。中间挡板数一般不超过 4 块。中间挡板可与折流板点焊固定，如图 3-2-29 所示。

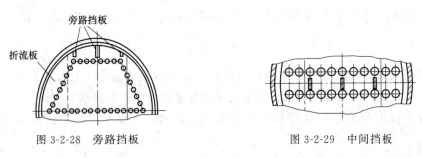

图 3-2-28　旁路挡板   图 3-2-29　中间挡板

5. 温差补偿装置

在固定管板式换热器中，管束与壳体是刚性连接的。当管程流体温度较高而壳程流体温度较低时，管束的壁温高于壳体的壁温，管束的伸长要大于壳体的伸长，使得壳体受拉而管束受压，在壳壁上和管壁上产生了应力。这个应力是由于管壁与壳壁的温度差引起的，称为温差应力或热应力。当管程流体温度较低而壳程流体温度较高时，则壳体受压而管束受拉。

当管壁温度与壳壁温度的差值越大时，所引起的温差应力也越大。情况严重时，可引起管子弯曲变形，甚至造成管子从管板上拉脱或顶出，导致生产无法进行。

在设计换热器时，应根据冷、热流体的温度，确定壳体和管子的壁温，然后计算由温差引起的温差应力，再校核在温差应力作用下，管束与管板的连接强度。若在连接处强度不足，则应采取温差补偿措施。

工程上应用最多的温差补偿装置是膨胀节。膨胀节是装在固定管板式换热器壳体上的挠性构件，由于它轴向柔度大，当管束与壳体壁温不同而产生温差应力时，通过协调变形而减少温差应力。膨胀节壁厚越薄，弹性越好，补偿能力越大，但膨胀节的厚度要满足强度要求。工厂中使用最多的是 U 形膨胀节，它结构简单，补偿性能好，价格便宜，已有标准件可供选用。若需要较大补偿量时，则可采用多波 U 形膨胀节。

当壳程流体介质压力较高时，U 形膨胀节的厚度也需要增加。增大壁厚不仅增加了材料消耗，而且降低了膨胀节的弹性变形能力，减小了补偿量。此时可考虑选用 U 形膨胀节，因 U 形膨胀节内的应力与介质压力关系不大，而取决于自身结构。

二、流体通过换热器的流动阻力（压力降）的计算

列管换热器是一局部阻力装置，流动阻力的大小将直接影响动力的消耗。当流体在换热器中的流动阻力过大时，有可能导致系统流量低于工艺规定的流量要求。对选用合理的换热器而言，管、壳程流体的压力降一般应控制在 10.13～101.3kPa。

（1）管程流动阻力的计算　流体通过管程阻力包括各程的直管阻力、回弯阻力以及换热器进、出口阻力等。通常进、出口阻力较小，可以忽略不计。因此，管程阻力可按下式进行计算，即

$$\sum \Delta p_i = (\Delta p_1 + \Delta p_2) F_t N_S N_p$$

式中　Δp_1——因直管阻力引起的压力降，Pa；

Δp_2——因回弯阻力引起的压力降，Pa；

F_t——结垢校正系数，对 $\phi 25mm \times 2.5mm$ 管子 $F_t = 1.4$；对 $\phi 19mm \times 2mm$ 的管子 $F_t = 1.5$；

N_S——串联的壳程数；

N_p——每壳程的管程数。

上式中的 Δp_1 可按直管阻力计算式进行计算；Δp_2 由下面经验式估算，即

$$\Delta p_2 = 3 \left(\frac{\rho u_i^2}{2} \right)$$

（2）壳程阻力的计算　壳程流体的流动状况较管程更为复杂，计算壳程阻力的公式很多，不同公式计算的结果差别较大。当壳程采用标准圆缺形折流挡板时，流体阻力主要有流体流过管束的阻力与通过折流挡板缺口的阻力。此时，壳程压力降可采用通用的埃索公式，即

$$\sum \Delta p_o = (\Delta p_1' + \Delta p_2') F_S N_S$$

其中

$$\Delta p_1' = F f_0 n_c (N_B + 1) \frac{\rho u_0^2}{2}$$

$$\Delta p_2' = N_B \left(3.5 - \frac{2h}{D} \right) \frac{\rho u_0^2}{2}$$

式中　$\Delta p_1'$——流体流过管束的压力降，Pa；

　　　$\Delta p_2'$——流体流过折流挡板缺口的压力降，Pa；

　　　F_S——壳程结垢校正系数，对液体 $F_S=1.15$；对气体或蒸汽 $F_S=1$；

　　　F——管子排列方式对压力降的校正系数，对正三角形排列 $F=0.5$；正方形斜转 45°排列 $F=0.4$；正方形直列 $F=0.3$；

　　　f_0——流体的摩擦系数，当 $Re_0=d_0 u_0 \rho / \mu > 500$ 时，$f_0=5.0 Re_o^{-0.228}$；

　　　N_B——折流挡板数；

　　　h——折流挡板间距，m；

　　　n_c——通过管束中心线上的管子数；

　　　u_0——按壳程最大流通面积 A_o 计算的流速，m/s，$A_o=h(D-n_c d_o)$。

三、列管式换热器选型

列管换热器有系列标准，所以使用时工程上一般只需选型即可，只有在实际要求与标准系列相差较大的时候，方需要自行设计。

1. 列管式换热器选型时应考虑的问题

（1）流动空间的选择　流体流经管程或壳程，以固定管板式换热器为例，一般确定原则如下。

① 不洁净或易结垢的流体宜走管程，因为管程清洗较方便；

② 腐蚀性流体宜走管程，以免管子和壳体同时被腐蚀，且管子便于维修和更换；

③ 压力高的流体宜走管程，以免壳体受压，以节省壳体金属消耗量；

④ 被冷却的流体宜走壳程，便于散热，增强冷却效果；

⑤ 高温加热剂与低温冷却剂宜走管程，以减少设备的热量或冷量的损失；

⑥ 有相变的流体宜走壳程，如冷凝传热过程，管壁面附着的冷凝液厚度即传热膜的厚度，让蒸汽走壳程有利于及时排除冷凝液，从而提高冷凝传热膜系数；

⑦ 有毒害的流体宜走管程，以减少泄漏量；

⑧ 黏度大的液体或流量小的流体宜走壳程，因流体在有折流挡板的壳程中流动，流速与流向不断改变，在低 $Re>100$ 的情况下即可达到湍流，以提高传热效果；

⑨ 若两流体温差较大时，对流传热系数较大的流体宜走壳程。因管壁温接近于 α 较大的流体，以减小管子与壳体的温差，从而减小温差应力。

在选择流动路径时，上述原则往往不能同时兼顾，应视具体情况分析。一般首先考虑操作压力、防腐及清洗等方面的要求。

（2）流速的选择　流体在管程或壳程中的流速，不仅直接影响传热膜系数，而且影响污垢热阻，从而影响传热系数的大小，特别对含有较易沉积颗粒的流体，流速过低甚至可能导致管路堵塞，严重影响到设备的使用，但流速增大，又将使流体阻力增大。因此选择适宜的流速是十分重要的。根据经验，表 3-2-4、表 3-2-5 列出一些工业上常用的流速范围，以供参考。

表 3-2-4 列管换热器内常用的流速范围

流 体 种 类	流速/(m/s)	
	管程	壳程
一般液体	0.5～3	0.2～1.5
易结垢液体	>1	>0.5
气体	5～30	3～15

表 3-2-5 液体在列管换热器中的流速（钢管）

液体黏度/mPa·s	最大流速/(m/s)	液体黏度/mPa·s	最大流速/(m/s)
>1500	0.6	100～35	1.5
1500～500	0.75	35～1	1.8
500～100	1.1	1	2.4

（3）加热剂（或冷却剂）进、出口温度的确定方法 通常，被加热（或冷却）流体进、出换热器的温度由工艺条件决定，但对加热剂（或冷却剂）而言，进、出口温度则需视具体情况而定。

为确保换热器在所有气候条件下均能满足工艺要求，加热剂的进口温度应按所在地的冬季状况确定；冷却剂的进口温度应按所在地的夏季状况确定。若综合利用系统流体作加热剂（或冷却剂）时，因流量、入口温度确定，故可由热量衡算直接求其出口温度。用蒸汽作加热剂时，为加快传热，通常宜控制为恒温冷凝过程，蒸汽入口温度的确定要考虑蒸汽的来源、锅炉的压力等。在用水作冷却剂时，为便于循环操作、提高传热推动力，冷却水的进、出口温度差一般宜控制在 5～10℃ 左右。

（4）列管类型的选择 对热、冷流体的温差在 50℃ 以内时，不需要热补偿，可选用结构简单、价格低廉且易清洗的固定管板式换热器。当热，冷流体的温差超过 50℃ 时，需要考虑热补偿。当温差校正系数 $\varphi_{\Delta t}$ 小于 0.8 的前提下若管程流体较为洁净时，宜选用价格相对便宜的 U 形管式换热器，反之，应选用浮头式换热能。

（5）单程与多程 前已述及，在列管式换热器中存在单程与多程结构（管程与壳程）。当温差校正系数小于 0.8 时，则不能采用包括 U 形管式、浮头式在内的多程结构，宜采用几台固定管板式换热器串联或并联操作。

2. 列管式换热器选型的步骤

① 根据换热任务确定两流体的流量、进出口温度、操作压力、物性数据等。

② 确定换热器的结构型式，确定流体在换热器内的流动空间。

③ 计算热负荷，计算平均温度差，选取总传热系数，并根据传热基本方程初步算出传热面积，以此作为选择换热器型号的依据，并确定初选换热器的实际换热面积 $S_{实}$，以及在 $S_{实}$ 下所需的传热系数 $K_{需}$。

④ 压力降校核。根据初选设备的情况，计算管、壳程流体的压力差是否合理。若压力降不符合要求，则需重新选择其他型号的换热器，直至压力降满足要求。

⑤ 核算总传热系数。计算换热器管、壳程的流体的传热膜系数，确定污垢热阻，再计算总传热系数 $K_{计}$。

⑥ 计算传热面积 $S_需$，再与换热器的实际换热面积 $S_实$ 比较，若 $S_实/S_需$ 在 1.1~1.25 之间（也可以用 $K_计/K_需$），则认为合理，否则需另选 $K_选$，重复上述计算步骤，直至符合要求。

3. 列管式换热器的型号与规格

（1）基本参数　列管换热器的基本参数主要有：

① 公称换热面积 SN；

② 公称直径 DN；

③ 公称压力 PN；

④ 换热管规格；

⑤ 换热管长度 L；

⑥ 管子数量 n；

⑦ 管程数 Np。

（2）型号表示方法　列管换热器的型号由以下五部分组成。

$$\underset{1}{\times} \quad \underset{2}{\times\times\times\times} \quad \underset{3}{\times} \quad \underset{4}{-\times\times} \quad \underset{5}{-\times\times\times}$$

其中　1——换热器代号；

　　　2——公称直径 DN，mm；

　　　3——管程数 N_p，Ⅰ、Ⅱ、Ⅳ、Ⅵ；

　　　4——公称压力 PN，MPa；

　　　5——公称换热面积 SN，m²。

例如，公称直径为 600mm，公称压力为 1.6MPa，公称换热面积为 55m²，双管程固定管板式换热器的型号为：G600Ⅱ—1.6—55，其中 G 为固定管板式换热器的代号。

分课题三　传热过程的强化及换热器运行

所谓强化传热技术就是当高温流体与低温流体在某一传热面两侧流动时，单位时间内使冷热两种流体间交换的热量 Q 尽可能增大。由传热速率方程 $Q=KA_m\Delta t_m$ 可知：增加传热面积 A_m、增大传热温差 Δt_m、提高总传热系数 K 均可以提高传热速率。

一、传热过程的强化途径

1. 增大传热面积

增大传热面积可以提高换热器的传热速率。但增大传热面积不能靠增大换热器的尺寸来实现，而是要从设备的结构入手，提高单位体积的传热面积。工业上往往通过改进传热面的结构来实现。目前已研制出并成功使用了多种高效能传热面，它不仅使传热面得到充分的扩展，而且还使流体的流动和换热器的性能得到相应的改善。现介绍几种主要形式。

（1）翅化面（肋化面）　用翅（肋）片来扩大传热面面积和促进流体的湍动从而提高传热效率，是人们在改进传热面进程中最早推出的方法之一。翅化面的种类和形式很多，用材广泛，制造工艺多样，前面讨论的翅片管式换热器、板翅式换热器等均属此类。翅片结构通常用于传热面两侧传热系数小的场合，对气体换热尤为有效。

（2）异形表面　用轧制、冲压、打扁或爆炸成形等方法将传热面制造成各种凹凸形、波纹形、扁平状等，使流道截面的形状和大小均发生变化。这不仅使传热表面有所增加，还使流体在流道中的流动状态不断改变，增加扰动，减少边界层厚度，从而促使传热强化。强化传热管就是管壳式换热中常用的结构，工程上常用的强化传热管的形式如图 3-2-30 所示。

（3）多孔物质结构　将细小的金属颗粒烧结或涂敷于传热表面或填充于传热表面间，以实现扩大传热面积的目的。表面烧结法制成的多孔层厚度一般为 0.25～1mm，空隙率为 50%～65%，孔径为 1～150μm。这种多孔表面，不仅增大了传热面积，而且还改善了换热状况，对于沸腾传热过程的强化特别有效。

图 3-2-31 所示为多孔表面示意。

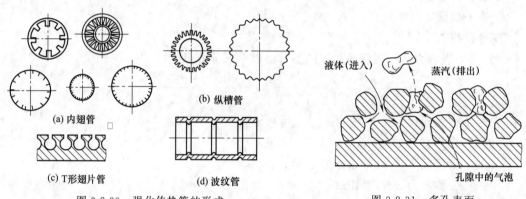

(a) 内翅管
(b) 纵槽管
(c) T形翅片管
(d) 波纹管

液体(进入)　蒸汽(排出)

孔隙中的气泡

图 3-2-30　强化传热管的形式　　　　　图 3-2-31　多孔表面

（4）采用小直径管　在管式换热器设计中，减少管子直径，可增加单位体积的传热面积，这是因为管径减小，可以在相同体积内布置更多的传热面，使换热器的结构更为紧凑。

据推算，在壳径为 1000mm 以下的管壳式换热器中，把换热管直径由 $\phi25\times2.5$mm 改为 $\phi19\times2$mm，传热面积可增加 35% 以上。另一方面，减少管径后，使管内湍流换热的层流内层减薄，有利于传热的强化。

上述方法可提高单位体积的传热面积，使传热过程得到强化。但同时由于流道的变化，往往会使流动阻力有所增加，故设计时应综合比较，全面考虑。

2. 增大平均温度差

增大平均温度差，可以提高换热器的传热效率。平均温度差的大小主要取决于两流体的温度条件和两流体在换热器中的流动形式。一般来说，物料的温度由生产工艺来决定，不能随意变动，而加热介质或冷却介质的温度由于所选介质不同，可以有很大的差异。例如，在化工中常用的加热介质是饱和水蒸气，若提高蒸汽的压力就可以提高蒸汽的温度，从而提高平均温度差。但需指出的是，提高介质的温度必须考虑到技术上的可行性和经济上的合理性。另外，采用逆流操作或增加管壳式换热器的壳程数使流速增大，均可得到较大的平均温度差。

3. 增大总传热系数

增大总传热系数，可以提高换热器的传热效率。总传热系数的计算公式为

$$K=\dfrac{1}{\dfrac{d_o}{h_i d_i}+R_{si}\dfrac{d_o}{d_1}+\dfrac{bd_o}{kd_m}+R_{so}+\dfrac{1}{h_o}}$$

式中　h_i，h_o——间壁内、外侧流体的对流传热系数，W/(m²·℃)；

　d_i，d_o，d_m——间壁内径、外径、平均直径，m；

　　R_{si}、R_{so}——间壁内、外侧表面上的污垢热阻，m²·℃/W；

　　　　k——间壁的热导率，W/(m²·℃)；

　　　　b——间壁的厚度，m。

由此可见，要提高 K 值，就必须减少各项热阻。但因各项热阻所占比例不同，故应设法减少对 K 值影响较大的热阻。一般来说，在金属材料换热器中，金属材料壁面较薄且热导率高，不会成为主要热阻；污垢热阻是一个可变因素，在换热器刚投入使用时，污垢热阻很小，不会成为主要矛盾，但随着使用时间的加长，污垢逐渐增加，便可成为阻碍传热的主要因素；对流传热热阻经常是传热过程的主要矛盾，也应是着重研究的内容。

减少热阻的主要方法如下：

（1）提高流体的速度　加大流速，使流体的湍动程度加剧，减少传热边界层中层流内层的厚度，提高对流传热系数，也即减少了对流传热的热阻。例如在管壳式换热器中增加管程数和壳程的挡板数，可分别提高管程和壳程的流速。

（2）增强流体的扰动　增强流体的扰动，可使层流内层减薄，使对流传热热阻减少。例如在管式换热器中，采用各种异形管或在管内加装麻花铁、螺旋圈或金属卷片等添加物，均可增强流体的扰动。

（3）在流体中加固体颗粒　在流体中加固体颗粒，一方面由于固体颗粒的扰动和搅拌作用，使对流传热系数加大，对流传热热阻减小；另一方面由于固体颗粒不断冲刷壁面，减少了污垢的形成，使污垢热阻减少。

（4）在气流中喷入液滴　在气流中喷入液滴能强化传热，其原因是液雾改善了气相放热强度低的缺点，当气相中液雾被固体壁面捕集时，气相换热变成了液膜换热，液膜表面蒸发传热强度极高，因而使传热得到强化。

（5）采用短管换热器　采用短管换热器能强化对流传热，其原理在于流动入口段对传热的影响。在流动入口处，由于层流内层很薄，对流传热系数较高。据报道，短管换热器的总传热系数较普通的管壳式换热器可提高 5～6 倍。

（6）防止结垢和及时清除垢层　为了防止结垢，可增加流体的速度，加强流体的扰动；为便于清除垢层，使易结垢的流体在管程流动或采用可拆式的换热器结构，定期进行清垢和检修。

二、换热器的操作

为了保证换热器长久正常运转，必须正确操作和使用换热器，并重视对设备的维护、保养和检修，将预防性维护摆在首位，强调安全预防，减少任何可能发生的事故，这就要求我们掌握换热器的基本操作方法、运行特点和维护经验。

1. 换热器的正常使用

① 投产前应检查压力表、温度计、液位计以及有关阀门是否齐全好用。

② 输进蒸汽前先打开冷凝水排放阀门，排除积水和污垢；打开放空阀，排除空气和其他不凝性气体。

③ 换热器投产时，要先通入冷流体，缓慢或数次通入热流体，做到先预热后加热，切

忌骤冷骤热，以免换热器受到损坏，影响其使用寿命。

④ 进入换热器的冷热流体如果含有大颗粒固体杂质和纤维质，一定要提前过滤和清除（特别是对板式换热器），防止堵塞通道。

⑤ 经常检查两种流体的进出口温度和压力，发现温度、压力超出正常范围或有超出正常范围的趋势时，要立即查出原因，采取措施，使之恢复正常。

⑥ 定期分析流体的成分，以确定有无内漏，以便及时处理；对列管换热器进行堵管或换管，对板式换热器修补或更换板片。

⑦ 定期检查换热器有无渗漏、外壳有无变形以及有无振动，若有应及时处理。

⑧ 定期排放不凝性气体和冷凝液，定期进行清洗。

2. 具体操作要点

化工生产中对物料进行加热（沸腾）、冷却（冷凝），由于加热剂、冷却剂等的不同，换热器具体的操作要点也有所不同，下面分别予以介绍。

(1) 蒸汽加热　蒸汽加热必须不断排除冷凝水，否则积于换热器中，部分或全部变为无相变传热，传热速率下降。同时还必须及时排放不凝性气体。因为不凝性气体的存在使蒸汽冷凝的给热系数大大降低。

(2) 热水加热　热水加热，一般温度不高，加热速度慢，操作稳定，只要定期排放不凝性气体，就能保证正常操作。

(3) 烟道气加热　烟道气一般用于生产蒸汽或加热、汽化液体，烟道气的温度较高，且温度不易调节，在操作过程中，必须时时注意被加热物料的液位、流量和蒸汽产量，还必须做到定期排污。

(4) 导热油加热　导热油加热的特点是温度高（可达400℃）、黏度较大、热稳定性差、易燃、温度调节困难，操作时必须严格控制进出口温度，定期检查进出管口及介质流道是否结垢，做到定期排污，定期放空，过滤或更换导热油。

(5) 水和空气冷却　操作时注意根据季节变化调节水和空气的用量，用水冷却时，还要注意定期清洗。

(6) 冷冻盐水冷却　其特点是温度低，腐蚀性较大，在操作时应严格控制进出口的温度防止结晶堵塞介质通道，要定期放空和排污。

(7) 冷凝　冷凝操作需要注意的是，定期排放蒸汽侧的不凝性气体，特别是减压条件下不凝性气体的排放。

3. 换热器的维护和保养

(1) 管式换热器的维护和保养

① 保持设备外部整洁、保温层和油漆完好。

② 保持压力表、温度计、安全阀和液位计等仪表和附件的齐全、灵敏和准确。

③ 发现阀门和法兰连接处渗漏时，应及时处理。

④ 开停换热器时，不要将阀门开得太猛，否则容易造成管子和壳体受到冲击，以及局部骤然胀缩，产生热应力，使局部焊缝开裂或管子连接口松弛。

⑤ 尽可能减少换热器的开停次数，停止使用时，应将换热器内的液体清洗放净，防止冻裂和腐蚀。

⑥ 定期测量换热器的壳体厚度，一般两年一次。

列管换热器的常见故障及其处理方法见表 3-2-6。

表 3-2-6 列管换热器的常见故障及处理方法

故　障	产　生　原　因	处　理　方　法
传热效率下降	(1)列管结垢 (2)壳体内不凝汽或冷凝液增多 (3)列管、管路或阀门堵塞	(1)清洗管子 (2)排放不凝汽和冷凝液 (3)检查清理
振动	(1)壳程介质流动过快 (2)管路振动所致 (3)管束与拆流板的结构不合理 (4)机座刚度不够	(1)调节流量 (2)加固管路 (3)改进设计 (4)加固机座
管板与壳体连接处开裂	(1)焊接质量不好 (2)外壳歪斜,连接管线拉力或推力过大 (3)腐蚀严重,外壳壁厚减薄	(1)清除补焊 (2)重新调整找正 (3)鉴定后修补
管束、胀口渗漏	(1)管子被折流板磨破 (2)壳体和管束温差过大 (3)管口腐蚀或胀(焊)接质量差	(1)堵管或换管 (2)补胀或焊接 (3)换管或补胀(焊)

列管换热器的故障 50% 以上是由于管子引起的,以下简单介绍更换管子、堵塞管子和对管子进行补胀 (或补焊) 的具体方法。

当管子出现渗漏时,就必须更换管子,对胀接管,须先钻孔,除掉胀管头,拔出坏管,然后换上新管进行胀接,最好对周围不要更换的管子也能稍稍胀一下,注意换下坏管时,不能碰伤管板的管孔,同时在胀接新管时,要清除管孔的残留异物,否则可能产生渗漏;对焊接管,须用专用工具将焊缝进行清除,拔出坏管,换上新管进行焊接。

更换管子的工作是比较麻烦的,因此,当只有个别管子损坏时,可用管堵将两端堵死,管堵材料的硬度不能高于管子的硬度,堵死的管子数量不能超过换热器该管程总管数的 10%。

管子胀口或焊口处发生渗漏时,有时不需换管,只需进行补胀或补焊,补胀时应考虑到胀管应力对周围管子的影响,所以对周围管子也要轻轻胀一下;补焊时,一般须先清除焊缝,再重新焊接,需要应急时,也可直接对渗漏处进行补焊,但只适用于低压设备。

(2) 板式换热器的维护和保养

① 保持设备整洁、油漆完好,紧固螺栓的螺纹部分应涂防锈油并加外罩,防止生锈和粘灰尘。

② 保持压力表、温度计灵敏、准确,阀门和法兰无渗漏。

③ 定期清理和切换过滤器,预防换热器堵塞。

④ 组装板式换热器时,螺栓的拧紧要对称进行,松紧适宜。

板式换热器的主要故障和处理方法见表 3-2-7。

(3) 换热器的清洗　换热器经过一段时间的运行,传热面上会产生污垢,使传热系数大大降低而影响传热效率,因此必须定期对换热器进行清洗,由于清洗的困难程度随着垢层厚度的增加而迅速增大,所以清洗间隔时间不宜过长。

换热器的清洗不外乎化学清洗和机械清洗两种方法,对清洗方法的选定应根据换热器的形式、污垢的类型等情况而定。一般化学清洗适用于结构较复杂的情况,如列管换热器管间、U 形管内的清洗,由于清洗剂一般呈酸性,对设备多少会有一些腐蚀。机械清洗常用

表 3-2-7　板式换热器常见故障和处理方法

故　障	产 生 原 因	处 理 方 法
密封处渗漏	(1)胶垫未放下或扭曲 (2)螺栓坚固力不均匀或坚固不够 (3)胶垫老化或有损伤	(1)重新组装 (2)高速螺栓紧固度 (3)更换新垫
内部介质渗漏	(1)板片有裂缝 (2)进出口胶垫不严密 (3)侧面压板腐蚀	(1)检查更新 (2)检查修理 (3)补焊、加工
传热效率下降	(1)板片结垢严重 (2)过滤器或管路堵塞	(1)解体清理 (2)清理

于坚硬的垢层、结焦或其他沉积物，但只能清洗工具能够到达之处，如列管换热器的管内（卸下封头）、喷淋式蛇管换热器的外壁、板式换热器（拆开后），常用的清洗工具有刮刀、竹板、钢丝刷、尼龙刷等。另外，还可以用高压水进行清洗。

① 化学清洗（酸洗法）。酸洗法常用盐酸配制酸洗溶液，由于酸能腐蚀钢铁，在酸洗溶液中须加入一定数量的缓蚀剂，以抑制对基体的腐蚀（酸洗溶液的配制方法参阅有关资料）。

酸洗法的具体操作方法有两种。其一为重力法，借助于重力，将酸洗溶液缓慢注入设备，直至灌满，这种方法的优点是简单、耗能少，但效果差、时间长。其二为强制循环法，依靠酸泵使酸洗溶液通过换热器并不断循环，这种方法的优点是清洗效果好，时间相对较短，缺点是需要酸泵，较复杂。

进行酸洗时，要注意以下几点：其一，对酸洗溶液的成分和酸洗的时间必须控制好，原则上要求既要保证清洗效果，又尽量减少对设备的腐蚀；其二，酸洗前检查换热器各部位是否有渗漏，如果有，应采取措施消除；其三，在配制酸洗溶液和酸洗过程中，要注意安全，需穿戴口罩、防护服、橡胶手套，并防止酸液溅入眼中。

② 机械清洗。对列管换热器管内的清洗，通常用钢丝刷，具体做法是用一根圆棒或圆管，一端焊上与列管内径相同的圆形钢丝刷，清洗时，一边旋转一边推进，通常用圆管比用圆棒要好，因为圆管向前推进时，清洗下来的污垢可以从圆管中退出。对不锈钢管不能用钢丝刷而要用尼龙刷，对板式换热器也只能用竹板或尼龙刷，切忌用刮刀和钢丝刷。

③ 高压水清洗。采用高压泵喷出高压水进行清洗，既能清洗机械清洗不能到达的地方，又避免了化学清洗带来的腐蚀，因此，也不失为一种好的清洗方法。这种方法适用于清洗列管换热器的管间，也可用于清洗板式换热器。冲洗板式换热器中的板片时，注意将板片垫平，以防变形。

思 考 题

1. 换热器分为哪些类型？各应用于什么场合？
2. 列管式换热器有何特点？适用于什么场合？
3. 浮头式换热器有何特点？适用于什么场合？
4. 填料函式换热器有何特点？适用于什么场合？
5. 板式换热器有何特点？
6. 换热管规格有哪些？换热管如何布置？
7. 影响管板强度的因素有哪些？
8. 固定管板式换热器中温差应力是如何产生的？如何消除温差应力？

9. 管箱的作用是什么？管箱结构形式有哪些？

10. 试说明管程流动阻力的计算式中各物理量的含义？

11. 换热器中流体流动空间如何选择？

12. 加热剂（或冷却剂）进、出口温度的确定方法是什么？

13. 何谓传热过程的强化？其途径有哪些？

14. 换热器如何正常使用？

15. 如何维护和保养列管换热器？

16. 列管换热器的常见故障有哪些？处理的方法是什么？

17. 板式换热器如何维护和保养？

18. 板式换热器的常见故障有哪些？处理的方法是什么？

19. 换热器怎样进行清洗？

课题三 塔 设 备

分课题一 塔设备的应用及类型

一、塔设备应用

在炼油、化工、轻工及医药等工业生产中，气—液或液—液两相直接接触进行传质传热的过程是很多的，如精馏、吸收、萃取等，这些过程都是在一定的设备内完成的，由于过程中介质相互间主要发生的是质量的传递，所以也将实现这些过程的设备叫传质设备，从外形上看这些设备都是竖直安装的圆筒形容器，高径比较大，形状如"塔"，故习惯上称其为塔设备。

塔设备为气—液或液—液两相进行充分接触创造了良好的条件，使两相有足够的接触时间、分离空间和传质传热的面积，从而达到相际间质量和热量传递的目的，实现工艺要求。所以塔设备的性能对整个装置的产品质量、生产能力、消耗定额和环境保护等方面都有着重大的影响。

表 3-3-1 塔设备的投资及重量在过程设备中所占的比例

装置名称	塔设备的投资比例/%	塔设备重量的比例/%
石油及石油化工 （60 万吨、120 万吨/年催化裂化装置）	25.4	48.9
炼油及煤化工 （30 万吨/年乙烯装置）	34.85	25.3
化纤 （4.5 万吨/年丁二烯装置）	44.9	54

由表 3-3-1 可见塔设备是炼油、化工生产中最重要的工艺设备之一，它的设计、研究、使用对炼油、化工等工艺的发展起着重要的作用。

二、塔设备的一般要求

工业生产上对于塔设备具有一定的要求，概括起来有下列几个方面：

① 生产能力要大，即单位塔截面上单位时间内的物料处理量要大。

② 分离效率要高，即达到规定分离要求的塔高要低。

③ 操作稳定，弹性要大，即允许气体和（或）液体负荷在一定的范围内变化，塔仍能正常操作并保持较高的分离效率。

④ 对气体的阻力要小，这对于减压蒸馏尤为重要。

⑤ 结构简单，易于加工制造，维修方便，耐腐蚀等。

任何塔设备都难以满足上述所有要求，因此必须了解各种塔设备的特点并结合具体的工艺要求，抓住主要矛盾以选择合适的塔型。

三、塔设备的分类

塔式容器是广泛用于石油、化工、医药、食品以及环境保护等工业的一种重要的单元操作设备。主要用来处理流体（气体或液体）之间的传质与传热，实现物料的净化和分离。按照塔流体接触的部件不同，分为板式塔和填料塔两种。

板式塔中，塔内装有一定数量的塔盘，气液两相在板面上以气体鼓泡和液体喷射状态完成气液传质与传热，有明显的"级"式过程。填料塔中，气液两相接触主要发生在填料表面，在传热传质过程以"微分"式连续进行。

四、塔设备所受载荷

由于塔身高大且多露天放置，其受力状况为：
① 设计压力；
② 液柱静压力；
③ 塔器自重以及正常操作条件下的塔内物料载荷；
④ 附属设备和隔热材料、衬里、管道、扶梯、平台的重力载荷；
⑤ 风载荷和地震载荷。

五、气液传质对塔器的要求

气液传质对塔器的要求主要有：
① 气液两相充分接触，传质效率高；
② 气体和液体的通量大；
③ 流体流动阻力小，压力损失小；
④ 操作弹性大，在负荷较大变动范围内，维持高效率；
⑤ 结构简单、可靠，制造成本低；
⑥ 易于安装、检修和清洗。

六、塔设备的总体结构

1. 塔体

塔体内部有板式塔的主要结构元件之一——塔盘，气—液或液—液两相在塔盘上充分接触，达到传质和传热的目的。塔盘上没有溢流装置，包括溢流堰、降液管和受液盘。塔体外表面上安装有进出物料管、人孔、视孔和各种仪表接管等。另外，为了便于人上塔操作，在塔外侧还设有扶梯和平台；塔内流体温度不是接近常温状态时，往往还需要在塔的外表安装保温层，设有保温层支持圈等。

2. 裙式支座

由座圈、基础环和地脚螺栓座组成。座圈焊在基础环上，基础环传递力给基础，上面焊制地脚螺栓座。地脚螺栓将基础环固定在基础上，基础上的地脚螺栓为预先填埋固定好的，所以为了安装，基础环上的地脚螺栓孔为开口的，装完后再焊上，其与塔底焊接于封头间的焊接接头可分为对接与搭接。对接时裙座外径和塔体下封头外径相等，焊缝必须为全熔透的连续焊，搭接焊缝应和塔体自身的环焊缝保持一定的距离。

3. 塔顶吊柱

塔高在 15m 以上，为检修方便在塔的顶部都应设置吊柱。其参数是臂长和起吊重量。

① 吊杆。最好是整根的钢管。

② 封板。悬臂端加封板，防止雨水灌入吊柱引起生锈。

③ 吊钩。

④ 手柄。方便用力，用套筒。

⑤ 制动插销。起吊物体时，防止任意转动。

⑥ 支撑点结构。

4. 除沫器

除沫器用于捕集夹带在气流中的液滴。使用高效的除沫器，对于回收贵重物料、提高分离效率、改善塔后设备的操作状况，以及减少对环境的污染都是非常必要。

5. 进料管

在分块式塔盘上安置进料管应贴近塔盘板（加料板），有直的和弯的两种，并可做成可拆的或固定不可拆的。在整块式塔盘上，由于有塔盘圈，进液管位置应提高，并加缓冲管。对于气态进料，进料口可安装在塔盘间的蒸汽空间。

分课题二 板 式 塔

一、板式塔的结构

板式塔的产生是与炼油、化工的发展相同步。板式塔的空塔速度较高，因而生产能力较大，塔板效率稳定，操作弹性大，且造价低，检修、清洗方便，工业上应用较为广泛。最早的泡罩塔是由 Cellier 于 1813 年提出，最早的筛板塔产生于 1832 年。

如图 3-3-1 所示，板式塔为逐级接触式气液传质设备，它主要由圆柱形壳体、塔板、裙座、人孔、接管以及附件组成。操作时，塔内液体依靠重力作用，自上而下流经各层塔板，并在每层塔板上保持一定的液层，最后由塔底排出。气体则在压力差的推动下，自下而上穿过各层塔板上的液层，在液层中气液两相密切而充分的接触，进行传质传热，最后由塔顶排出。在塔中，使两相呈逆流流动，以提供最大的传质推动力。其中塔板结构包括带有传质元件的塔盘板、降液管、溢流堰、受液盘、紧固件和支撑件等构成。塔板是板式塔的核心构件，其功能是提供气、液两相保持充分接触的场所，使之能在良好的条件下进行传质和传热过程。

二、塔板类型

1. 按塔内气液流动的方式分类

可将塔板分为错流塔板与逆流塔板两类，如图 3-3-2 所示。

（1）错流塔板 塔内气液两相成错流流动，即流体横向流过塔板，而气体垂直穿过液层，但对整个塔来说，两相基本上成逆流流动。错流塔板降液管的设置方式及堰高可以控制板上液体流径与液层厚度，以期获得较高的效率。但是降液管占去一部分塔板面积，影响塔的生产能力；而且，流体横过塔板时要克服各种阻力，因而使板上液层出现位差，此位差称

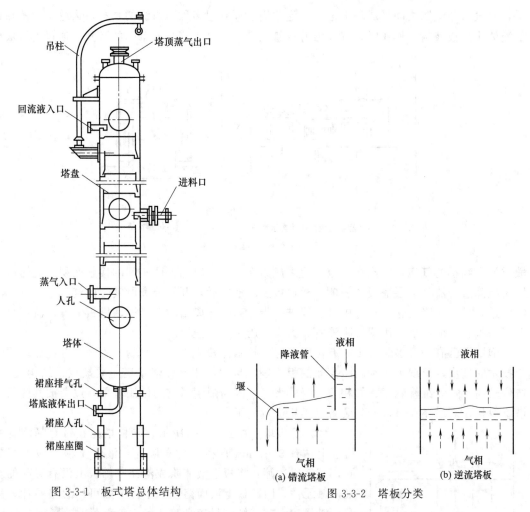

图 3-3-1 板式塔总体结构

图 3-3-2 塔板分类

之为液面落差。液面落差大时，能引起板上气体分布不均，降低分离效率。错流塔板广泛用于蒸馏、吸收等传质操作中。

（2）逆流塔板 亦称穿流板，板间不设降液管，气液两相同时由板上孔道逆向穿流而过。栅板、淋降筛板等都属于逆流塔板。这种塔板结构虽简单，板面利用率也高，但需要较高的气速才能维持板上液层，操作范围较小，分离效率也低，工业上应用较少。

将塔板分类列于表 3-3-2。

表 3-3-2 塔板的分类

分类	结 构	特 点	应用
错流塔板	塔板间设有降液管。液体横向流过塔板，气体经过塔板上的孔道上升，在塔板上气、液两相呈错流接触，如图 3-3-2(a)所示	适当安排降液管位置和溢流堰高度，可以控制板上液层厚度，从而获得较高的传质效率。但是降液管约占塔板面积的 20%，影响了塔的生产能力，而且，液体横过塔板时要克服各种阻力，引起液面落差，液面落差大时，能引起板上气体分布不均匀，降低分离效率	应用广泛
逆流塔板	塔板间无降液管，气、液同时由板上孔道逆向穿流而过，如图 3-3-2(b)所示	结构简单、板面利用充分，无液面落差，气体分布均匀，但需要较高的气速才能维持板上液层，操作弹性小，效率低	应用不及错流塔板广泛

2. 按塔板的结构分类

（1）泡罩塔 如图 3-3-3 所示，塔板上设有许多供蒸气通过的升气管，其上覆以钟形泡罩，升气管与泡罩之间形成环形通道。泡罩周边开有很多称为齿缝的长孔，齿缝全部浸在板上液体中形成液封。操作时，气体沿升气管上升，经升气管与泡罩间的环隙，通过齿缝被分

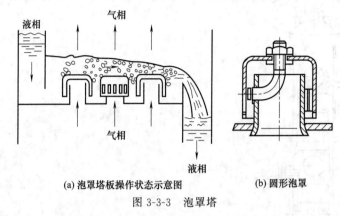

(a) 泡罩塔板操作状态示意图　　　　(b) 圆形泡罩

图 3-3-3　泡罩塔

散成许多细小的气泡，气泡穿过液层使之成为泡沫层，以加大两相间的接触面积。流体由上层塔板降液管流到下层塔板的一侧，横过板上的泡罩后，开始分离所夹带的气泡，再越过溢流堰进入另一侧降液管，在管中气、液进一步分离，分离出的蒸气返回塔板上方，流体流到下层塔板。一般小塔采用圆形降液管，大塔采用弓形降液管。

　　泡罩塔已有一百多年历史，有操作稳定、技术比较成熟、对脏物料不敏感等优点；但随着技术的进步，出现了各种新型高效的板式塔，与它们相比较泡罩塔主要缺点是结构复杂、造价较高、安装维修麻烦、气相压力降较大等，因而限制了它的使用范围，逐渐被其他新的塔型取代，老塔还在用，新建装置已不用泡罩塔了。

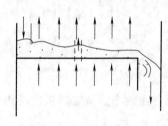

图 3-3-4　筛板塔

　　（2）筛板塔　如图 3-3-4 所示，筛板塔是在带有降液管的塔板上钻有 3～8mm 直径的均布圆孔，液体流程与泡罩塔相同，蒸气通过筛孔将板上液体吹成泡沫。筛板上没有突起的气液接触元件，因此板上液面落差很小，一般可以忽略不计，只有在塔径较大或液体流量较高时才考虑液面落差的影响。

　　（3）浮阀塔　如图 3-3-5 所示，浮阀塔是 20 世纪 50 年代开发的一种较好的塔。在带有降液管的塔板上开有若干直径较大（标准孔径为 39mm）的均布圆孔，孔上覆以可在一定范围内自由活动的浮阀。浮阀形式很多，常用的有 F1 型，V-4 型，T 型浮阀。

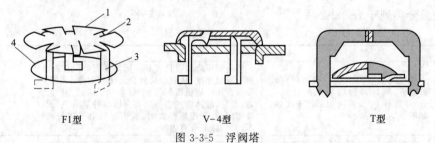

F1型　　　　　　　　V-4型　　　　　　　　T型

图 3-3-5　浮阀塔

1—浮阀片；2—凸缘；3—浮阀"腿"；4—塔板上的孔

　　操作时，液相流程和前面介绍的泡罩塔一样，气相经阀孔上升顶开阀片，穿过环形缝隙，再以水平方向吹入液层形成泡沫，随着气速的增减，浮阀能在相当宽的范围内稳定操作，因此获得较广泛的应用。

（4）喷射型塔板 筛板上气体通过筛孔及液层后，夹带着液滴垂直向上流动，并将部分液滴带至上层塔板，这种现象称为雾沫夹带。雾沫夹带的产生固然可增大气液两相的传质面积，但过量的雾沫夹带造成液相在塔板间返混，进而导致塔板效率严重下降。在浮阀塔板上，虽然气相从阀片下方以水平方向喷出，但阀与阀间的气流相互撞击，汇成较大的向上气

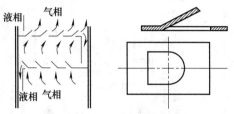

图 3-3-6 舌形塔板示意图

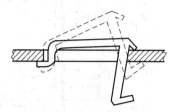

图 3-3-7 浮舌塔板示意图

流速度，也造成严重的雾沫夹带现象。此外，前述各类塔板上存在或低或高的液面落差，引起气体分布不均，不利于提高分离效率。基于这些缺点，开发出若干种喷射型塔板，如图3-3-6、图3-3-7和图3-3-8所示，在这些塔板上，气体喷出的方向与液体流动的方向一致或相反。充分利用气体的动能来促进两相间的接触，提高传质效果。气体不必再通过较深的液层，因而压力降显著减小，且因雾沫夹带量较小，故可采用较大的气速。

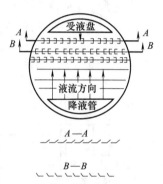

图 3-3-8 斜孔塔板示意图

三、塔设备的主要构件

1. 塔盘

根据塔径的大小，板式塔的塔盘有整块式塔盘和分块式塔盘两类。当塔径≤800mm时，建议采用整块式塔盘，当塔径≥900mm时，人已经可以进入塔中安装，可采用分块式塔盘，对于塔径在800～900mm之间时，可根据制造和安装的具体情况而定。

（1）整块式塔盘的板式塔 塔体必须由若干塔节组成，塔节与塔节之间用法兰连接，每个塔节中安装若干块层层叠置起来的塔盘，根据塔盘安装固定方式的不同，整块式塔盘又可分为定距管支撑式和重叠式两种。

① 定距管支撑式塔盘。如图3-3-9所示，安装时先将拉杆的下端通过螺母固定在支座上，然后由下而上逐层安装塔盘及塔盘圈四周的密封装置，最后用两个螺母从上端拧紧，为方便安装，每一个塔节中的塔盘数5～6块。

② 重叠式塔盘。其塔盘的结构如图3-3-10所示，它与定距管支撑式塔盘的区别在于，塔盘的支撑是焊在塔盘上的三根支柱和一个支撑板上。上层塔盘通过调节螺栓安放在下层塔盘的支撑板上。塔盘与塔壁之间的间隙，同样采用软填料密封，用压圈压紧。

塔盘结构有角焊结构及翻边结构两种。角焊结构见图3-3-11（a）、（b），将塔盘圈角焊于塔盘板上。角焊缝为单面焊，焊缝可在塔盘圈外侧或内侧。结构简单、制造方便，但应考虑减小焊接变形引起的塔板不平。翻边结构见图3-3-11（c）、（d），塔盘圈由塔盘板直接翻边而成，避免焊接变形。图（c）结构直边较短，整体冲压成形；图（d）结构塔盘圈与塔盘板对接塔盘圈的高度h_1一般取70mm，但不得低于堰高。塔盘圈外边的密封填料支持圈用$\phi8\sim\phi10$mm圆钢弯制焊于塔盘圈上，其与塔盘圈顶的距离h_2根据填料层数定，一般为30～40mm。

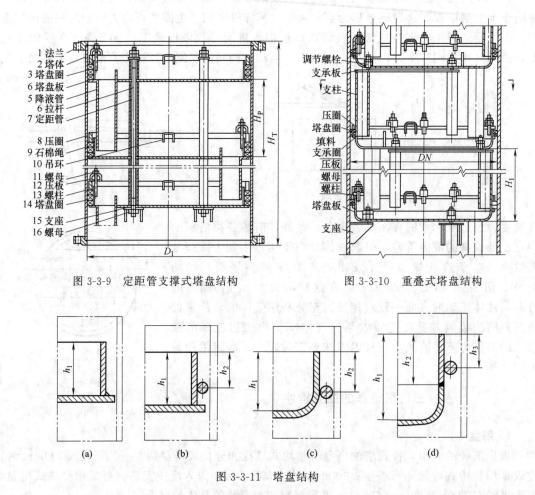

图 3-3-9 定距管支撑式塔盘结构　　图 3-3-10 重叠式塔盘结构

图 3-3-11 塔盘结构

为了防止塔盘下面空间内的气态介质从塔盘四周逸入塔盘上层空间，需要将塔盘板四周与塔体内表面间的环隙用填料密封起来，结构如图 3-3-12 所示。螺柱焊在塔盘圈内侧，装好填料、压圈和压板后，旋紧螺母对压板的垂直作用力通过压圈传到填料上去。

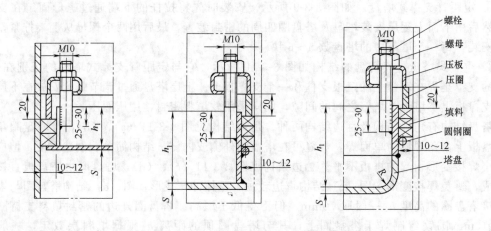

图 3-3-12 整块式塔盘与塔体间的填料密封结构

（2）分块式塔盘的板式塔 在直径较大的板式塔中，由于人能进入塔内，故采用分块式塔盘，此时塔身为一焊制整体圆筒，不分塔节，而将塔盘板细分成数块，通过人孔送入塔内，装到焊在塔内壁上的塔盘固定件上。如图 3-3-13 所示，此时塔体为开设人孔的焊制整体圆筒。

分块式塔盘板的设计要求其结构简单、装拆方便、刚性足够，便于制造、安装和维修。塔盘有自身梁式和槽式两类。如图 3-3-14 所示，常用自身梁式将塔盘板冲压出折边，折边与塔盘板的板面之间有一比塔板面低一板厚的凹肩，用以搭接与其相邻的塔盘板，增加刚性，结构简单，节省钢材。

考虑安装检修的需要，人在塔内能在数层（8～10 层）塔盘之间穿过，每层塔盘上均应设有通道板，可以单独拆卸，要求通道板在同一铅垂位置，接近中央处设置，以利于维修人员通过和采光。通道板为矩形结构，无折边。

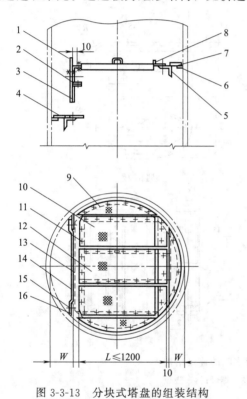

图 3-3-13 分块式塔盘的组装结构

1，14—出口堰；2—上段降液板；3—下段降流板；
4，7—受液盘；5—支持梁；6—支持圈；8—入
口堰；9—塔盘边板；10—塔盘板；11，15—紧
固件；12—通道板；13—降流板；16—连接板

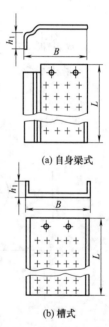

(a) 自身梁式

(b) 槽式

图 3-3-14 自身梁式与槽式塔

塔盘板之间及通道板与塔盘板之间采用上、下均可拆连接结构，如图 3-3-15 所示。

（3）塔板连接 相邻塔盘板之间的连接，如图 3-3-16 所示，塔盘与通道板、塔盘与塔盘之间的连接，采用螺柱—椭圆垫板连接。此结构中螺栓被铣扁，椭圆垫板上的孔是缺口圆，螺栓与椭圆垫板只能一起旋动，松开螺母后，将椭圆垫板旋至途中虚线位置，塔板可以取出。

塔盘边板与支撑圈的连接，对塔径在 2000mm 以下的塔，分块式塔板采用支撑圈支撑，支撑圈焊在塔壁上，然后将塔板放在支撑圈上；当塔径在 2000mm 以上时，由于塔盘的跨

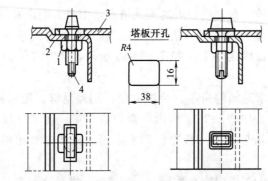

(a) 安装完毕正常使用时的情况　　　(b) 拆卸时只需将T形螺栓旋转90°即可

图 3-3-15　上下均可拆的通道板

1—螺母；2—塔盘板Ⅰ；3—塔盘板Ⅱ；4—T形螺栓

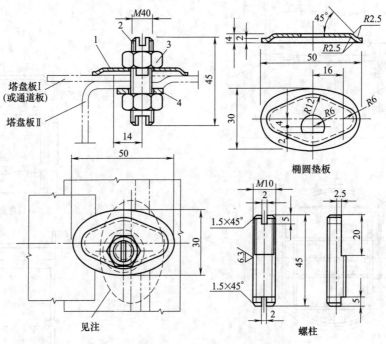

图 3-3-16　相邻塔盘板之间的连接结构

1—椭圆垫板；2—螺柱；3—螺母；4—垫板

度较大，分块塔板自身刚度不够，需采用支撑梁结构，如图 3-3-17 所示，将分块塔盘一端搭在支撑圈上，另一端搭在支撑梁上。

边板与支撑圈多采用螺栓—卡板的连接形式，如图 3-3-18 所示。卡子由下卡（卡板及螺栓）、椭圆垫及 M10 螺母等零件组成，为了便于安装和拆卸，塔盘板上的卡子应为长圆形。

2. 除沫装置

除沫装置的作用是分离出塔气体中所含的雾滴，以保证传质效率，减少物料的损失，以保证气体的纯度，改善后继设备的操作条件。常用除沫装置有丝网除沫器、折流板除沫器、旋流板除沫器等。

（1）丝网除沫器　丝网除沫器主要用于分离直径大于 $3\sim5\mu m$ 的液滴，工作原理如图 3-3-19 所示。当带有液沫的气体以一定的速度上升，通过架在格栅上的金属丝网时，由于液沫

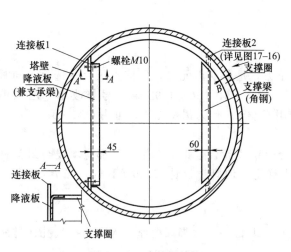

图 3-3-17　支撑梁结构

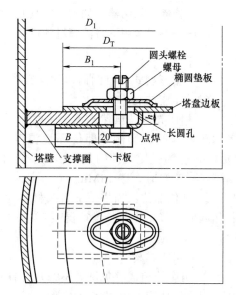

图 3-3-18　塔盘边板与支撑圈的连接结构

上升的惯性作用，使得液沫与细丝碰撞而黏附在细丝的表面上。细丝表面上的液沫进一步扩散及液沫本身的重力沉降，使液沫形成较大的液滴沿着细丝流至它的交织处。由于细丝的可湿性、液体的表面张力及细丝的毛细管作用，使得液滴越来越大，直至其自身的重力超过气体上升的浮力和液体表面张力的合力时，就被分离而下落，流至容器的下游设备中。只要操作气速等条件选择得当，气体通过丝网除沫器后，其除沫效率可达到 97% 以上，完全可以达到去除雾沫的目的。

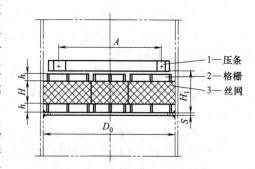

图 3-3-19　全径型丝网除沫器

　　丝网除沫器的特点：结构简单、重量轻；空隙率大、压力降小；接触表面积大、除沫效率高；安装、操作、维修方便；使用寿命长。用途：用于过滤、筛选、触媒和蒸馏、蒸发、吸收等工艺过程中夹带在气体中的灰尘颗粒、雾滴和液沫。

　　（2）折流板除沫器　折流板除沫器如图 3-3-20 所示。

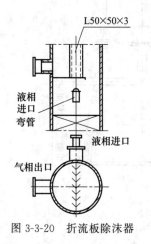

图 3-3-20　折流板除沫器

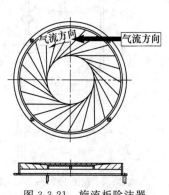

图 3-3-21　旋流板除沫器

(3) 旋流板除沫器 如图 3-3-21 所示，夹带的液滴的气体通过叶片时产生旋转和离心运动，在离心力的作用下将液滴甩到塔壁，从而实现气液分离。

3. 裙座

(1) 裙座型式 有圆筒形和圆锥形。

(2) 裙座的材料

① 裙座壳体。虽然不承受塔内介质的压力，是非受压元件，但按受压元件选材，同时考虑环境温度的影响。即使环境温度≥0℃，按《GB 150—1998 第 1 号修改单》已取消 Q235-A 作为受压元件的条文，也不能再选用 Q235-A 作为裙座壳体，可用 Q235-B；当裙座温度≤−20℃时，选 16Mn。

② 其他部位。当塔下部封头材料为低合金钢或高合金钢时，裙座顶部应增设与封头材料相同的短节，短节长度按温度影响的范围确定。地脚螺栓选 Q235-A，20，当 t≤−20℃ 时，选 16Mn。

(3) 裙座结构

① 裙座的组成 (见图 3-3-22)：裙座筒体、基础环、地脚螺栓座、人孔、排气孔、排液孔、引出管通道、保温支撑圈等。

② 裙座与塔体的焊接型式：对接、搭接。如图 3-3-23 (a) 所示，对接焊缝受压，焊缝受力好；但焊缝位于端盖折边处，对端盖受力不利，且不利于和塔体组对时的对中。如图 3-3-23 (b) 和 (c)，搭接焊缝受剪力，焊缝受力不好；但焊缝位于端盖直边处，改善了端盖受力情况；安装较方便。

③ 裙座体与塔体的焊缝应和塔体本身的环焊缝保持一定距离，以防焊接残余应力叠加过大、焊接变形；如果端盖是拼焊而成，则应在裙座上相应部位开缺口，以免和端盖焊缝相互交叉重合。

④ 人孔：裙座体直径＞800mm 时开人孔。

⑤ 排气孔：防止腐蚀性气体长期积存在裙座内。

⑥ 排液孔：排除裙座体底部积液，ϕ50 孔。

⑦ 螺栓孔：开成圆缺口以便于安装。

⑧ 出料管：焊有三片扁钢支撑在引出管通道上。

4. 吊柱

吊柱的作用是为了安装、拆卸内件；更换或补充填料（室外无框架整体塔设备）。

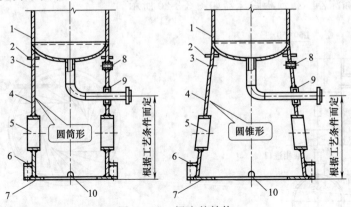

图 3-3-22 裙座的结构

1—塔体；2—保温支撑圈；3—无保温时排气孔；4—裙座筒体；5—人孔；6—螺栓座；

7—基础环；8—有保温时排气孔；9—引出管通道；10—排液孔

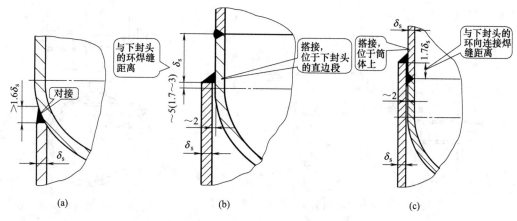

图 3-3-23 裙座与筒体焊缝

吊柱位置在塔顶，吊柱中心线与人孔中心线间有合适夹角，便于操作，如图 3-3-24 所示。

吊柱管用 20 无缝钢管，其他部件用 Q235-A 和 Q235-A·F。吊柱与塔连接的衬板应与塔体材料相同，主要结构尺寸参数已制定系列标准。

5. 塔设备的进出口接管

几种常见的物料进出口接管结构如图 3-3-25～图 3-3-28 所示。对于液体进料，当塔径大于等于 800mm，且物料较清洁时可用图 3-3-25（a）的结构；当塔径小于 800mm 时，或物料较脏、需经常清洗时宜采用图 3-3-25（b）的结构。对气体分布要求不高，直径较小的塔，可采用图 3-3-26（a）所示的简单进气管；为了避免进塔气体冲溅、夹带塔底的储液，进气管应安装在塔内最高液面之上一定距离；当塔径较大、要求进气分布均匀时，宜采用图 3-3-26（b）所示的横管结构，管上有三排出气小孔，孔径由工艺决定。

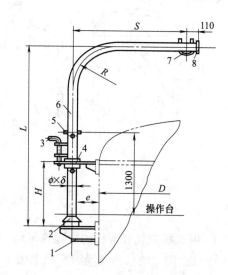

图 3-3-24 吊柱的结构及安装位置
1—支架；2—防雨罩；3—固定销；4—导向板；5—手柄；6—吊柱管；7—吊钩；8—挡板

若为气、液混合进料，为使物料经气、液分离，除将加料塔盘间距适当加大外，还应采用图 3-3-27 所示的切向进料管。对液体出料接管可直接从塔底引出裙座外。对气体出料管为减少雾沫夹带在未设置除沫器的塔中可采用图 3-3-28 所示的气体出口结构。

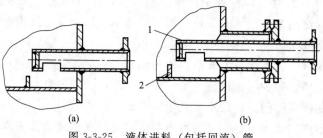

图 3-3-25 液体进料（包括回流）管
1—进料口；2—进口堰

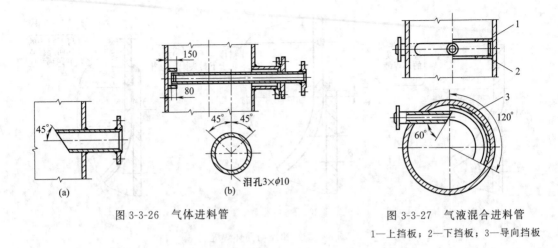

图 3-3-26　气体进料管

图 3-3-27　气液混合进料管
1—上挡板；2—下挡板；3—导向挡板

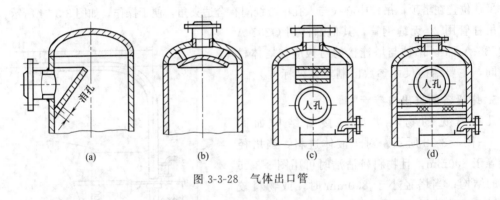

图 3-3-28　气体出口管

四、板式塔的操作及维护

1. 塔式板内气液两相的非理想流动

（1）空间上的反向流动　空间上的反向流动是指与主体流动方向相反的液体或气体的流动，主要有两种。

① 雾沫夹带。板上液体被上升气体带入上一层塔板的现象称为雾沫夹带。雾沫夹带量主要与气速和板间距有关，其随气速的增大和板间距的减小而增加。

雾沫夹带是一种液相在塔板间的返混现象，使传质推动力减小，塔板效率下降。为保证传质的效率，维持正常操作，正常操作时应控制雾沫夹带量不超过 0.1kg（液体）/kg（干气体）。

② 气泡夹带。由于液体在降液管中停留时间过短，而气泡来不及解脱被液体带入下一层塔板的现象称为气泡夹带。气泡夹带是与气体的流动方向相反的气相返混现象，使传质推动力减小，降低塔板效率。

通常在靠近溢流堰一狭长区域不开孔，称为出口安定区，使液体进入降液管前有一定时间脱除其中所含的气体，减少气相返混现象。为避免严重的气泡夹带，工程上规定，液体在降液管内应有足够的停留时间，一般不得低于 5s。

（2）空间上的不均匀流动　空间上的不均匀流动是指气体或液体流速的不均匀分布。与返混现象一样，不均匀流动同样使传质推动力减少。

① 气体沿塔板的不均匀分布。

从降液管流出的液体横跨塔板流动必须克服阻力，板上液面将出现位差，塔板进、出口侧的清液高度差称为液面落差。液面落差的大小与塔板结构有关，还与塔径和液体流量有关。液体流量越大，行程越大，液面落差越大。

由于液面落差的存在，将导致气流的不均匀分布，在塔板入口处，液层阻力大，气量小于平均数值；而在塔板出口处，液层阻力小，气量大于平均数值，如图3-3-29所示。

不均匀的气流分布对传质是个不利因素。为此，对于直径较大的塔，设计中常采用双溢流或阶梯溢流等溢流形式来减小液面落差，以降低气体的不均匀分布。

② 液体沿塔板的不均匀流动。

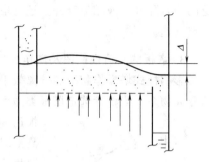

图 3-3-29　气体沿塔板的不均匀分布

液体自塔板一端流向另一端时，在塔板中央，液体行程较短而直，阻力小、流速大。在塔板边缘部分，行程长而弯曲，又受到塔壁的牵制，阻力大，因而流速小，因此，液流量在塔板上的分配是不均匀的。这种不均匀性的严重发展会在塔板上造成一些液体流动不畅的滞留区。

与气体分布不均匀相仿，液流不均匀性所造成的总结果使塔板的物质传递量减少，是不利因素。液流分布的不均匀性与液体流量有关，低流量时该问题尤为突出，可导致气液接触不良，易产生干吹、偏流等现象，塔板效率下降。为避免液体沿塔板流动严重不均，操作时一般要保证出口堰上液层高度不得低于6mm，否则宜采用上缘开有锯齿形缺口的堰板。

塔板上的非理想流动虽然不利于传质过程的进行，影响传质效果，但塔还可以维持正常操作。

2. 板式塔的不正常操作现象

如果板式塔设计不良或操作不当，塔内将会产生使塔不能正常操作的现象，通常指漏液和液泛两种情况。

（1）漏液　气体通过筛孔的速度较小时，气体通过筛孔的动压不足以阻止板上液体的流下，液体会直接从孔口落下，这种现象称为漏液。漏液量随孔速的增大与板上液层高度的降低而减小。漏液会影响气液在塔板上的充分接触，降低传质效果，严重时将使塔板上不能积液而无法操作。正常操作时，一般控制漏液量不大于液体流量的10%。

塔板上的液面落差会引起气流分布不均匀，在塔板入口处由于液层较厚，往往出现倾向性漏液，为此常在塔板液体入口处留出一条不开孔的区域，称为安定区。

（2）液泛　为使液体能稳定地流入下一层塔板，降液管内须维持一定高度的液柱。气速增大，气体通过塔板的压降也增大，降液管内的液面相应地升高；液体流量增加，液体流经降液管的阻力增加，降液管液面也相应地升高。如降液管中泡沫液体高度超过上层塔板的出口堰，板上液体将无法顺利流下，液体充满塔板之间的空间，即液泛。液泛是气液两相作逆向流动时的操作极限。发生液泛时，压力降急剧增大，塔板效率急剧降低，塔的正常操作将被破坏，在实际操作中要避免之。

根据液泛发生原因不同，可分为两种情况：塔板上液体流量很大，上升气体速度很高时，雾沫夹带量剧增，上层塔板上液层增厚，塔板液流不畅，液层迅速积累，以致液泛，这种由于严重的雾沫夹带引起的液泛称为夹带液泛。当塔内气、液两相流量较大，导致降液管内阻力及塔板阻力增大时，均会引起降液管液层升高。当降液管内液层高度难以维持塔板上液相畅通时，降液管内液层迅速上升，以致达到上一层塔板，逐渐充满塔板空间，即发生液泛。并称之为降液管液泛。

开始发生液泛时的气速称之为泛点气速。正常操作气速应控制在泛点气速之下。影响液泛的因素除气、液相流量外，还与塔板的结构特别是塔板间距有关。塔板间距增大，可提高泛点气速。

3. 塔板的负荷性能图及操作分析

影响板式塔操作状况和分离效果的主要因素为物料性质、塔板结构及气液负荷，对一定的分离物系，当设计选定塔板类型后，其操作状况和分离效果只与气液负荷有关。要维持塔板正常操作，必须将塔内的气液负荷限制在一定的范围内，该范围即为塔板的负荷性能。将此范围绘制在直角坐标系中，以液相负荷 L 为横坐标，气相负荷 V 为纵坐标进行，所得图形称为塔板的负荷性能图，如图 3-3-30 所示。负荷性能图由以下五条线组成。

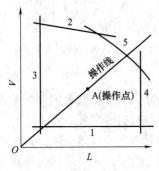

图 3-3-30　塔板的负荷性能图

（1）漏液线　图中 1 线为漏液线，又称气相负荷下限线。当操作时气相负荷低于此线，将发生严重的漏液现象，此时的漏液量大于液体流量的 10%。塔板的适宜操作区应在该线以上。

（2）液沫夹带线　图中 2 线为液沫夹带线，又称气相负荷上限线。如操作时气液相负荷超过此线，表明液沫夹带现象严重，此时液沫夹带量大于 0.1kg（液）/kg（气）。塔板的适宜操作区应在该线以下。

（3）液相负荷下限线　图中 3 线为液相负荷下限线。若操作时液相负荷低于此线，表明液体流量过低，板上液流不能均匀分布，气液接触不良，塔板效率下降。塔板的适宜操作区应在该线以右。

（4）液相负荷上限线　图中 4 线为液相负荷上限线。若操作时液相负荷高于此线，表明液体流量过大，此时液体在降液管内停留时间过短，发生严重的气泡夹带，使塔板效率下降。塔板的适宜操作区应在该线以左。

（5）液泛线　图中 5 线为液泛线。若操作时气液负荷超过此线，将发生液泛现象，使塔不能正常操作。塔板的适宜操作区在该线以下。

在塔板的负荷性能图中，五条线所包围的区域称为塔板的适宜操作区，在此区域内，气液两相负荷的变化对塔板效率影响不太大，故塔应在此范围内进行操作。

操作时的气相负荷 V 与液相负荷 L 在负荷性能图上的坐标点称为操作点。在连续精馏塔中，操作的气液比 V/L 为定值，因此，在负荷性能图上气液两相负荷的关系为通过原点、斜率为 V/L 的直线，该直线称为操作线。操作线与负荷性能图的两个交点分别表示塔的上下操作极限，两极限的气体流量之比称为塔板的操作弹性。设计时，应使操作点尽可能位于适宜操作区的中央，若操作线紧靠某条边界线，则负荷稍有波动，塔即出现不正常操作。

应予指出，当分离物系和分离任务确定后，操作点的位置即固定，但负荷性能图中各条线的相应位置随着塔板的结构尺寸而变。因此，在设计塔板时，根据操作点在负荷性能图中的位置，适当调整塔板结构参数，可改进负荷性能图，以满足所需的操作弹性。例如：加大板间距可使液泛线上移、减小塔板开孔率可使漏液线下移、增加降液管面积可使液相负荷上限线右移等。

塔板负荷性能图在板式塔的设计及操作中具有重要的意义。设计时使用负荷性能图可以检验设计的合理性，操作时使用负荷性能图，以分析操作状况是否合理，当板式塔操作出现问题时分析问题所在，为解决问题提供依据。

4. 板式塔的操作及维护

（1）板式塔设备开车前准备 一般塔设备在检修完毕或重新开车前应做好以下几项工作：

① 认真检查水、电、汽是否能够保证正常生产需要。

② 各种物料输送装置如泵、压缩机等设备是否能正常运转。

③ 设备、仪表、防火安全设施是否齐全完备，有计算机自控装置应调试系统。

④ 所有阀门要处于正常运行的开、闭状态，并保证不能有渗漏、逃汽跑液现象。

⑤ 各冷凝、冷却器事先要试验是否渗漏，安排先后送水预冷，整个塔设备要先送蒸汽温塔。

⑥ 疏通前后工段联系，掌握进料浓度和储备槽液量，通知化验室作取样分析准备工作。

（2）典型板式塔设备的操作要求 由于板式塔设备在化工生产中的应用非常广泛，无法一一说明其操作过程，这里仅以石油炼制中常见的常压蒸馏装置的精馏塔为例介绍其操作规程。

① 检查精馏塔系统阀门关/开是否正确。蒸馏开始前，开启冷却水循环系统，并打开泄压阀，然后打开冷凝器冷却水阀门，将水压调整到 0.15MPa，关闭进料转子流量计阀门。

② 开启精馏塔系统真空，真空度按具体工艺要求选择，如蒸馏物料挥发性强，开启盐水机组，启用冷凝系统，捕集物料。

③ 启动磁力泵，将蒸馏物料送入计量罐内，再输送至高位槽。

④ 打开预热汽阀，打开塔釜蒸汽阀，并将蒸汽压力控制在需要的范围之内，保持设定温度。

⑤ 检查塔体、塔釜、残液槽之间连接管道的阀门开启是否正确。

⑥ 选择合适的进塔料口，打开转子流量计，流量根据具体情况加以调整。

⑦ 整修蒸馏过程必须监控真空度、蒸汽压力、流量、物料输送以及出料情况。

⑧ 蒸馏完毕，排渣，清洗系统。

（3）板式塔设备的停车 通常每年要定期停车检修，将塔设备打开，检修其内部部件。注意在拆卸塔板时，每层塔板要作出标记，以便重新装配时出现差错。此外，在停车检查前预先准备好备件，如密封件、连接件等，以更换或补充。停车检查项目如下：

① 取出塔板或填料，检查、清洗污垢或杂质。

② 检测塔壁厚度，做出减薄预测曲线，评价腐蚀情况，判断塔设备使用寿命；检查塔体有无渗漏现象，做出渗漏处的修理安排。

③ 检查塔板或塔料的磨损破坏情况。

④ 检查液面计、压力计、安全阀是否发生堵塞和在规定压力下动作，必要时重新调整和校正。

⑤ 如果在运行中发现有异常振动，停车检查时要查明原因。

分课题三　填　料　塔

自 1904 年开始，填料塔用于原油蒸馏，开始时塔内充填碎瓦、砖块或石块作为填料，1914 年拉西环填料的出现，人们对填料塔技术才有了科学的认识，塔内的填充物，就由具有一定几何形状的填料所代替。以 1937 年第一种规整填料斯特曼填料出现为标志，填料塔技术进入了现代发展时期，规整填料在 20 世纪 60 年代才有了实质性进展。

一、填料塔的结构特点

图 3-3-31 所示为填料塔的结构示意图，填料塔是以塔内的填料作为气液两相间接触构件的传质设备。填料塔的塔身是一直立式圆筒，底部装有填料支承板，填料以乱堆或整砌的方式放置在支承板上。

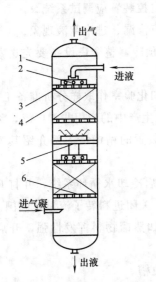

图 3-3-31　填料塔的结构示意图
1—塔壳体；2—液体分布器；3—填料压板；4—填料；5—液体再分布装置；6—填料支承板

填料的上方安装填料压板，以防被上升气流吹动。液体从塔顶经液体分布器喷淋到填料上，并沿填料表面流下。气体从塔底送入，经气体分布装置（小直径塔一般不设气体分布装置）分布后，与液体呈逆流连续通过填料层的空隙，在填料表面上，气液两相密切接触进行传质。填料塔属于连续接触式气液传质设备，两相组成沿塔高连续变化，在正常操作状态下，气相为连续相，液相为分散相。

当液体沿填料层向下流动时，有逐渐向塔壁集中的趋势，使得塔壁附近的液流量逐渐增大，这种现象称为壁流。壁流效应造成气液两相在填料层中分布不均，从而使传质效率下降。因此，当填料层较高时，需要进行分段，中间设置再分布装置。液体再分布装置包括液体收集器和液体再分布器两部分，上层填料流下的液体经液体收集器收集后，送到液体再分布器，经重新分布后喷淋到下层填料上。填料塔具有生产能力大，分离效率高，压降小，持液量小，操作弹性大等优点。填料塔也有一些不足之处，如填料造价高；当液体负荷较小时不能有效地润湿填料表面，使传质效率降低；不能直接用于有悬浮物或容易聚合的物料；对侧线进料和出料等复杂精馏不太适合等。

二、填料的类型

填料的种类很多，根据装填方式的不同，可分为散装填料和规整填料。

1. 散装填料

散装填料是一个具有一定几何形状和尺寸的颗粒体，一般以随机的方式堆积在塔内，又称为乱堆填料或颗粒填料。散装填料根据结构特点不同，又可分为环形填料、鞍形填料、环鞍形填料及球形填料等。现介绍几种较为典型的散装填料。

图 3-3-32　拉西环

（1）拉西环填料　拉西环填料于 1914 年由拉西（F. Rashching）发明，为外径与高度相等的圆环，如图 3-3-32 所示。拉西环填料的气液分布较差，传质效率低，阻力大，通量小，目前工业上已较少应用。

（2）鲍尔环填料　如图 3-3-33 所示，鲍尔环是对拉西环的改进，在拉西环的侧壁上开出两排长方形的窗孔，被切开的环壁的一侧仍与壁面相连，另一侧向环内弯曲，形成内伸的舌叶，诸舌叶的侧边在环中心相搭。鲍尔环由于环壁开孔，大大提高了环内空间及环内表面的利用率，气流阻力小，液体分布均匀。与拉西环相比，鲍尔环的气体通量可增加 50％以上，传质效率提高 30％左右。鲍尔环是一种应用较广的填料。

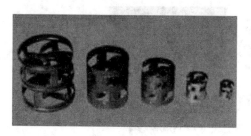

(a) 金属鲍尔环填料　　　　　　(b) 塑料鲍尔环填料　　　　　　(c) 改型鲍尔环填料

图 3-3-33　各种鲍尔环

（3）阶梯环填料　如图 3-3-34 所示，阶梯环是对鲍尔环的改进，与鲍尔环相比，阶梯环高度减少了一半并在一端增加了一个锥形翻边。由于高径比减少，使得气体绕填料外壁的平均路径大为缩短，减少了气体通过填料层的阻力。锥形翻边不仅增加了填料的机械强度，而且使填料之间由线接触为主变成以点接触为主，这样不但增加了填料间的空隙，同时成为液体沿填料表面流动的汇集分散点，可以促进液膜的表面更新，有利于传质效率的提高。阶梯环的综合性能优于鲍尔环，成为目前所使用的环形填料中最为优良的一种。

(a) 金属阶梯环填料　　　　　　　　　　(b) 塑料阶梯环

图 3-3-34　阶梯环

（4）弧鞍填料　弧鞍填料属鞍形填料的一种，其形状如同马鞍，一般采用瓷质材料制成，如图 3-3-35 所示。弧鞍填料的特点是表面全部敞开，不分内外，液体在表面两侧均匀流动，表面利用率高，流道呈弧形，流动阻力小。其缺点是易发生套叠，致使一部分填料表面被重合，使传质效率降低。弧鞍填料强度较差，容易破碎，工业生产中应用不多。

（5）矩鞍填料　如图 3-3-36 所示，将弧鞍填料两端的弧形面改为矩形面，且两面大小不等，即成为矩鞍填料。矩鞍填料堆积时不会套叠，液体分布较均匀。矩鞍填料一般采用瓷

图 3-3-35 瓷质弧鞍填料

质材料制成，其性能优于拉西环。目前，国内绝大多数应用瓷拉西环的场合，均已被瓷矩鞍填料所取代。

（6）金属环矩鞍填料 如图 3-3-37 所示，环矩鞍填料是兼顾环形和鞍形结构特点而设计出的一种新型填料，该填料一般以金属材质制成，故又称为金属环矩鞍填料。环矩鞍填料将环形填料和鞍形填料两者的优点集于一体，其综合性能优于鲍尔环和阶梯环，在散装填料中应用较多。

(a) 瓷质矩鞍填料

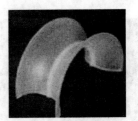

(b) 聚丙烯矩鞍填料

图 3-3-36 矩鞍填料

图 3-3-37 金属环矩鞍填料

（7）球形填料 球形填料一般采用塑料注塑而成，其结构有多种，如图 3-3-38 所示。球形填料的特点是球体为空心，可以允许气体、液体从其内部通过。由于球体结构的对称性，填料装填密度均匀，不易产生空穴和架桥，所以气液分散性能好。球形填料一般只适用于某些特定的场合，工程上应用较少。除上述几种较典型的散装填料外，近年来不断有构形

聚丙烯浮球填料

多面空心球填料

图 3-3-38 球形填料

独特的新型填料开发出来，如共轭环填料、海尔环填料、纳特环填料等。工业上常用的散装填料的特性数据可查有关手册。

2. 规整填料

规整填料是按一定的几何构形排列，整齐堆砌的填料。规整填料种类很多，根据其几何结构可分为格栅填料、波纹填料、脉冲填料等。

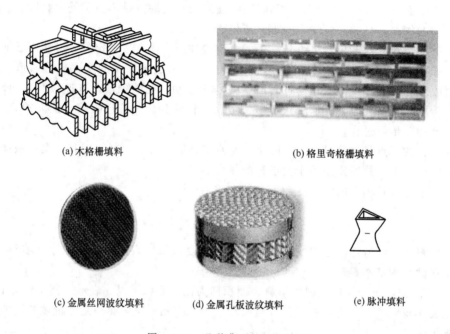

(a) 木格栅填料   (b) 格里奇格栅填料

(c) 金属丝网波纹填料   (d) 金属孔板波纹填料   (e) 脉冲填料

图 3-3-39 几种典型的规整填料

（1）格栅填料 格栅填料是以条状单元体经一定规则组合而成的，具有多种结构形式。工业上应用最早的格栅填料为如图 3-3-39（a）所示的木格栅填料。目前应用较为普遍的有格里奇格栅填料、网孔格栅填料、蜂窝格栅填料等，其中以图 3-3-39（b）所示的格里奇格栅填料最具代表性。

格栅填料的比表面积较低，主要用于要求压降小、负荷大及防堵等场合。

（2）波纹填料 目前工业上应用的规整填料绝大部分为波纹填料，它是由许多波纹薄板组成的圆盘状填料，波纹与塔轴的倾角有 30°和 45°两种，组装时相邻两波纹板反向靠叠。各盘填料垂直装于塔内，相邻的两盘填料间交错 90°排列。

波纹填料按结构可分为网波纹填料和板波纹填料两大类，其材质又有金属、塑料和陶瓷等之分。

如图 3-3-39（c）所示，金属丝网波纹填料是网波纹填料的主要形式，它是由金属丝网制成的。金属丝网波纹填料的压降低，分离效率很高，特别适用于精密精馏及真空精馏装置，为难分离物系、热敏性物系的精馏提供了有效的手段。尽管其造价高，但因其性能优良仍得到了广泛的应用。

如图 3-3-39（d）所示，金属板波纹填料是板波纹填料的一种主要形式。该填料的波纹板片上冲压有许多 5mm 左右的小孔，可起到粗分配板片上的液体、加强横向混合的作用。波纹板片上轧成细小沟纹，可起到细分配板片上的液体、增强表面润湿性能的作用。金属孔板波纹填料强度高，耐腐蚀性强，特别适用于大直径塔及气液负荷较大的场合。

金属压延孔板波纹填料是另一种有代表性的板波纹填料。它与金属孔板波纹填料的主要区别在于板片表面不是冲压孔，而是刺孔，用辗轧方式在板片上辗出很密的孔径为 0.4～0.5mm 小刺孔。其分离能力类似于网波纹填料，但抗堵能力比网波纹填料强，并且价格便宜，应用较为广泛。

波纹填料的优点是结构紧凑，阻力小，传质效率高，处理能力大，比表面积大（常用的有 125、150、250、350、500、700 等几种）。波纹填料的缺点是不适于处理黏度大、易聚合或有悬浮物的物料，且装卸、清理困难，造价高。

(3) 脉冲填料　脉冲填料是由带缩颈的中空棱柱形个体，按一定方式拼装而成的一种规整填料，如图 3-3-39 (e) 所示。脉冲填料组装后，会形成带缩颈的多孔棱形通道，其纵面流道交替收缩和扩大，气液两相通过时产生强烈的湍动。在缩颈段，气速最高，湍动剧烈，从而强化传质。在扩大段，气速减到最小，实现两相的分离。流道收缩、扩大的交替重复，实现了"脉冲"传质过程。

脉冲填料的特点是处理量大，压降小，是真空精馏的理想填料。因其优良的液体分布性能使放大效应减少，故特别适用于大塔径的场合。

工业上常用规整填料的特性参数可参阅有关手册。

三、填料的性能评价

(1) 填料的几何特性　填料的几何特性数据主要包括比表面积、空隙率、填料因子等，是评价填料性能的基本参数。

① 比表面积：单位体积填料的填料表面积称为比表面积，以 a 表示，其单位为 m^2/m^3。填料的比表面积愈大，所提供的气液传质面积愈大。因此，比表面积是评价填料性能优劣的一个重要指标。

② 空隙率：单位体积填料中的空隙体积称为空隙率，以 e 表示，其单位为 m^3/m^3，或以％表示。填料的空隙率越大，气体通过的能力越大且压降低。因此，空隙率是评价填料性能优劣的又一重要指标。

③ 填料因子：填料的比表面积与空隙率三次方的比值，即 a/e^3，称为填料因子，以 f 表示，其单位为 $1/m$。填料因子分为干填料因子与湿填料因子，填料未被液体润湿时的 a/e^3 称为干填料因子，它反映填料的几何特性；填料被液体润湿后，填料表面覆盖了一层液膜，a 和 e 均发生相应的变化，此时的 a/e^3 称为湿填料因子，它表示填料的流体力学性能，f 值越小，表明流动阻力越小。

(2) 填料的性能评价　填料的性能的优劣通常根据效率、通量及压降来衡量。在相同的操作条件下，填料塔内气液分布越均匀，表面润湿性能越优良，则传质效率越高；填料的空隙率越大，结构越开放，则通量越大，压降也越低。国内学者对九种常用填料的性能进行了评价，用模糊数学方法得出了各种填料的评估值，结论见表 3-3-3。

表 3-3-3　几种填料综合性能评价

填料名称	评估值	评价	排序	填料名称	评估值	评价	排序
丝网波纹填料	0.86	很好	1	金属鲍尔环	0.51	一般好	6
孔板波纹填料	0.61	相当好	2	瓷鞍环填料	0.41	较好	7
金属鞍环填料	0.59	相当好	3	瓷鞍形填料	0.38	略好	8
金属鞍形填料	0.57	相当好	4	瓷拉西环	0.36		9
金属阶梯环	0.53	一般好	5				

四、填料的选择

填料的选择包括确定填料的种类、规格及材质等。所选填料既要满足生产工艺的要求，又要使设备投资与操作费用和最低。

1. 填料种类的选择

填料种类的选择要考虑分离工艺的要求，通常考虑以下几个方面：

① 传质效率要高。一般而言，规整填料的传质效率高于散装填料。

② 通量要大。在保证具有较高传质效率的前提下，应选择具有较高泛点气速或气相动能因子的填料。

③ 填料层的压降要低。

④ 填料抗污堵性能强，拆装、检修方便。

2. 填料规格的选择

填料规格是指填料的公称尺寸或比表面积。

（1）散装填料规格的选择　工业塔常用的散装填料主要有 $DN16$、$DN25$、$DN38$、$DN50$、$DN76$ 等几种规格。同类填料，尺寸越小，分离效率越高，但阻力增加，通量减少，填料费用也增加很多。而大尺寸的填料应用于小直径塔中，又会产生液体分布不良及严重的壁流，使塔的分离效率降低。因此，对塔径与填料尺寸的比值要有一规定，一般塔径与填料公称直径的比值 D/d 应大于 8。

（2）规整填料规格的选择　工业上常用规整填料的型号和规格的表示方法很多，国内习惯用比表面积表示，主要有 125、150、250、350、500、700 等几种规格，同种类型的规整填料，其比表面积越大，传质效率越高，但阻力增加，通量减少，填料费用也明显增加。选用时应从分离要求、通量要求、场地条件、物料性质及设备投资、操作费用等方面综合考虑，使所选填料既能满足技术要求，又具有经济合理性。

应予指出，一座填料塔可以选用同种类型，同一规格的填料，也可选用同种类型不同规格的填料；可以选用同种类型的填料，也可以选用不同类型的填料；有的塔段可选用规整填料，而有的塔段可选用散装填料。具体应用时应灵活掌握，根据技术经济统一的原则来选择填料的规格。

3. 填料材质的选择

填料的材质分为陶瓷、金属和塑料三大类。

（1）陶瓷填料　陶瓷填料具有很好的耐腐蚀性及耐热性，陶瓷填料价格便宜，具有很好的表面润湿性能，质脆、易碎是其最大缺点。在气体吸收、气体洗涤、液体萃取等过程中应用较为普遍。

（2）金属填料　金属填料可用多种材质制成，选择时主要考虑腐蚀问题。碳钢填料造价低，且具有良好的表面润湿性能，对于无腐蚀或低腐蚀性物系应优先考虑使用；不锈钢填料耐腐蚀性强，一般能除去 Cl^- 以外常见物系的腐蚀，但其造价较高，且表面润湿性能较差，在某些特殊场合（如极低喷淋密度下的减压精馏过程），需对其表面进行处理，才能取得良好的使用效果；钛材、特种合金钢等材质制成的填料造价很高，一般只在某些腐蚀性极强的物系下使用。

一般来说，金属填料可制成薄壁结构，它的通量大、气体阻力小，且具有很高的抗冲击性能，能在高温、高压、高冲击强度下使用，应用范围最为广泛。

（3）塑料填料　塑料填料的材质主要包括聚丙烯（PP）、聚乙烯（PE）及聚氯乙烯（PVC）等，国内一般多采用聚丙烯材质。塑料填料的耐腐蚀性能较好，可耐一般的无机酸、碱和有机溶剂的腐蚀。其耐温性良好，可长期在100℃以下使用。

塑料填料质轻、价廉，具有良好的韧性，耐冲击、不易碎，可以制成薄壁结构。它的通量大、压降低，多用于吸收、解吸、萃取、除尘等装置中。塑料填料的缺点是表面润湿性能差，但可通过适当的表面处理来改善其表面润湿性能。

五、填料塔的流体力学性能

填料塔的流体力学性能主要包括填料层的持液量、填料层的压降、液泛、填料表面的润湿及返混等。

（1）填料层的持液量　填料层的持液量是指在一定操作条件下，在单位体积填料层内所积存的液体体积，以（m^3 液体）/（m^3 填料）表示。持液量可分为静持液量 H_s、动持液量 H_o 和总持液量 H_t。静持液量是指当填料被充分润湿后，停止气液两相进料，并经排液至无滴液流出时存留于填料层中的液体量，其取决于填料和流体的特性，与气液负荷无关。动持液量是指填料塔停止气液两相进料时流出的液体量，它与填料、液体特性及气液负荷有关。总持液量是指在一定操作条件下存留于填料层中的液体总量，显然，总持液量为静持液量和动持液量之和。

填料层的持液量可由实验测出，也可由经验公式计算。一般来说，适当的持液量对填料塔操作的稳定性和传质是有益的，但持液量过大，将减少填料层的空隙和气相流通截面，使压降增大，处理能力下降。

（2）填料层的压降　在逆流操作的填料塔中，从塔顶喷淋下来的液体，依靠重力在填料表面成膜状向下流动，上升气体与下降液膜的摩擦阻力形成了填料层的压降。填料层压降与液体喷淋量及气速有关，在一定的气速下，液体喷淋量越大，压降越大；在一定的液体喷淋量下，气速越大，压降也越大。将不同液体喷淋量下的单位填料层的压降 $\Delta p/Z$ 与空塔气速 u 的关系标绘在对数坐标纸上，可得到如图 3-3-40 所示的曲线簇。

在图 3-3-40 中，直线 0 表示无液体喷淋（$L=0$）时，干填料的 $\Delta p/Z$-u 关系，称为干填料压降线。曲线 1、2、3 表示不同液体喷淋量下，填料层的 $\Delta p/Z$-u 关系，称为填料操作压降线。

从图中可看出，在一定的喷淋量下，压降随空塔气速的变化曲线大致可分为三段：当气速低于 A 点时，气体流动对液膜的曳力很小，液体流动不受气流的影响，填料表面上覆盖的液膜厚度基本不变，因而填料层的持液量不变，该区域称为恒持液量区。此时 $\Delta p/Z$-u 为一直线，位于干填料压降线的左侧，且基本上与干填料压降线平行。当气速超过 A 点时，

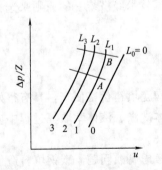

图 3-3-40　填料层 $\Delta p/Z$-u 关系

气体对液膜的曳力较大，对液膜流动产生阻滞作用，使液膜增厚，填料层的持液量随气速的增加而增大，此现象称为拦液。开始发生拦液现象时的空塔气速称为载点气速，曲线上的转折点 A，称为载点。若气速继续增大，到达图中 B 点时，由于液体不能顺利向下流动，使填料层的持液量不断增大，填料层内几乎充满液体。气速增加很小便会引起压降的剧增，此

现象称为液泛，开始发生液泛现象时的气速称为泛点气速，以 u_F 表示，曲线上的点 B，称为泛点。从载点到泛点的区域称为载液区，泛点以上的区域称为液泛区。

应予指出，在同样的气液负荷下，不同填料的 $\Delta p/Z\text{-}u$ 关系曲线有所差异，但其基本形状相近。对于某些填料，载点与泛点并不明显，故上述三个区域间无明确的界限。

（3）液泛　在泛点气速下，持液量的增多使液相由分散相变为连续相，而气相则由连续相变为分散相，此时气体呈气泡形式通过液层，气流出现脉动，液体被大量带出塔顶，塔的操作极不稳定，甚至会被破坏，此种情况称为淹塔或液泛。影响液泛的因素很多，如填料的特性、流体的物性及操作的液气比等。

填料特性的影响集中体现在填料因子上。填料因子 F 值越小，越不易发生液泛现象。

流体物性的影响体现在气体密度、液体密度和黏度上。气体密度越小，液体的密度越大、黏度越小，则泛点气速越大。

操作的液气比愈大，则在一定气速下液体喷淋量愈大；填料层的持液量增加而空隙率减小，故泛点气速愈小。

（4）液体喷淋密度和填料表面的润湿　填料塔中气液两相间的传质主要是在填料表面流动的液膜上进行的。要形成液膜，填料表面必须被液体充分润湿，而填料表面的润湿状况取决于塔内的液体喷淋密度及填料材质的表面润湿性能。

液体喷淋密度是指单位塔截面积上，单位时间内喷淋的液体体积，以 U 表示，单位为 $\text{m}^3/(\text{m}^2 \cdot \text{h})$。为保证填料层的充分润湿，必须保证液体喷淋密度大于某一极限值，该极限值称为最小喷淋密度，以 $U_{\min}$ 表示。

最小润湿速率是指在塔的截面上，单位长度的填料周边的最小液体体积流量。其值可由经验公式计算，也可采用经验值。对于直径不超过 75mm 的散装填料，可取最小润湿速率 $(L_w)_{\min}$ 为 $0.08 \ \text{m}^3/(\text{m} \cdot \text{h})$；对于直径大于 75mm 的散装填料，取 $(L_w)_{\min} = 0.12 \text{m}^3/(\text{m} \cdot \text{h})$。

填料表面润湿性能与填料的材质有关，就常用的陶瓷、金属、塑料三种材质而言，以陶瓷填料的润湿性能最好，塑料填料的润湿性能最差。

实际操作时采用的液体喷淋密度应大于最小喷淋密度。若喷淋密度过小，可采用增大回流比或采用液体再循环的方法加大液体流量，以保证填料表面的充分润湿；也可采用减小塔径予以补偿；对于金属、塑料材质的填料，可采用表面处理方法，改善其表面的润湿性能。

（5）返混　在填料塔内，气液两相的逆流并不呈理想的活塞流状态，而是存在着不同程度的返混。造成返混现象的原因很多，如：填料层内的气液分布不均；气体和液体在填料层内的沟流；液体喷淋密度过大时所造成的气体局部向下运动；塔内气液的湍流脉动使气液微团停留时间不一致等。填料塔内流体的返混使得传质平均推动力变小，传质效率降低。因此，按理想的活塞流设计的填料层高度，因返混的影响需适当加高，以保证预期的分离效果。

六、填料塔的内件

填料塔的内件主要有填料支承装置、填料压紧装置、液体分布装置、液体收集再分布装置等。合理地选择和设计塔内件，对保证填料塔的正常操作及优良的传质性能十分重要。

1. 填料支承装置

填料支承装置的作用是支承塔内的填料，常用的填料支承装置有如图 3-3-41 所示的栅

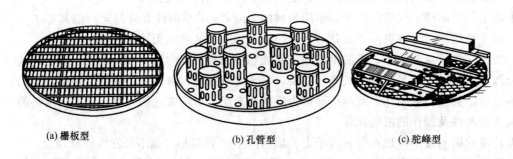

(a) 栅板型　　　　　　　　(b) 孔管型　　　　　　　　(c) 驼峰型

图 3-3-41 填料支承装置

板型、孔管型、驼峰型等。支承装置的选择，主要的依据是塔径、填料种类及型号、塔体及填料的材质、气液流率等。

2. 填料压紧装置

填料上方安装压紧装置可防止在气流的作用下填料床层发生松动和跳动。填料压紧装置分为填料压板和床层限制板两大类，每类又有不同的型式，图 3-3-42 中列出了几种常用的填料压紧装置。填料压板自由放置于填料层上端，靠自身重量将填料压紧。它适用于陶瓷、石墨等制成的易发生破碎的散装填料。床层限制板用于金属、塑料等制成的不易发生破碎的散装填料及所有规整填料。床层限制板要固定在塔壁上，为不影响液体分布器的安装和使用，不能采用连续的塔圈固定，对于小塔可用螺钉固定于塔壁，而大塔则用支耳固定。

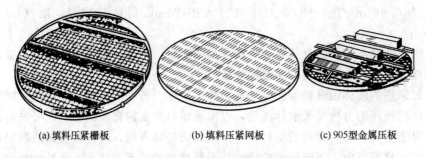

(a) 填料压紧栅板　　　　(b) 填料压紧网板　　　　(c) 905型金属压板

图 3-3-42 填料压紧装置

3. 液体分布装置

液体分布装置的种类多样，有喷头式、盘式、管式、槽式及槽盘式等。

喷头式分布器如图 3-3-43 （a）所示。液体由半球形喷头的小孔喷出，小孔直径为 3～10mm，作同心圈排列，喷洒角≤80°，直径为（1/5～1/3）D。这种分布器结构简单，只适用于直径小于 600mm 的塔中。因小孔容易堵塞，一般应用较少。盘式分布器有盘式筛孔型分布器、盘式溢流管式分布器等形式。如图 3-3-43 （b）、（c）所示。液体加至分布盘上，经筛孔或溢流管流下。分布盘直径为塔径的 0.6～0.8 倍，此种分布器用于 $D<800mm$ 的塔中。

管式分布器由不同结构形式的开孔管制成。其突出的特点是结构简单，供气体流过的自由截面大，阻力小。但小孔易堵塞，弹性一般较小。管式液体分布器使用十分广泛，多用于

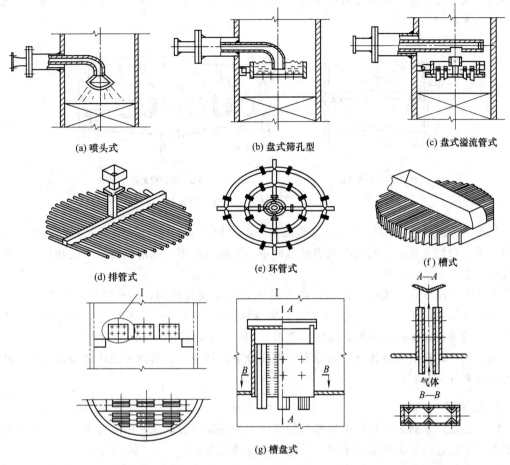

(a) 喷头式　　　　　　　(b) 盘式筛孔型　　　　　　(c) 盘式溢流管式

(d) 排管式　　　　　　　(e) 环管式　　　　　　　(f) 槽式

(g) 槽盘式

图 3-3-43　液体分布器

中等以下液体负荷的填料塔中。在减压精馏及丝网波纹填料塔中，由于液体负荷较小故常用之。管式分布器有排管式、环管式等不同形状，如图 3-3-43（d）、（e）所示。根据液体负荷情况，可做成单排或双排。

　　槽式液体分布器通常是由分流槽（又称主槽或一级槽）、分布槽（又称副槽或二级槽）构成。一级槽通过槽底开孔将液体初分成若干流股，分别加入其下方的液体分布槽。分布槽的槽底（或槽壁）上设有孔道（或导管），将液体均匀分布于填料层上。如图 3-3-43（f）所示。

　　槽式液体分布器具有较大的操作弹性和极好的抗污堵性，特别适合于大气液负荷及含有固体悬浮物、黏度大的液体的分离场合。由于槽式分布器具有优良的分布性能和抗污堵性能，应用范围非常广泛。

　　槽盘式分布器是近年来开发的新型液体分布器，它将槽式及盘式分布器的优点有机地结合在一起，兼有集液、分液及分气三种作用，结构紧凑，操作弹性高达 10∶1。气液分布均匀，阻力较小，特别适用于易发生夹带、易堵塞的场合。槽盘式液体分布器的结构如图3-3-43（g）所示。

4. 液体收集及再分布装置

　　液体沿填料层向下流动时，有偏向塔壁流动的现象，这种现象称为壁流。壁流将导致填料层内气液分布不均，使传质效率下降。为减小壁流现象，可间隔一定高度在填料层内设置液体再分布装置。

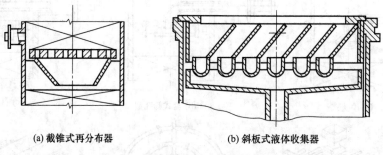

(a) 截锥式再分布器　　　　　　　(b) 斜板式液体收集器

图 3-3-44　液体收集再分布装置

最简单的液体再分布装置为截锥式再分布器。如图 3-3-44（a）所示。截锥式再分布器结构简单，安装方便，但它只起到将壁流向中心汇集的作用，无液体再分布的功能，一般用于直径小于 0.6m 的塔中。

在通常情况下，一般将液体收集器及液体分布器同时使用，构成液体收集及再分布装置。液体收集器的作用是将上层填料流下的液体收集，然后送至液体分布器进行液体再分布。常用的液体收集器为斜板式液体收集器，如图 3-3-44（b）所示。

前已述及，槽盘式液体分布器兼有集液和分液的功能，故槽盘式液体分布器是优良的液体收集及再分布装置。

5. 除沫器

除沫器是用来除去填料层顶部逸出的气体中的液滴，安装在液体分布器上方。当塔内气速不大，工艺过程又无严格要求时，一般可不设除沫器。

除沫器种类很多，常见的有折板除沫器、丝网除沫器、旋流板除沫器。折板除沫器阻力较小（50～100Pa），只能除去 50μm 的微小液滴，压降不大于 250Pa，但造价较高。旋流板除沫器压降为 300Pa 以下，其造价比丝网除沫器便宜，除沫效果比折板好。

七、填料塔的操作与维护

1. 填料的安装

（1）填料安装前的处理　新填料表面有一薄油层，这油层可能是金属填料在加工过程中采用润滑油润滑而形成的；也可能是为了避免碳钢填料在运输和储存过程中被腐蚀而加的防锈油。这层油的存在对于某些物系是绝对不允许的，例如空分系统中，油层洗涤下来后与液氧共存，可引起爆炸。对于水溶液物系，这层油可妨碍液膜的形成，对于某些碱性物系还可引起溶液发泡，因此应弄清该油的物性，在开车之前将其除掉。碳钢填料应储存在干燥封闭处，不应提前除油，以防锈蚀。

新陶瓷填料和重新填充的陶瓷填料应将其中的碎片筛掉，有时需用手工逐个除去，散装陶瓷填料在运输过程中难免有破碎，大块的碎填料仍可利用，其通量有所下降，压降有所升高，但分离效率不会下降。

（2）散装填料的安装　陶瓷填料和非碳钢金属填料，若条件允许，应采用湿法填充。采用湿法填充，安装支持板后，往塔内充水，将填料从水面上方轻轻倒入水中，填料从水中漂浮下落，水面要高出填料 1m 以上。湿法填充可减少填料破损、变形。湿法填充还增加了散装填料的均匀性，填料用量减少约 5％，填料通量增大，压力降减小。

采用干法填充填料应始终从离填料层一定高度倒入，对于大直径塔采用干法填充，有时需人站在填料层上填充。应注意人不可直接站在填料上，以防填料受压变形及密度不均，可在填料上铺设木板使受力分散。

无论采用湿法填充还是采用干法填充，都应由塔壁向中心填充，以防填料在塔壁处架桥，填料不应压迫到位，以防变形密度不均。各段填料安装完毕应检查上端填料是否推平，若有高低不平现象，应将其推平。

（3）规整填料的安装　对于直径小于 800mm 的小塔，规整填料通常做成整圆盘由法兰孔装入。对于直径大于 800mm 的塔，规整填料通常分成若干块，由人孔装入塔内，在塔内组圆，无论整圆还是分块组圆，其直径都要小于塔径，否则无法装入。填料与塔壁之间的间隙，应根据采用的防壁流圈形式而定，各填料生产厂家通常有自己的标准。

通常为防止由于填料与塔壁间隙而产生气液壁流，在此间隙加防壁流圈。此防壁流圈可与填料做成一体，也可分开到塔内组装。

2. 填料塔的操作

填料塔操作与板式塔大体相同。

填料塔操作与板式塔主要不同之处在于：首先，填料塔应主要控制液体分布均匀，防止填料局部过流影响传质效果；其次要控制好压力变化，避免气相变化过大，造成填料压板的损坏。

3. 填料塔的日常检查

操作工对填料塔进行的日常检查应该包括下列几项。

① 定期检查、清理，更换莲蓬头或溢流管，保持不堵塞、不破损、不偏斜，使喷淋装置能把液体均匀分布到填料上。

② 进塔气体的压力和流速不能过大，否则填料将会被吹乱或带走，严重降低气、液两相接触效率。

③ 控制进气温度，防止塑料填料软化或变质，增加气流阻力。

④ 进塔的液体不能含有杂物，太脏时应过滤，避免杂物堵塞填料缝隙。

⑤ 定期检查、防腐，清理塔壁，防止腐蚀、冲刷、挂疤等缺陷。

⑥ 定期检查支承板腐蚀程度，如果腐蚀变薄则应更新，防止脱落。

⑦ 定期测量塔壁厚度并观察塔体有无渗漏，发现后及时修补。

⑧ 经常检查液面，不要淹没气体进口，防止引起振动和异常响声。

⑨ 经常观察基础下沉情况，注意塔体有无倾斜。

⑩ 保持塔体油漆完整，外观无挂痕，清洁卫生。

⑪ 定期打开排污阀门，排放塔底积存脏物和碎填料。

⑫ 冬季停用时，应将液体排尽，防止冻结。

⑬ 如果压力突然下降，此时可能原因是发生了泄漏。如果压力上升，可能的原因是填料阻力增加或设备管道堵塞。

⑭ 防腐层和保温层损坏，此时要对室外保温设备进行检查，着重检查温度在 100℃ 以下的雨水浸入处、保温材料变质处、长期经外来微量的腐蚀性流体侵蚀处。填料塔设备运行期

间的点检、巡检内容及方法见表 3-3-4。

表 3-3-4　填料塔的检查内容和方法

检查内容	检查方法	问题的判断和说明
操作条件	①查看压力表、温度计和流量计 ②检查设备操作记录	①压力突然下降：塔节法兰或垫片泄漏 ②压力上升：填料阻力增加或设备管道堵塞
物料变化	①目测观察 ②物料组分分析	①内漏或操作条件破坏 ②混入杂物、杂质
防腐、保温层	目测观察	对室外保温设备，检查雨水浸入处及腐蚀流体侵蚀处
附属设备	目测观察	①进入管阀连接螺栓是否松动变形 ②管支架是否变形松动 ③手孔、人孔是否腐蚀、变形，启用是否良好
基础	目测、水平仪	基础如出现下沉或裂纹，会使塔体倾斜
塔体	①目测观察 ②发泡剂检查 ③气体检测器检查 ④测厚仪检查	塔体，法兰、接管处、支架处容易出现裂纹或泄漏

4. 填料塔常见故障诊断与处理

填料塔达不到设计指标统称为故障。填料塔的故障可由一个因素引起，也可能同时由多个因素引起，一旦出现故障，工厂总是希望尽快找出故障原因，以最少的费用尽快解决问题。故障诊断者应对塔及其附属设备的设计及有关方面的知识有很深的了解，了解得越多，故障诊断越容易。

故障诊断应从最简单最明显处着手，可遵循以下步骤：

① 若故障严重，涉及安全、环保或不能维持生产，应立即停车，分析、处理故障。

② 若故障不严重，应在尽量减少对安全、环境及利润损害的前提下继续运行。

③ 在运行过程中取得数据及一些特征现象，在不影响生产的前提下，做一些操作变动，以取得更多的数据和特征现象。如有可能还可进行全回流操作，为故障分析提供分析数据。

④ 分析塔过去的操作数据，或与同类装置相比较，从中找出相同与不同点。若塔操作由好变坏，找出变化时间及变化前后的差异，从而找出原因。

⑤ 故障诊断不要只限于塔本身，塔的上游装置及附属设备，如泵、换热器以及管道等都应在分析范畴内。

⑥ 仪表读数及分析数据错误可能导致塔的不良操作。每当故障出现，首先对仪表读数及分析数据进行交叉分析，特别要进行物料平衡、热量平衡及相平衡分析，以确定其准确性。

⑦ 有些故障是由于设计不当引起的。对设计引起故障的检查应首先检查图纸，看是否有明显失误之处，分析此失误是否为发生故障的原因；其次，要进行流体力学核算，核算某处是否有超过上限操作的情况；此外，还需对实际操作传质进行模拟计算，检查实际传质效率的高低。

填料塔常见故障及处理方法见表 3-3-5。

表 3-3-5　填料塔常见故障及处理方法

故障现象	产生原因	处理方法
工作表面结垢	①被处理物料中含有杂质 ②被处理物料中有晶体析出沉淀 ③硬水产生水垢 ④设备被腐蚀,产生腐蚀物	①提高过滤质量 ②清除结晶物、水垢物 ③清除水垢 ④采取防腐措施
连接处失去密封能力	①法兰连接螺栓松动 ②螺栓局部过紧,产生变形 ③设备振动而引起螺栓松动 ④密封垫圈疲劳破坏 ⑤垫圈受介质腐蚀而损坏 ⑥法兰面上的衬里不平 ⑦焊接法兰翘曲	①紧固螺栓 ②更换变形螺栓 ③消除振动,紧固螺栓 ④更换变质的垫圈 ⑤更换耐腐蚀垫圈 ⑥加工不平的法兰 ⑦更换新法兰
塔体厚度减薄	设备在操作中,受介质的腐蚀、冲蚀和摩擦	减压使用或修理腐蚀部分或报废更新
塔局部变形	①塔局部腐蚀或过热使材料降低而引起设备变形 ②开孔无补强,焊缝应力集中使材料产生塑性变性 ③受外压设备工作压力超过临界压力,设备失稳变形	①防止局部腐蚀或过热 ②矫正变形或割下变形处焊上补板 ③稳定正常操作
塔体出现裂缝	①局部变形加剧 ②焊接时有内应力 ③封头过渡圆弧弯曲半径太小 ④水力冲击作用 ⑤结构材料缺陷 ⑥振动和温差的影响 ⑦应力腐蚀	裂缝修理
冷凝器内有填料	填料压板翻动	固定好压板
进料慢	进料过滤器堵塞	拆卸、清洗

思 考 题

1. 什么是塔设备? 塔设备的一般要求?
2. 塔设备所受载荷有哪些?
3. 塔设备的总体结构由哪几部分组成? 各有何作用?
4. 塔板如何分类? 各有何特点?
5. 除沫装置的作用是什么? 常用哪几种?
6. 裙座由哪几部分组成? 如何选裙座的材料?
7. 板式塔的操作特性是什么?
8. 塔式板的不正常操作现象有哪些? 产生的原因是什么?
9. 如何进行板式塔的操作和维护?
10. 说明填料塔的结构特点?
11. 填料塔填料的种类有哪些?
12. 如何进行填料的选择?
13. 填料塔的内件有哪些?
14. 如何进行填料塔的操作和维护?

参 考 文 献

[1] 邵泽波. 化工机械及设备. 北京：化学工业出版社. 2007.

[2] 邵泽波. 化工中级工培训. 第2版. 北京：化学工业出版社. 2000.

[3] 董大勤. 化工设备机械基础. 北京：化学工业出版社. 2008.

[4] 潘传九. 化工设备机械基础. 第2版. 北京：化学工业出版社. 2007.

[5] 高安全, 王迪, 崔金海. 化工设备机械基础. 北京：化学工业出版社. 2008.

[6] 潘永亮. 化学设备机械基础. 第2版. 北京：科学出版社. 2007.

[7] 赵军, 张有忱, 段成红. 化工设备机械基础. 北京：化学工业出版社. 2007.

[8] 蔡纪宁, 张莉彦. 化工设备机械基础课程设计指导书. 第2版. 北京：化学工业出版社. 2011.

[9] 梁基照. 化工机械优化设计. 北京：化学工业出版社. 2010.

[10] 徐廷国. 化工机械维修——化工管路. 北京：化学工业出版社. 2010.

[11] 朱方鸣. 化工机械制造技术. 第2版. 北京：化学工业出版社. 2010.

[12] 张麦秋, 傅伟. 化工机械安装与修理. 第2版. 北京：化学工业出版社. 2010.

[13] 罗世烈. 化工机械基础. 第2版. 北京：化学工业出版社. 2008.

[14] 焦守家, 楼影. 化工机械基础. 第2版. 北京：化学工业出版社. 2008.

[15] 穆运庆. 化工机械检修基础. 北京：化学工业出版社. 2008.

[16] 陈国桓. 化工机械基础. 第2版. 北京：化学工业出版社. 2006.

[17] 苏军生. 化工机械维修基本技能. 北京：化学工业出版社. 2006.

[18] 陈锡峰. 化工机械制图. 北京：化学工业出版社. 2010.

[19] 马秉骞. 化工设备. 北京：化学工业出版社. 2009.

[20] 王春林, 庞春虎. 化工设备制造技术. 北京：化学工业出版社. 2009.

[21] 聂延敏. 化工设备基础. 北京：高等教育出版社. 2009.

[22] 吕瑞典. 化工设备密封技术. 北京：石油工业出版社. 2006.

[23] 马秉骞. 化工设备使用与维护. 北京：高等教育出版社. 2007.

[24] 王绍良. 化工设备基础. 北京：化学工业出版社. 2009.

[25] 范钦珊. 工程力学教程. 北京：高等教育出版社. 1998.

[26] 张增. 专业装备机械基础. 北京：北京工业大学出版社. 1998.

[27] 王中发. 实用机械设计. 北京：北京理工大学出版社. 1998.

[28] 国家技术监督局. 压力容器安全技术监督规程. 北京：中国劳动社会保障出版社. 1999.